河合塾
SERIES

入試精選問題集 4

文系数学の良問プラチカ

数学 I・A・II・B 三訂版

河合塾講師 鳥山昌純 著

河合出版

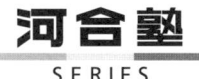

著者から皆さんへ

　この問題集は，文系難関大学合格を目指す諸君が，**自学自習用に夏から利用し始め，入試本番前に終えられる**ことを想定し，質・量を考えて作られています．【解答】はややていねい気味に書かれていますから，本番ではここまで書かなくても満点が取れるはずです．

　また，総合大学の理系の学部・学科で出題されたものだけれど，文系でも出される可能性の高い問題は採ってあります．

　入試では複数の分野にまたがる融合問題がしばしば出されるので，配列については，必ずしも高校での学習順とはなっていません．

　大学入試数学では，不得手な分野が1つでもあると，合格点を取ることが不確実になります．この本で十二分に演習し，数学Ⅰ・A・Ⅱ・Bから不得意分野を一掃してください．

　なお，答案作成の最中に，10分間手や頭が止まったら，さっさと【解答】を見てしまいなさい．そこが自分の弱点だということが判ったのですし，二度と同じ様なところで引っ掛からなければよいのですから．

　本書では解答編にできるだけ多くの図を載せて理解の一助としましたが，諸君も自分でこのような**図を書く練習**をし，さらに**その中から必要な情報を抽出する訓練**をするとよいでしょう．

　また，公式，定理がたくさん出て来ますが，「公式，定理そのものの暗記だけ」では役に立ちません．「**道具**」はその「**使用目的，使用方法**」を知って初めて有効なのですから，ここのところを意識しつつ学習なさい．

　さらに，入試の採点においては，諸君の数学の力のみならず，
　　自分が理解しているという事実をあなたのことを何も知らない
　　（しかも目の前に居ない）あかの他人に説明する力が評価される
のですから，決して，最終結果だけ合っていれば（当たっていれば？）いいのだという手前勝手な答案でよしなどとせず，本書の解答を参考にして手習いをするつもりで，**論述の訓練をすること**．

　この問題集を隅から隅まで利用すれば，あとは諸君が志望する大学の過去問をチェックして，合格点（7～8割）が取れるはずです．

目次

	問題編	[解答編]
数学 I		
§1 2次関数，2次方程式，2次不等式	6	[1]
§2 三角比	9	[17]
数学 A		
§3 場合の数，確率	11	[27]
§4 図形の性質	17	[61]
§5 整数	18	[69]
数学 II		
§6 いろいろな式	20	[86]
§7 図形と方程式，不等式	24	[106]
§8 三角関数	28	[144]
§9 指数関数，対数関数	30	[162]
§10 微分法，積分法	32	[174]
数学 B		
§11 数列	36	[208]
§12 ベクトル	42	[241]

最近の入試出題傾向と対策

数学Ⅰ　「2次関数」は単独で出題されるよりは，"変数を置き換えて2次関数や2次方程式，不等式に帰着させる他分野との融合問題"が多数を占めます．

　また，「三角比」は出題数としては他分野と比べ少ない方で，出題されてもほとんどが典型的な問題です．したがって，数学Ⅰのこれらの分野については，典型的な問題を数題学習することで対応は十分です．

数学A　数学Aでは何といっても「場合の数，確率」の出題が圧倒的に多く，単なる"数え上げの問題"から始まって，"整数問題や数列分野との融合問題"に至るまでさまざまですから，いろいろな問題をその工夫の仕方に注目して学習しておきましょう．

　また，「整数」分野からよく出題する大学もあります．この分野の問題ほど"経験がものをいう"問題はありません．十分な演習が求められます．

数学Ⅱ　「指数関数，対数関数」，「三角関数」については，"方程式や不等式"，"関数の最大，最小"といった比較的単純な問題の演習で，公式を正しく速く使える計算力を養うことが第一です．

　「図形と方程式，不等式」では，"円と直線に関する単純な問題"の出題も相変わらず多いけれど，数学Ⅰの2次方程式，不等式との融合的な"軌跡および領域の問題"を練習することが応用力を身に付けるという点からも効果的でしょう．

　「微分法」では，"係数に文字を含んだ関数に絡む接線の問題"，"関数の増減，極値に関する問題"，また，微分法の応用として"方程式の実数解の存在条件，実数解の個数についての問題"が多く出題されています．

　「積分法」は，"放物線に関する面積を求める問題"が相変わらず圧倒的に多く出題されていますが，その多くの問題が典型的な問題です．積分の学習を進めるうえでの課題は，確実で要領のよい計算力を身に付けることです．

数学B　「数列」は，単に漸化式の解法や和の公式をマスターするにとどまらず，等式や不等式の数学的帰納法による証明や，図形，場合の数，確率，整数

など他分野との融合問題として出題されることも多い（したがって，たいがい難しい問題に感じられる）から，ここは，しっかり時間をかけて訓練する必要があります．

「**ベクトル**」分野では，"「平面上の点が与えられた直線上にある」，「空間内の点が与えられた平面上にある」ことからベクトルを決定する問題（一次結合で表しておいて係数比較する問題）"，および，"平面，空間におけるベクトルの内積を含む図形問題"の出題が目立ちます．平面ベクトルでは，"円とベクトルに関する問題"，"点の軌跡，領域に関する問題"として数学Ⅱの三角関数や平面図形と方程式との融合形式による出題が増加傾向にあります．空間ベクトルでは，"座標空間で考える問題"も多く出題され，この分野で学習を進めるポイントは，いろいろな出題パターンの問題を解いてみることです．

問題文の記号や表現を原典から変更した場合であっても，その解答の流れが（記号を除いて）元と全く同じでよいときや穴埋め問題を論述式問題に変更しただけのとき，その出典を一々「○○大・改」とはしなかった．

問題文の理解，解法の習得が難しいであろう問題には†（ダガーマーク）を付けておいた．10分程度戦っても方針を見出せない様なら，解答を見てしまうのも一手だと思う．

尚，答案をスッキリとさせる為に次の意味をもつ記号を用いた．
　∴　それ故(ゆえ)に，したがって，よって，だから，therefore
　∵　なぜならば，because

§1 2次関数, 2次方程式, 2次不等式

1. x の関数
$$f(x)=ax^2-2x+1$$
の $-1 \leqq x \leqq 1$ における最大値および最小値を求めよ.

(関西大)

2. 区間 $[a, b]$ が関数 $f(x)$ に関して不変であるとは,
「定義域が $a \leqq x \leqq b$ ならば, 値域は $a \leqq f(x) \leqq b$」
が成り立つこととする.
$f(x)=4x(1-x)$ とするとき,
(1) 区間 $[0, 1]$ は関数 $f(x)$ に関して不変であることを示せ.
(2) $0<a<b<1$ とする. このとき, 区間 $[a, b]$ は関数 $f(x)$ に関して不変ではないことを示せ.

(九州大)

3. $f(x)=\dfrac{x^2+ax+b}{x^2-x+1}$ の最大値が 3, 最小値が $\dfrac{1}{3}$ である. このとき, a, b の値を求めよ.

(上智大)

4. 半径 1 の円 C_1 に内接する直角三角形の直角をなす 2 辺の長さをそれぞれ a, b とする. また, その直角三角形の内接円 C_2 の半径を r とする.
(1) $X=a+b$, $Y=ab$ とおくとき, X と Y をそれぞれ r で表せ.
(2) r の値の範囲を求めよ.

(南山大・改)

5. a は $1 \leq a < 2$ をみたす定数である．辺 AB の長さが a，辺 AD の長さが 1 である長方形 ABCD があり，半径 x の円 O と半径 y の円 O' がこの長方形に含まれている．また，円 O は 2 辺 AB，AD に接し，円 O' は 2 辺 CB，CD に接し，2 つの円 O と O' は互いに外接している．このとき，
   (1) $x+y$ を a の式で表せ．
   (2) x の取り得る値の範囲を求めよ．
   (3) x，y の値が変化するとき，2 つの円 O，O' の面積の和の最大値と最小値を求めよ．

   (関西学院大・改)

6. 実数 x，y が，条件
$$x^2+xy+y^2=x+y$$
をみたしているとき，
   (1) $s=x+y$ が取り得る値の範囲を求めよ．
   (2) $t=x-y$ が取り得る値の範囲を求めよ．
   (3) $u=x^2+y^2$ の最大値と，それを与える x，y の値を求めよ．

   (立教大)

7. (1) 等式 $|x^2-4x|=x+a$ を満たす実数 x がちょうど 2 つ存在するような実数 a の値の範囲を求めよ．
   (2) 等式 $|x^2-4x|=bx$ を満たす 0 でない実数 x が存在するような実数 b の値の範囲を求めよ．

   (慶應義塾大・改)

8. a を 2 以上の実数とし，$f(x)=(x+a)(x+2)$ とする．このとき，$f(f(x))>0$ がすべての実数 x に対して成り立つような a の範囲を求めよ．

   (京都大)

9. 不等式
$$-x^2+(a+2)x+a-3 < y < x^2-(a-1)x-2 \quad \cdots(*)$$
を考える．ただし，x, y, a は実数とする．このとき，

(1) 「どんな x に対しても，それぞれ適当な y をとれば不等式 (*) が成立する」ための a の値の範囲を求めよ．

(2) 「適当な y をとれば，どんな x に対しても不等式 (*) が成立する」ための a の値の範囲を求めよ．

(早稲田大)

§2 三角比

○ **10.** 三角形 ABC において，
$$AB=3, \ BC=7, \ CA=5, \ \angle A=\theta$$
とし，∠A の二等分線と辺 BC との交点を D とする．
(1) θ の値を求めよ．
(2) $\sin B$ の値を求めよ．
(3) 線分 AD の長さを求めよ．
(4) 三角形 ABD の内接円の半径を求めよ．

(北里大)

△ **11.** 三角形 ABC において，AB=6, AC=7, BC=5 とする．点 D を辺 AB 上に，点 E を辺 AC 上にとり，三角形 ADE の面積が三角形 ABC の面積の $\frac{1}{3}$ となるようにする．辺 DE の長さの最小値と，そのときの辺 AD，辺 AE の長さを求めよ．

(岐阜大．類題；鳥取大，上智大，東京大，一橋大，名古屋大，三重大，広島大，他)

△ **12.** 平面上の 4 点 O(0, 0)，A(0, 3)，B(1, 0)，C(3, 0) について，
(1) $\sin \angle BAC$ の値を求めよ．
(2) 点 P が線分 OA 上を動くとき，$\sin \angle BPC$ の最大値とそれを与える点 P の座標を求めよ．

(北海道大)

△ **13.** 四角形 ABCD が，半径 $\frac{65}{8}$ の円に内接している．この四角形の周の長さが 44 で，辺 BC と辺 CD の長さがいずれも 13 であるとき，残りの 2 辺 AB と DA の長さを求めよ．

(東京大)

14. 一辺の長さが 1 の正四面体 OABC の辺 BC 上に点 P をとり，線分 BP の長さを x とする．

(1) 三角形 OAP の面積を x で表せ．

(2) P が辺 BC 上を動くとき，三角形 OAP の面積の最小値を求めよ．

(京都大)

§3 場合の数,確率

15. 1から2000までの自然数の集合をAとする.

(1) Aの要素のうち,7または11のいずれか一方のみで割り切れるものの個数を求めよ.

(2) Aの要素のうち,7, 11, 13のいずれか一つのみで割り切れるものの個数を求めよ.

(奈良女子大)

16. サイレンを断続的に鳴らして16秒の信号を作る.ただし,サイレンは1秒または2秒鳴り続けて1秒休み,これを繰り返す.また,信号はサイレンの音で始まり,サイレンの音で終わるものとする.

(1) 1秒または2秒鳴り続ける回数をそれぞれm回,n回とするとき,m, nのみたす関係式を求めよ.

(2) 信号は何通りできるか.

(名古屋大)

17. (1) 正九角形の3つの頂点を結んでできる $_9C_3 (=84)$ 個の三角形のうち,鈍角三角形の個数を求めよ.

(2) 正の整数nに対して,正$2n+1$角形の3つの頂点を結んでできる鈍角三角形の個数を求めよ.

(慶應義塾大)

18. 男子4人,女子3人がいる.次の並び方は何通りあるか.

(1) 男子が両端にくるように7人が一列に並ぶ.

(2) 女子が隣り合わないように7人が一列に並ぶ.

(3) 女子のうち2人だけが隣り合うように7人が一列に並ぶ.

(4) 女子の両隣りには男子がくるように7人が円周上に並ぶ.

(青山学院大)

19. 9人を3つの組に分ける．このとき，

(1) 2人，3人，4人の3つの組に分けるとき，その分け方は全部で何通りか．

(2) 3人，3人，3人の3つの組に分けるとき，その分け方は全部で何通りか．

(3) 9人のうち，5人が男，4人が女であるとする．3人，3人，3人の3つの組に分け，かつ，どの組にも男女がともにいる分け方は全部で何通りか．

(法政大)

20. 1からnまでの番号をつけたn枚のカードがある．これらn枚のカードをA，B，Cの3つの箱に分けて入れる．ただし，どの箱にも少なくとも1枚は入れるものとする．

(1) 入れ方は全部で何通りあるか．

(2) 自然数lは$2l \leqq n$をみたすとする．$1 \leqq k \leqq l$である各整数kについて$2k-1$と$2k$の番号のカードをペアと考える．どれかの箱に少なくとも1つのペアが入る場合の数をnとlを用いて表せ．

(東北大)

21. 同じ色の玉は区別できないものとし，空の箱があってもよいとする．

(1) 赤玉10個を，区別ができない4個の箱に分ける方法は何通りあるか．

(2) 赤玉10個を，区別ができる4個の箱に分ける方法は何通りあるか．

(3) 赤玉6個と白玉4個の合計10個を，区別ができる4個の箱に分ける方法は何通りあるか．

(千葉大)

22. 1個のサイコロをn回振る．

(1) $n \geqq 2$のとき，1の目が少なくとも1回出て，かつ2の目も少なくとも1回出る確率を求めよ．

(2) $n \geqq 3$のとき，1の目が少なくとも2回出て，かつ2の目が少なくとも1回出る確率を求めよ．

(一橋大)

23. A，B，Cの3人でじゃんけんをする．一度じゃんけんで負けた人は，以後のじゃんけんから抜ける．残りが1人になるまでじゃんけんを繰り返し，最後に残った人を勝者とする．ただし，あいこの場合も1回のじゃんけんを行ったと数える．
(1) 1回目のじゃんけんで勝者が決まる確率を求めよ．
(2) 2回目のじゃんけんで勝者が決まる確率を求めよ．
(3) 3回目のじゃんけんで勝者が決まる確率を求めよ．
(4) $n \geq 4$ とする．n 回目のじゃんけんで勝者が決まる確率を求めよ．

(東北大)

24. 袋の中に1から5までのいずれかの整数を書いた同じ形の札が15枚入っていて，それらは1の札が1枚，2の札が2枚，3の札が3枚，4の札が4枚，5の札が5枚からなる．袋の中からこれらの札のうち3枚を同時に取り出すとき，札に書かれている数の和をSとする．このとき，
(1) S が2の倍数である確率を求めよ．
(2) S が3の倍数である確率を求めよ．

(熊本大)

25. 1からnまでの整数を書いた玉がそれぞれ2個ずつ，全部で$2n$個入っている袋がある．この袋から2個の玉を同時に取り出すことを考える．取り出した玉の数の大きい方をX，小さい方をYとする．ただし，同じ数のときはその数をXおよびY(すなわち $X=Y$)とする．
(1) 確率 $P(X \leq k)$ および $P(Y \geq k)$ $(k=1, 2, 3, \cdots, n)$ を求めよ．
(2) 確率 $P(X=k)$ および $P(Y=k)$ $(k=1, 2, 3, \cdots, n)$ を求めよ．

(九州大・改)

26. 投げたとき表が出る確率と裏が出る確率が等しい硬貨を用意する．数直線上に石を置き，この硬貨を投げて表が出れば数直線上で原点に関して対称な点に石を移動し，裏が出れば数直線上で座標 1 の点に関して対称な点に石を移動する．

(1) 石が座標 x の点にあるとする．2 回硬貨を投げたとき，石が座標 x の点にある確率を求めよ．

(2) 石が原点にあるとする．n を自然数とし，$2n$ 回硬貨を投げたとき，石が座標 $2n$ の点にある確率を求めよ．

(3) 石が原点にあるとする．n を自然数とし，$2n$ 回硬貨を投げたとき，石が座標 $2n-2$ の点にある確率を求めよ．

(京都大・改)

27. 表が出る確率が p，裏が出る確率が $1-p$ であるような硬貨がある．ただし，$0<p<1$ とする．この硬貨を投げて，次のルール(R)の下で，ブロック積みゲームを行う．

(R) $\begin{cases} ① & \text{ブロックの高さは，最初は 0 とする．} \\ ② & \text{硬貨を投げて表が出れば高さ 1 のブロックを 1 つ積み上げ，} \\ & \text{裏が出ればブロックをすべて取り除いて高さ 0 に戻す．} \end{cases}$

n が正の整数，m を $0 \leqq m \leqq n$ をみたす整数とする．

(1) n 回硬貨を投げたとき，最後にブロックの高さが m となる確率 p_m を求めよ．

(2) n 回硬貨を投げたとき，最後にブロックの高さが m 以下となる確率 q_m を求めよ．

(3) ルール(R)の下で，n 回の硬貨投げを独立に 2 度行い，それぞれ最後のブロックの高さを考える．2 度のうち，高い方のブロックの高さが m である確率 r_m を求めよ．ただし，最後のブロックの高さが等しいときはその値を考えるものとする．

(東京大)

28. 座標平面上の点を，サイコロの出た目に従って移動させるゲームをする．ゲームの規則は次の通りとする．
- 出た目が，1，2のとき，x軸の正の方向に，1だけ進む．
- 出た目が，3，4，5，6のとき，y軸の正の方向に，1だけ進む．

このゲームを7回繰り返すとき，

(1) 原点 (0, 0) から出発して，点 (3, 4) に到着する確率は □ である．

(2) 原点 (0, 0) から出発して，点 (2, 2) を通らないで，点 (3, 4) に到着する確率は □ となる．

(慶應義塾大)

29. 座標平面上の点 (1, 0) に物体 A がある．サイコロを振り，1から4の目が出たら原点から距離1だけ遠ざけ，5または6の目が出たときには原点のまわりに15度反時計回りに回転させる．物体 A が y 軸に達するまでこれを続ける．

(1) 物体 A が点 (0, n) ($n = 1, 2, 3, \cdots$) に達する確率 P_n を求めよ．

(2) P_n を最大にする n を求めよ．

(名古屋市立大．類題；京都大)

30. A，B の 2 人があるゲームを独立に繰り返し行う．1 回ごとのゲームで A，B の勝つ確率はそれぞれ $\dfrac{2}{3}$，$\dfrac{1}{3}$ であるとする．ただし，このゲームは A と B が対戦するゲームである．

(1) 先に 3 回勝った者を優勝とするとき，A の優勝する確率 p を求めよ．

(2) 一方の勝った回数が他方の勝った回数より 2 回多くなった時点で勝った回数の多い者を優勝とするとき，$2n$ 回目までに A の優勝する確率 q_n を求めよ．

(3) p と q_n の大小を比較せよ．

(一橋大)

31. A，B，C の 3 人が次のように勝負を繰り返す．1 回目には A と B の間で硬貨投げにより勝敗を決める．2 回目以降には，直前の回の勝者と参加しなかった残りの 1 人との間で，やはり硬貨投げにより勝敗を決める．この勝負を繰り返し，誰かが 2 連勝するか，または，100 回目の勝負を終えたとき，終了する．ただし，硬貨投げで勝つ確率は各々 $\frac{1}{2}$ である．

(1) 4 回以内の勝負で A が 2 連勝する確率を求めよ．

(2) $n=2, 3, 4, \cdots, 100$ とする．n 回以内の勝負で，A，B，C のうち誰かが 2 連勝する確率を求めよ．

(北海道大)

32. カード 1，カード 2，カード 3 を左から右に順に並べる．左端のカードを $\frac{1}{3}$ ずつの確率でそのままにするか，2 枚の間に置くか，右端に置く．これを 5 回繰り返す．

(1) 5 回目に初めてカード 3 が真中にくる事象を A とする．この事象の起こる確率 $P(A)$ を求めよ．

(2) 5 回目のカードの並びが (1, 3, 2) となる事象を B とする．事象 A が起こったとして事象 B が起こる条件付き確率 $P_A(B)$ を求めよ．

(琉球大)

33. 右図のような六角形 ABCDEF からなる経路において，A から出発して 6 回の移動をする動点 P を考える．ここで，1 回の移動とは 1 つの頂点から隣りの頂点に進むこととし，毎回 $\frac{1}{2}$ ずつの確率で進む方向を決める．

(1) 最後に P が A にある確率を求めよ．

(2) P が少なくとも 1 度は C を訪問するという条件の下で，最後に P が A にある条件付き確率を求めよ．

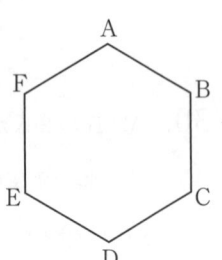

(千葉大・改)

†34. n 枚の 100 円玉と $n+1$ 枚の 500 円玉を投げたとき，表の出た 100 円玉の枚数より表の出た 500 円玉の枚数の方が多い確率を求めよ．

(京都大．類題；名古屋市立大)

§4 図形の性質

35. 直線 l 上に 3 点 A, B, C をこの順にとり, AB を直径とする円を O とする. C を通る直線 $m\,(\neq l)$ を円 O の円周と 2 点で交わるように引き, C に近い交点を B′ とし, 他の交点を A′ とする. AA′ と BB′ の交点を P とし, AB′ と BA′ の交点を Q, PQ と l の交点を R とする.

(1) $\dfrac{\mathrm{AR}}{\mathrm{RB}}=\dfrac{\mathrm{AC}}{\mathrm{CB}}$ が成り立つことを証明せよ.

(2) 直線 PR は l に垂直であることを証明せよ.

(3) 直線 m が上の条件を満たしながら動くときの, 点 P の軌跡を求めよ.

(愛知教育大)

36. 三角形 ABC において, ∠A の二等分線とこの三角形の外接円との交点で A と異なる点を A′ とする. 同様に ∠B, ∠C の二等分線とこの外接円との交点をそれぞれ B′, C′ とする. このとき 3 直線 AA′, BB′, CC′ は 1 点 H で交わり, この点 H は三角形 A′B′C′ の垂心と一致することを証明せよ.

(京都大)

37. C_1, C_2, C_3 は, 半径がそれぞれ a, a, $2a$ の円とする. いま, 半径 1 の円 C にこれらが内接していて, C_1, C_2, C_3 は互いに外接しているとき, a の値を求めよ.

(名古屋大)

38. 空間内に四面体 ABCD を考える. このとき, 4 つの頂点 A, B, C, D のすべてを通る球面が存在することを示せ.

(京都大)

39. 1 辺の長さが 1 の立方体がある.

(1) この立方体の 8 個の頂点のうちの 4 個を頂点とする正四面体の体積を求めよ.

†(2) この立方体の 8 個の頂点のうちの 4 個を頂点とする正四面体と, 残りの 4 個を頂点とする正四面体の共通部分の体積を求めよ.

(早稲田大)

§5 | 整数

40. 2次不等式
$$2x^2+(4-7a)x+a(3a-2)<0$$
の解がちょうど3個の整数を含むような正の定数 a の値の範囲を求めよ．

(中京大)

†41. 1つの角が $120°$ の三角形がある．この三角形の3辺の長さ x, y, z は $x<y<z$ を満たす整数である．
(1) $x+y-z=2$ を満たす x, y, z の組をすべて求めよ．
(2) $x+y-z=3$ を満たす x, y, z の組をすべて求めよ．
(3) a, b を0以上の整数とする．$x+y-z=2^a \cdot 3^b$ を満たす x, y, z の組の個数を a と b の式で表せ．

(一橋大)

42. 30の階乗 30! について，
(1) 2^k が 30! を割り切るような最大の自然数 k を求めよ．
(2) 30! の一の位は0である．ここから始めて十の位，百の位と順に左に見ていく．最初に0でない数字が現れるまでに，連続していくつの0が並ぶかを答えよ．
(3) (2)において，最初に現れる0でない数字は何であるかを理由とともに答えよ．

(千葉大)

43. n を自然数とするとき，
(1) n が3の倍数でない奇数のとき，n^2 を12で割った余りを求めよ．
(2) n^3 を6で割った余りは，n を6で割った余りに等しいことを示せ．

(東北学院大)

44. (1) 正の整数 n で n^3+1 が3で割り切れるものをすべて求めよ．
(2) 正の整数 n で n^n+1 が3で割り切れるものをすべて求めよ．

(一橋大)

§5 整数

45. 方程式 $x^3-3x-1=0$ の解 α に対して次のことがらを示せ．
(1) α は整数ではない．
(2) α は有理数ではない．
(3) α は $p+q\sqrt{3}$ （$p,\ q$ は有理数）の形で表せない．

(小樽商科大)

46. (1) $\log_2 3 = \dfrac{m}{n}$ を満たす自然数 $m,\ n$ は存在しないことを証明せよ．
(2) $p,\ q$ を異なる自然数とするとき，$p\log_2 3$ と $q\log_2 3$ の小数部分は等しくないことを証明せよ．

(広島大・改)

†47. n を自然数とし，θ を $\cos\theta = -\dfrac{1}{3}$ であるような実数とする．
(1) $\cos(n+1)x = 2\cos nx \cos x - \cos(n-1)x$ が成り立つことを示せ．
(2) $\cos n\theta$ は $\dfrac{m}{3^n}$ という形の分数で表されることを示せ．ただし，m は 3 を約数にもたない整数である．
(3) (2)を用いて $\dfrac{\theta}{\pi}$ は無理数であることを示せ．

(高知大)

§6 いろいろな式

48. n と k を自然数とし，整式 x^n を整式 $(x-k)(x-k-1)$ で割った余りを $ax+b$ とする．
 (1) a と b は整数であることを示せ．
 (2) a と b をともに割り切る素数は存在しないことを示せ．
（京都大）

49. (1) $\sqrt[3]{2}$ が無理数であることを証明せよ．
 (2) $P(x)$ は有理数を係数とする x の多項式で，$P(\sqrt[3]{2})=0$ を満たしているとする．このとき，$P(x)$ は x^3-2 で割り切れることを証明せよ．
（京都大）

50. $x^{2010}+2x+9$ を $(x+1)^2$ で割った余りを求めよ．
（立教大）

51. (1) x の整式 $P(x)$ を $x-1$ で割った余りが 1，$x-2$ で割った余りが 2，$x-3$ で割った余りが 3 となった．
　　$P(x)$ を $(x-1)(x-2)(x-3)$ で割った余りを求めよ．
 (2) n は 2 以上の自然数とする．$k=1, 2, 3, \cdots, n$ について，整式 $P(x)$ を $x-k$ で割った余りが k となった．
　　$P(x)$ を $(x-1)(x-2)(x-3)\cdots(x-n)$ で割った余りを求めよ．
（神戸大）

52. a は 0 と異なる実数とし，$f(x)=ax(1-x)$ とおく．
 (1) $f(f(x))-x$ は，$f(x)-x$ で割り切れることを示せ．
 (2) $f(p)=q$，$f(q)=p$ をみたす異なる実数 p, q が存在するような a の範囲を求めよ．
（一橋大）

53. 整式 $f(x)$ について恒等式 $f(x^2) = x^3 f(x+1) - 2x^4 + 2x^2$ が成り立つとする．
(1) $f(0)$, $f(1)$, $f(2)$ の値を求めよ．
(2) $f(x)$ の次数を求めよ．
(3) $f(x)$ を決定せよ．

(東京都立大)

54. 3次多項式 $f(x) = x^3 + ax^2 + bx + 1$ と2次多項式 $g(x) = x^2 + cx + 1$ があり，方程式 $g(x) = 0$ の解はすべて方程式 $f(x) = 0$ の解であるという条件が成り立っている．
(1) $g(x) = 0$ が重解をもつ場合の c の値を求めよ．
(2) $g(x) = 0$ が重解をもたないとき，$f(x)$ は $g(x)$ で割り切れることを示し，さらに $x = -1$ は $f(x) = 0$ の解であることを示せ．
(3) $a \neq b$ であるならば，$g(x) = 0$ が重解をもつことを示し，さらに $c = -2$ であることを示せ．

(お茶の水女子大)

55. $a + b + c \neq 0$, $abc \neq 0$ をみたす実数 a, b, c が

(A) $\quad \dfrac{1}{a} + \dfrac{1}{b} + \dfrac{1}{c} = \dfrac{1}{a+b+c}$

をみたしている．このとき，任意の奇数 n に対し

(B) $\quad \dfrac{1}{a^n} + \dfrac{1}{b^n} + \dfrac{1}{c^n} = \dfrac{1}{(a+b+c)^n}$

が成立することを示せ．

(早稲田大，関西学院大)

56. 実数 a, b は $0 < a < b$ をみたすとする．次の3つの数の大小関係を求めよ．
$$\frac{a+2b}{3}, \quad \sqrt{ab}, \quad \sqrt[3]{\frac{b(a^2+ab+b^2)}{3}}$$

(九州大)

57. 正の数 a, b, c, d が不等式
$$\frac{a}{b} \leqq \frac{c}{d}$$
を満たすとき，不等式
$$\frac{a}{b} \leqq \frac{2a+c}{2b+d} \leqq \frac{c}{d}$$
を成り立つことを示せ．

(学習院大．類題；中央大，宮崎大)

58. (1) 正の数 a, b に対して $\sqrt{a+b} < \sqrt{a} + \sqrt{b}$ が成り立つことを示せ．

(2) 正の数 a, b に対して $\sqrt{a} + \sqrt{b} \leqq k\sqrt{a+b}$ がつねに成り立つような k の最小値を求めよ．

(鳴門教育大)

59. 不等式
$$ax^2 + y^2 + az^2 - xy - yz - zx \geqq 0$$
が任意の実数 x, y, z に対してつねに成り立つような定数 a の値の範囲を求めよ．

(滋賀県立大)

60. 次の文章は，ある条件をみたすものが存在することを証明する際に，よく使われる「鳩の巣原理」（または，抽出し論法ともいう）を説明したものである．

「m 個のものが，n 個の箱にどのように分配されても，$m>n$ であれば，2 個以上のものが入っている箱が少なくとも 1 つ存在する．このことを鳩の巣原理という．」

この原理を用いて，次の命題(1), (2)が成り立つことを証明せよ．ただし，証明はこの原理をどのように使ったかがよくわかるようにせよ．

(1) 1 辺の長さが 2 の正三角形の内部に，任意に 5 個の点をとったとき，そのうちの 2 点で，距離が 1 より小さいものが少なくとも 1 組存在する．

(2) 任意に与えられた相異なる 4 つの整数 m_1, m_2, m_3, m_4 から，適当に 2 つの整数を選んで，その差が 3 の倍数となるようにできる．

((1) 広島大, (2) 神戸大)

§7 図形と方程式，不等式

61. k を実数の定数とする．x, y の連立方程式
$$\begin{cases} y = x^2 + k, & \cdots ① \\ x = y^2 + k & \cdots ② \end{cases}$$
の実数解の組 (x, y) の個数を求めよ． (東京都立大，早稲田大)

62. 座標平面上に2点 A$(1, 0)$, B$(-1, 0)$ と直線 l があり，A と l の距離と B と l の距離の和が1であるという．
(1) l は y 軸と平行でないことを示せ．
(2) l が線分 AB と交わるとき，l の傾きを求めよ．
(3) l が線分 AB と交わらないとき，l と原点との距離を求めよ．
(神戸大)

63. C は，2次関数 $y = x^2$ のグラフを平行移動した放物線で，頂点が円 $x^2 + (y-2)^2 = 1$ 上にある．原点から C に引いた接線で傾きが正のものを l とする．このとき，C と l の接点の x 座標が最大および最小になるときの C の頂点の座標をそれぞれ求めよ．
(千葉大)

64. 次の連立不等式の表す領域が三角形の内部になるような点 (a, b) の集合を式で表し，図示せよ．
$$x - y < 0, \quad x + y < 2, \quad ax + by < 1.$$
(北海道大)

65. xy 平面上で次の不等式の表す領域を D とする．
$$\log_2(2y+1) - 1 \leq \log_2 x \leq 2 + \log_2 y \leq \log_2 x + \log_2(4 - 2x)$$
(1) D を図示せよ．
(2) 点 (x, y) が D 上を動くとき，$y - sx$ の最大値 $f(s)$ を求めよ．
(上智大・改)

66. xy 平面内の領域
$$-1 \leqq x \leqq 1, \quad -1 \leqq y \leqq 1$$
において
$$1 - ax - by - axy$$
の最小値が正となるような定数 a, b を座標とする点 (a, b) の範囲を図示せよ.

(東京大)

67. 放物線 $y = x^2$ 上に, 直線 $y = ax + 1$ に関して対称な位置にある異なる 2 点 P, Q が存在するような a の範囲を求めよ.

(一橋大)

68. 座標平面上に直線 $l : 3x + 4y = 5$ がある. l 上の点 P と原点 O を結ぶ線分上に OP・OQ=1 となるように点 Q をとる.
(1) P, Q の座標をそれぞれ (x, y), (X, Y) とするとき, x と y をそれぞれ X と Y で表せ.
(2) P が l 上を動くとき, 点 Q の軌跡を求めよ.

(東北学院大)

69. 平面上に原点 O を中心とする半径 r の円 C と点 A$(r, 0)$ がある. y 軸に平行な直線 $x = r$ 上に点 P(r, t) をとる. ただし, $t \neq 0$ とする.
(1) 点 P を通り, 円 C と接する直線で直線 PA と異なるものを l とする. l と円 C との接点を T とするとき, 点 T の座標を r, t を用いて表せ.
(2) 線分 AT と線分 OP との交点を Q とする. 点 P が直線 $x = r$ の第 1 象限にある部分を動くとき, 点 Q の軌跡を求めよ.

(北海道大)

70. 2直線 $mx-y=0$, $x+my-m-2=0$ の交点をPとする．m がすべての実数値をとって変わるとき，点Pの軌跡を求めよ．

(東京大・改)

71. 実数係数の2次方程式 $x^2+px+q=0$ が2つの実数解 α, β をもつとする．
(1) $\alpha^2+\beta^2$ を p, q で表せ．
(2) 点 (α, β) が原点を中心とする半径1の円の内部または円周上にあるための点 (p, q) の範囲を図示せよ．

(中部大・改)

72. xy 平面上の2点 (t, t), $(t-1, 1-t)$ を通る直線を l_t とする．
(1) l_t の方程式を求めよ．
(2) t が $0 \leq t \leq 1$ を動くとき，l_t の通り得る範囲を図示せよ．

(京都産業大)

73. a, t を実数とするとき，座標平面において，
$$x^2+y^2-4-t(2x+2y-a)=0$$
で定義される図形 C を考える．
(1) すべての t に対して C が円であるような a の範囲を求めよ．ただし，点は円とみなさないものとする．
(2) $a=4$ とする．t が $t>0$ の範囲を動くとき，C が通過してできる領域を求め，図示せよ．
(3) $a=6$ とする．t が $t>0$ であって，かつ C が円であるような範囲を動くとき，C が通過してできる領域を求め，図示せよ．

(千葉大)

74. a を正の定数とする．放物線 $P: y = ax^2$ 上の動点 A を中心とし x 軸に接する円を C とする．動点 A が放物線 P 上のすべての点を動くとき，座標平面上で $y > 0$ の表す領域において，どの円 C の内部にも含まれない点がある．この点の集まりを図示せよ．

(名古屋大)

75. 座標平面上の 3 点 $A(1, 0)$, $B(-1, 0)$, $C(0, -1)$ に対し，
$$\angle APC = \angle BPC$$
をみたす点 P の軌跡を求めよ．ただし，$P \neq A, B, C$ とする．

(東京大)

§8 三角関数

76. 三角形 ABC の内接円の半径を r, 外接円の半径を R とする．また，$\angle A=2x$，$\angle B=2y$，$\angle C=2z$ とする．
(1) 辺 BC の長さを，r，y，z で表せ．
(2) $r=4R\sin x\sin y\sin z$ であることを示せ．

(津田塾大)

77. (1) $\sin A+\sin B$ を積の形で表し（結果のみでよい），それが正しいことを加法定理を用いて証明せよ．
(2) 凸四角形 ABCD の 4 つの内角を A, B, C, D で表すとき，
$$\sin A+\sin B=\sin C+\sin D$$
が成り立つ四角形の形状を述べよ．

(高崎経済大)

78. 半径 1 の円周上に相異なる 3 点 A，B，C がある．
(1) $AB^2+BC^2+CA^2>8$ ならば三角形 ABC は鋭角三角形であることを示せ．
(2) $AB^2+BC^2+CA^2\leqq 9$ が成立することを示せ．また，この等号が成立するのはどのような場合か．

(京都大)

79. xy 平面の放物線 $y=x^2$ 上の 3 点 P, Q, R が次の条件をみたしている．
「三角形 PQR は一辺の長さ a の正三角形であり，点 P, Q を通る直線の傾きは $\sqrt{2}$ である」
このとき，a の値を求めよ．

(東京大)

80. 関数 $f(x) = a\sin^2 x + b\cos^2 x + c\sin x\cos x$ の最大値が 2, 最小値が -1 となる. このような a, b, c をすべて求めよ. ただし, a は整数, b, c は実数とする.

(お茶の水女子大)

81. $0 \leq \theta \leq \dfrac{\pi}{2}$ とする.

(1) $\sin\theta + \cos\theta = t$ とおくとき, t の取り得る値の範囲を求めよ.
(2) $\sin\theta\cos\theta$ を t で表せ.
(3) $\sin^3\theta + \cos^3\theta$ の最大値と最小値を求めよ.

(東北学院大)

82. 関数
$$f(\theta) = a(\sqrt{3}\sin\theta + \cos\theta) + (\sin\theta + \sqrt{3}\cos\theta)\sin\theta$$
について, 次の問に答えよ. ただし, $0 \leq \theta \leq \pi$ とする.

(1) $t = \sqrt{3}\sin\theta + \cos\theta$ のグラフを書け.
(2) $(\sin\theta + \sqrt{3}\cos\theta)\sin\theta$ を t を用いて表せ.
(3) 方程式 $f(\theta) = 0$ が相異なる 3 つの解をもつときの a の値の範囲を求めよ.

(島根大)

83. 鋭角三角形 ABC において, 次の等式が成り立つことを証明せよ.

(1) $\tan A + \tan B + \tan C = \tan A \tan B \tan C$.
(2) $\dfrac{\text{BC}}{\cos A} + \dfrac{\text{CA}}{\cos B} + \dfrac{\text{AB}}{\cos C} = \dfrac{\text{BC}}{\cos A}\tan B \tan C$.

(島根大)

84. $f(x) = \sin x$ について,
$$\dfrac{f(\alpha) + f(\beta)}{2} \leq f\left(\dfrac{\alpha+\beta}{2}\right) \quad (\text{ただし, } 0 \leq \alpha \leq \beta \leq \pi)$$
が成り立つことを示せ.

(神戸商科大)

§9 指数関数，対数関数

85. 正の数 a に対して $b=a^a$ とおくとき，次のことを示せ．
(1) $1<a<2$ ならば $a^b<b^a$ である．
(2) $a>2$ ならば $a^b>b^a$ である．
(日本女子大)

86. x の方程式
$$\log_2(2-x)+\log_2(x-2a)=1+\log_2 x$$
が実数解をもつような a の範囲を求め，そのときの実数解を求めよ．
(関西大)

87. 次の等式が成り立っている．
$$(\log_a x)^2+(\log_a y)^2=\log_a x^2+(\log_a x)(\log_a y)+\log_a y^2.$$
このとき，積 xy の最大値および最小値を求めよ．
ただし，a は定数である．
(広島修道大)

88. x, y の連立方程式
$$\begin{cases} x^4 y^2=1024, \\ (\log_8 x)^2-\log_2 y=2 \end{cases}$$
を解け．
(東北福祉大)

89. 次の2つの不等式を満足する x の値の範囲を求めよ．
$$\begin{cases} a^{2x-4}-1<a^{x+1}-a^{x-5}, \\ \log_a(x-2)^2 \geqq \log_a(x-2)+\log_a 5. \end{cases}$$
ただし，a は正の定数で，$a \neq 1$ とする．
(京都府立大・改)

90. $\log_{10} 7 = 0.8451\cdots$ である．

(1) 7^6 の桁数を求めよ．

(2) 7^{77} の桁数が 10^n より大きく，10^{n+1} より小さくなるような整数 n を求めよ．

(慶應義塾大)

91. $\log_{10} 2 = 0.3010\cdots$ である．

(1) 次の式をみたす整数 k の値を求めよ．
$$10^4 < 2^k < 2 \cdot 10^4$$

†(2) 2004個の2の累乗，2^1, 2^2, 2^3, $\cdots$, 2^{2004} のうち，10進法で表したとき，その最高位の数字が1であるものの個数を求めよ．

(早稲田大)

92. $0.30 < \log_{10} 2 < 0.32$ である．

(1) $\dfrac{1}{2^{60}}$ を小数で表したとき，小数第何位までは0だといえるか．

(2) $\dfrac{1}{5^{200}}$ は小数第139位まで0で，第140位は1である．$\log_{10} 5$ はどんな範囲に入る数だといえるか．

(3) 5^{80} は何桁の整数か．

(宮城教育大・改)

§10 微分法，積分法

93. 3次関数 $f(x)=x^3+3ax^2+bx+c$ に関して，
(1) $f(x)$ が極値をもつための条件を，$f(x)$ の係数を用いて表せ．
(2) $f(x)$ が $x=\alpha$ で極大になり，$x=\beta$ で極小になるとき，点 $(\alpha, f(\alpha))$ と点 $(\beta, f(\beta))$ を結ぶ直線の傾き m を $f(x)$ の係数を用いて表せ．また，$y=f(x)$ のグラフは平行移動によって $y=x^3+\dfrac{3}{2}mx$ のグラフに移ることを示せ．

(大阪大)

94. a は 0 でない実数とする．関数
$$f(x)=(3x^2-4)\left(x-a+\dfrac{1}{a}\right)$$
の極大値と極小値の差が最小となる a の値を求めよ．

(東京大)

95. xy 平面において，曲線 $y=-x^3+ax$ 上の $x>0$ の部分に，点 P を次の条件をみたすようにとる．ただし，$a>0$ とする．
　「点 P におけるこの曲線の接線と y 軸との交点を Q とするとき，
　　原点 O における接線が $\angle\text{QOP}$ を二等分する．」
このとき，三角形 QOP の面積 $S(a)$ の最小値と，それを与える a の値を求めよ．

(東京大)

96. 方程式
$$2x^3+3x^2-12x-k=0$$
は，異なる 3 つの実数解 α, β, γ をもつとする．$\alpha<\beta<\gamma$ とするとき，
(1) 定数 k の値の範囲を求めよ．
(2) $-2<\beta<-\dfrac{1}{2}$ となるとき，α, γ の値の範囲を求めよ．

(高知大)

97. 直線 $y=3x+\dfrac{1}{2}$ 上の点 $P(p, q)$ から放物線 $y=x^2$ の法線は何本引けるか調べよ．ただし，放物線の法線とは，放物線上の点でその点における接線に直交する直線のことである．

(お茶の水女子大)

†98. a を 0 以上の定数とする．関数 $y=x^3-3a^2x$ のグラフと方程式 $|x|+|y|=2$ で表される図形の共有点の個数を求めよ．

(一橋大)

99. 実数 a が $0<a<1$ の範囲を動くとき，曲線 $y=x^3-3a^2x+a^2$ の極大点と極小点の間にある部分（ただし，極大点，極小点は含まない）が通る範囲を図示せよ．

(一橋大)

100. xy 平面上で，曲線 $y=x^2-4$ と x 軸とで囲まれた図形（境界を含む）に含まれる最長の線分の長さを求めよ．

(名古屋大)

101. t が区間 $\left[-\dfrac{1}{2}, 2\right]$ を動くとき，$F(t)=\displaystyle\int_0^1 x|x-t|dx$ の最大値と最小値を求めよ．

(山口大)

102. $f(x)=\displaystyle\int_{-1}^1 (x-t)f(t)dt+1$ をみたす関数 $f(x)$ を求めると，$f(x)=\boxed{}$．

(小樽商科大)

103. 2次関数 $f(x) = ax^2 + bx + c$ が次の関係式
$$\int_0^1 f(x)dx = 1, \quad \int_0^1 xf(x)dx = \frac{1}{2}$$
を満たすとする．このとき，$\int_0^1 \{f(x)\}^2 dx > 1$ となることを証明せよ．

(お茶の水女子大)

104. xy 平面上の曲線
$$C : y = |2x - 1| - x^2 + 2x + 1$$
について，
(1) 曲線 C の概形を描け．
(2) 直線 $l : y = ax + b$ が曲線 C と相異なる2点において接するときの a, b の値を求めよ．
(3) (2)の直線 l と曲線 C で囲まれた図形の面積 S を求めよ．

(岡山大)

105. (1) a を正の数とする．区間 $[a, a+1]$ において，放物線 $y = x^2 - 1$ と x 軸とではさまれる部分の面積 S を求めよ．
(2) S を最小にする a の値を求めよ．

(津田塾大)

106. xy 平面上において，$(0, 0)$, $(1, 0)$, $(1, 1)$, $(0, 1)$ を4頂点とする正方形の内部および周を領域 D とする．また，2つの放物線
$$C_1 : y = px^2,$$
$$C_2 : y = -q(x-1)^2 + 1$$
は共有点をただ1つ持ち，その点で接線を共有している．ただし，p, q は正の数である．
(1) $\dfrac{1}{p} + \dfrac{1}{q}$ の値を求めよ．
(2) D のうち $y \geq px^2$ の部分の面積を S_1 とし，D のうち $y \leq -q(x-1)^2 + 1$ の部分の面積を S_2 とするとき，$S = S_1 + S_2$ を p, q を用いて表せ．
(3) S が最大となる p, q の値と，S の最大値を求めよ．

(長崎大・改)

†107. 曲線 $y=x^2$ の点 (a, a^2) での接線を l とする．l 上の点で x 座標が $a-1$ と $a+1$ のものをそれぞれ P および Q とする．a が $-1 \leqq a \leqq 1$ の範囲を動くとき，線分 PQ の動く範囲の面積を求めよ．

(東北大)

108. 関数 $f_n(x)$ $(n=1, 2, 3, \cdots)$ は，
$f_1(x) = 4x^2 + 1$,
$f_n(x) = \int_0^1 \{3x^2 t f_{n-1}'(t) + 3f_{n-1}(t)\} dt$ $(n=2, 3, 4, \cdots)$

で，帰納的に定義されている．この $f_n(x)$ を求めよ．

(京都大)

§11 数列

109. p, 1, q $(p \neq q)$ がこの順で等差数列であり，しかも p^2, 1, q^2 をうまく並べ替えると等差数列とすることができる．このとき，p, q を求めよ．

(関西大)

110. a を実数とする．方程式
$$x^4+(8-2a)x^2+a=0$$
は相異なる 4 個の実数解をもち，これらの解を小さい順に並べたとき，等差数列となる．a の値を求めよ．

(名古屋大)

111. 等比数列 2, 4, 8, … と等比数列 3, 9, 27, … のすべての項を小さい順に並べてできる数列の第 1000 項は，2 つの等比数列のどちらの第何項か．($\log_6 2 = 0.386852\cdots$ を使ってよい．)

(弘前大)

†**112.** (1) 10 から 15 までの自然数を，連続した 2 個以上の自然数の和としてそれぞれ表せ．

(2) 自然数 n が 2 の累乗でなければ，つまり
$$n=2^m(2l+1) \quad (m, \ l \text{ は整数で，} m \geq 0, \ l \geq 1)$$
と表されるならば，n は連続した 2 個以上の自然数の和として表されることを証明せよ．

(3) 自然数 n が 2 の累乗ならば，つまり
$$n=2^m \quad (m \text{ は整数で，} m \geq 0)$$
ならば，n は連続した 2 個以上の自然数の和として表せないことを証明せよ．

(上智大．類題；滋賀大)

113. $a_1=0$, $a_{n+1}=a_n+n$ $(n=1, 2, 3, \cdots)$ で定まる数列を考える.
(1) a_n を n の式で表せ.
(2) $b_n=a_1+a_2+a_3+\cdots+a_n$ で定まる b_n を n の式で表せ.
(3) $c_n=a_1-a_2+a_3-a_4+\cdots+(-1)^{n-1}a_n$ で定まる c_n を n の式で表せ.

(甲南大)

114. 自然数 n に対して, $\sqrt{n}$ に最も近い整数を a_n とする.
(1) m を自然数とするとき, $a_n=m$ となる自然数 n の個数を m を用いて表せ.
(2) $\sum_{k=1}^{2001} a_k$ を求めよ.

(横浜国立大)

115. 二項係数を次のように順番に並べて, 数列 $\{a_n\}$ を定める.
$$_0C_0, \; _1C_0, \; _1C_1, \; _2C_0, \; _2C_1, \; _2C_2, \; _3C_0, \; \cdots$$
ただし, $_0C_0=1$ とする.
(1) a_{18} の値を求めよ.
(2) $_nC_k$ は第何項になるか.
(3) $\sum_{n=1}^{50} a_n$ の値を求めよ.

(岐阜大)

116. 自然数 p, q の組 (p, q) を
(i) $p+q$ の値の小さい組から大きい組へ,
(ii) $p+q$ の値の同じ組では, p の値が大きい組から小さい組へ
という規則に従って, 次のように一列に並べる.
$$(1, 1), (2, 1), (1, 2), (3, 1), (2, 2), (1, 3), \cdots$$
このとき,
(1) 組 (m, n) は, 初めから何番目にあるか.
(2) 初めから 100 番目にある組を求めよ.

(立命館大. 類題;香川大)

117. 座標平面上で，x 座標と y 座標がともに整数である点を格子点という．

n は自然数であるとして，不等式
$$x>0, \quad y>0, \quad \log_2 \frac{y}{x} \leq x \leq n$$
をみたす格子点の個数を求めよ． (京都大)

118. 数列 $\{a_n\}$ $(n=1, 2, 3, \cdots)$ があるとき，初項から第 n 項までの和を S_n $(n=1, 2, 3, \cdots)$ とおく．いま，a_n と S_n が，関係式
$$S_n = 2a_n{}^2 + \frac{1}{2}a_n - \frac{3}{2}$$
をみたし，かつ，すべての項 a_n は同符号である．このとき，
(1) a_{n+1} を a_n を用いて表せ．
(2) 一般項 a_n を n の式で表せ．

(早稲田大)

119. $\quad a_1 = -6, \quad a_{n+1} = 2a_n + 2n + 4 \quad (n=1, 2, 3, \cdots)$
で定義される数列 $\{a_n\}$ がある．
(1) 数列が初めて正の値をとるのは，第何項か．
(2) 一般項 a_n を求めよ．
(3) 初項から第 n 項までの和 S_n を求めよ．

(南山大)

120. 数列 $\{a_n\}$ を
$$a_1 = 5,$$
$$a_{n+1} = 2a_n + 3^n \quad (n=1, 2, 3, \cdots)$$
で定める．

(1) $b_n = a_n - 3^n$ とおく．b_{n+1} を b_n で表せ．

(2) a_n を求めよ．

(3) $a_n < 10^{10}$ をみたす最大の正の整数 n を求めよ．
ただし，$\log_{10} 2 = 0.3010\cdots$，$\log_{10} 3 = 0.4771\cdots$ である．

(一橋大)

121. 数列 $\{a_n\}$，$\{b_n\}$ が次の条件をみたす．
$$a_1 = \frac{1}{6}, \text{ および，} a_{n+1} = \frac{a_n}{6a_n + 7}, \quad b_n = \frac{1}{a_n} \quad (n=1, 2, 3, \cdots).$$

(1) b_{n+1} を b_n を用いて表せ．

(2) 数列 $\{a_n\}$，$\{b_n\}$ の一般項 a_n，b_n を求めよ．

(3) b_n は 6 の倍数であることを証明せよ．

(岩手大)

122. 数字 $1, 2, 3$ を n 個並べてできる n 桁の数全体を考える．そのうち 1 が奇数回現れるものの個数を a_n，1 が偶数回現れるかまったく現れないものの個数を b_n とする．

(1) a_{n+1}，b_{n+1} を a_n，b_n を用いて表せ．

(2) a_n，b_n を求めよ．

(早稲田大)

†123. y 軸上に下から順に点 A_0, A_1, A_2, $\cdots$, 曲線 $y=x^2$ 上の x が正の部分に点 B_1, B_2, B_3, $\cdots$ があり，点 A_0 は原点で，$n=1$, 2, 3, $\cdots$ に対して，3 点 A_{n-1}, A_n, B_n は正三角形の 3 頂点となる．

(1) 点 B_1 の座標を求めよ．
(2) 点 B_2 の座標を求めよ．
(3) 点 A_n の座標を求めよ．

（小樽商科大・改）

124. 数列 $\{a_n\}$ は条件
$$\begin{cases} a_1=1, \\ a_n+(2n+1)(2n+2)a_{n+1}=\dfrac{2\cdot(-1)^n}{(2n)!} \end{cases} \quad (n=1, 2, 3, \cdots)$$
をみたすとする．

(1) a_2, a_3, a_4 をそれぞれ求めよ．
(2) 一般項 a_n を求めよ．

（大阪市立大）

125. 2 つの数列 $\{a_n\}$, $\{b_n\}$ が次の条件を満たしている．
$$\begin{cases} a_1=1, \quad a_n=\dfrac{b_n+b_{n+1}}{2} \\ b_1=0, \quad b_{n+1}=\sqrt{a_n a_{n+1}} \end{cases} \quad (n=1, 2, 3, \cdots)$$
このとき，

(1) a_2, a_3, a_4, b_2, b_3, b_4 の値を求めよ．
(2) a_n, b_n をそれぞれ推定し，それらが正しいことを数学的帰納法を用いて証明せよ．
(3) $S_n=\sum_{k=1}^{n} b_k$ を n を用いて表せ．

（香川大．類題；一橋大）

126. 自然数 n に対して，正の整数 a_n, b_n を
$$(3+\sqrt{2})^n = a_n + b_n\sqrt{2}$$
によって定める．このとき，
(1) a_1, b_1 と a_2, b_2 を求めよ．
(2) a_{n+1}, b_{n+1} を a_n, b_n を用いて表せ．
(3) n が奇数のとき，a_n, b_n はともに奇数であって，n が偶数のとき，a_n は奇数で，b_n は偶数であることを数学的帰納法によって示せ．

(中央大)

127. 実数 x, y について，$x+y$, xy がともに偶数とする．このとき，
(1) 自然数 n に対して $x^n + y^n$ は偶数になることを示せ．
(2) 整数以外の実数の組 (x, y) の例を示せ．

(岐阜大)

§12 ベクトル

128. 三角形 ABC において BC=5, CA=6, AB=7 とする．この三角形の内接円と辺 BC, CA, AB の接点をそれぞれ D, E, F とする．また，線分 BE と線分 AD の交点を G とする．$\overrightarrow{AB}=\vec{p}$, $\overrightarrow{AC}=\vec{q}$ として，

(1) $\overrightarrow{AD}$ を $\vec{p}$, $\vec{q}$ を用いて表せ．
(2) $\overrightarrow{AG}$ を $\vec{p}$, $\vec{q}$ を用いて表せ．
(3) 3点 C, G, F は一直線上にあることを示せ．

(広島市立大・改)

129. 三角形 OAB があり，3点 P, Q, R を
$$\overrightarrow{OP}=k\overrightarrow{BA},\ \overrightarrow{AQ}=k\overrightarrow{OB},\ \overrightarrow{BR}=k\overrightarrow{AO}$$
となるように定める．ただし，k は $0<k<1$ を満たす実数である．$\overrightarrow{OA}=\vec{a}$, $\overrightarrow{OB}=\vec{b}$ とおくとき，

(1) $\overrightarrow{OP}$, $\overrightarrow{OQ}$, $\overrightarrow{OR}$ をそれぞれ $\vec{a}$, $\vec{b}$, k を用いて表せ．
(2) 三角形 OAB の重心と三角形 PQR の重心が一致することを示せ．
(3) 辺 AB と辺 QR の交点を M とする．点 M は，k の値によらず辺 QR を一定の比に内分することを示せ．

(茨城大)

130. 三角形 OAB がある．$\overrightarrow{OP}=\alpha\overrightarrow{OA}+\beta\overrightarrow{OB}$ で表されるベクトル $\overrightarrow{OP}$ の終点 P の集合は，α, β が次の条件をみたすとき，それぞれどのような図形を表すか．O, A, B を適当にとって図示せよ．

(1) $\dfrac{\alpha}{2}+\dfrac{\beta}{3}=1$, $\alpha\geqq 0$, $\beta\geqq 0$ のとき．
(2) $1\leqq\alpha+\beta\leqq 2$, $0\leqq\alpha\leqq 1$, $0\leqq\beta\leqq 1$ のとき．
(3) $\beta-\alpha=1$, $\alpha\geqq 0$ のとき．

(愛知教育大)

131. 三角形 ABC において，$|\vec{AB}|=4$, $|\vec{AC}|=5$, $|\vec{BC}|=6$ である．辺 AC 上の点 D は BD⊥AC をみたし，辺 AB 上の点 E は CE⊥AB をみたす．CE と BD の交点を H とする．
(1) $\vec{AD}=r\vec{AC}$ となる実数 r を求めよ．
(2) $\vec{AH}=s\vec{AB}+t\vec{AC}$ となる実数 s, t を求めよ．

(一橋大)

132. 三角形 ABC は，3辺の長さが
$$AB=1,\ BC=\sqrt{6},\ CA=2$$
である．$\vec{AB}=\vec{u}$, $\vec{AC}=\vec{v}$ とするとき，
(1) 内積 $\vec{u}\cdot\vec{v}$ を求めよ．
(2) 三角形 ABC の外心（外接円の中心）を O とする．$\vec{AO}=s\vec{u}+t\vec{v}$ となる実数 s, t を求めよ．

(信州大)

133. 空間内に4点 A, B, C, D があり，それぞれの位置ベクトル $\vec{a}$, $\vec{b}$, $\vec{c}$, $\vec{d}$ が条件
$$\vec{a}-\vec{d}=\vec{b}-\vec{c},$$
$$|\vec{c}-\vec{d}|=6,\ |\vec{a}-\vec{d}|=7,$$
$$(\vec{a}-\vec{b})\cdot(\vec{c}-\vec{b})=18$$
をみたしているとする．このとき，線分 BD の長さを求めよ．

(長崎大)

134. 平面上の点 O を中心にもつ半径 1 の円周上に3点 A, B, C がある．
ベクトル間の関係式
$$3\vec{OA}+4\vec{OB}-5\vec{OC}=\vec{0}$$
が成り立つとき，
(1) 内積 $\vec{OA}\cdot\vec{OB}$, $\vec{OB}\cdot\vec{OC}$, $\vec{OC}\cdot\vec{OA}$ の値を求めよ．
(2) 三角形 ABC の面積を求めよ．

(東京都立大)

135. 三角形 ABC において，AB=2, AC=1, ∠BAC=120° とし，実数 $k>0$, $l>0$ に対して，$4\overrightarrow{PA}+2\overrightarrow{PB}+k\overrightarrow{PC}=\vec{0}$ で与えられる点を P，直線 AP と直線 BC との交点を D とし，$\overrightarrow{AQ}=l\overrightarrow{AD}$ で与えられる点を Q とする．
このとき，

(1) 線分の長さの比 BD:DC を k を用いて表せ．

(2) $\overrightarrow{AD} \perp \overrightarrow{BC}$ となるとき，k の値を求めよ．

(3) (2)の k の値に対して，点 Q が三角形 ABC の外接円の周上にあるとき，l の値を求めよ．

(鹿児島大)

136. 平面上に原点 O を中心とする半径 1 の円 K_1 を考える．K_1 の直径を 1 つとり，その両端を A，B とする．円 K_1 の周上の任意の点 Q に対し，線分 QA を 1:2 の比に内分する点を R とする．いま，k を正の定数として，
$$\vec{p}=\overrightarrow{AQ}+k\overrightarrow{BR}$$
とおく．ただし，Q=A のときは R=A とする．また，$\overrightarrow{OA}=\vec{a}$, $\overrightarrow{OQ}=\vec{q}$ とおく．

(1) $\overrightarrow{BR}$ を $\vec{a}$, $\vec{q}$ を用いて表せ．

(2) 点 Q が円 K_1 の周上を動くとき，$\overrightarrow{OP}=\vec{p}$ となるような点 P が描く図形を K_2 とする．K_2 は円であることを示し，中心の位置ベクトルと半径を求めよ．

(3) 円 K_2 の内部に点 A が含まれるような k の値の範囲を求めよ．

(大阪大)

137. 座標平面上で,原点 O を基準とする点 P の位置ベクトル $\overrightarrow{OP}$ が $\vec{p}$ であるとき,点 P を $P(\vec{p})$ で表す.

(1) $A(\vec{a})$ を原点 O と異なる点とする.

(i) 点 $A(\vec{a})$ を通り,ベクトル $\vec{a}$ に垂直な直線上の任意の点を $P(\vec{p})$ とするとき,$\vec{a}\cdot\vec{p}=|\vec{a}|^2$ が成り立つことを示せ.

(ii) ベクトル方程式 $|\vec{p}|^2-2\vec{a}\cdot\vec{p}=0$ で表される図形を図示せよ.

(2) ベクトル $\vec{b}=(1, 1)$ に対して,不等式
$$|\vec{p}-\vec{b}|\leq|\vec{p}+3\vec{b}|\leq 3|\vec{p}-\vec{b}|$$
をみたす点 $P(\vec{p})$ 全体が表す領域を図示せよ.

(金沢大)

138. 四面体 ABCD を考える.

面 ABC 上の点 P と面 BCD 上の点 Q について,
$\overrightarrow{AP}=x\overrightarrow{AB}+y\overrightarrow{AC}$,
$\overrightarrow{AQ}=s\overrightarrow{AB}+t\overrightarrow{AC}+u\overrightarrow{AD}$
とおくとき,$x:y=s:t$ ならば,線分 AQ と DP が交わることを示せ.

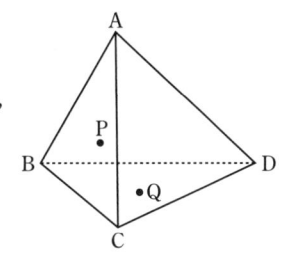

(神戸大)

139. 四面体 ABCD の 3 辺 AB,BC,CD 上に,それぞれ,頂点とは異なる点 P,Q,R をとり,三角形 PQR の重心を G,三角形 BCD の重心を H とする.3 点 A,G,H が同一直線上にあるとき,
$$\frac{2}{3}<\frac{AG}{AH}<1$$
であることを示せ.

(大阪府立大・改)

140. 空間内の四面体 OABC について，$\overrightarrow{OA}=\vec{a}$, $\overrightarrow{OB}=\vec{b}$, $\overrightarrow{OC}=\vec{c}$ とおく．辺 OA 上の点 D は OD:DA=1:2 を満たし，辺 OB 上の点 E は OE:EB=1:1 を満たし，辺 BC 上の点 F は BF:FC=2:1 を満たすとする．3点 D, E, F を通る平面を α とする．

(1) α と辺 AC が交わる点を G とする．$\vec{a}, \vec{b}, \vec{c}$ を用いて $\overrightarrow{OG}$ を表せ．

(2) α と直線 OC が交わる点を H とする．OC:CH を求めよ．

(3) 四面体 OABC を α で2つの立体に分割する．この2つの立体の体積比を求めよ．

(岐阜大)

141. 一辺の長さが1の正四面体 OABC において，辺 OA を 1:2 に内分する点を L，辺 OB を 2:1 に内分する点を M とし，辺 BC 上に ∠LMN が直角となるように点 N をとる．このとき，

(1) BN:NC を求めよ．

(2) ∠MNB=θ とするとき，$\cos\theta$ の値を求めよ．

(和歌山大)

142. 座標空間における3点 A(4, −1, 2), B(2, 2, 3), C(5, −4, 0) を頂点とする三角形の外心（外接円の中心）の座標を求めよ．

(早稲田大)

143. 座標空間の5点 A(1, 1, 2), B(2, 1, 4), C(3, 2, 2), D(2, 7, 1), E(3, 4, 3) を考える．

(1) 三角形 ABC の面積を求めよ．

(2) 点 D から平面 ABC に下ろした垂線の足を H とする．H の座標を求めよ．

(3) 点 E を通り，平面 ABC に平行な平面を α とする．四面体 ABCD を平面 α で切ったときの切り口の面積を求めよ．

(岐阜大・改)

144. 空間内に，2つの直線
$$l_1 : (x, y, z) = (1, 1, 0) + s(1, 1, -1),$$
$$l_2 : (x, y, z) = (-1, 1, -2) + t(0, -2, 1)$$
がある．ただし，s, t は媒介変数である．
(1) l_2 上の点 $\mathrm{A}(-1, 1, -2)$ から l_1 へ下ろした垂線の足 H の座標を求めよ．
(2) l_1, l_2 上にそれぞれ点 P, Q をとるとき，線分 PQ の長さの最小値を求めよ．

(大阪教育大)

145. xyz 空間内に $\mathrm{P}(k, 0, 0)$ を通ってベクトル $\vec{d} = (0, 1, \sqrt{3})$ に平行な直線 l と xy 平面上の円 $C : x^2 + y^2 = a^2$, $z = 0$ $(a > 0)$ がある．直線 l 上に点 Q，円 C 上に点 $\mathrm{R}(a\cos\theta, a\sin\theta, 0)$ をとるとき，QR の最小値を求めよ．

(信州大・改)

146. 四面体 OABC において，$\mathrm{OA} = 2$, $\mathrm{OB} = \sqrt{2}$, $\mathrm{OC} = 1$ であり，$\angle \mathrm{AOB} = \dfrac{\pi}{2}$, $\angle \mathrm{AOC} = \dfrac{\pi}{3}$, $\angle \mathrm{BOC} = \dfrac{\pi}{4}$ であるとする．また，3点 O, A, B を含む平面を α とし，点 C から平面 α に下ろした垂線と α との交点を H，平面 α に関して C と対称な点を D とする．$\overrightarrow{\mathrm{OA}} = \vec{a}$, $\overrightarrow{\mathrm{OB}} = \vec{b}$, $\overrightarrow{\mathrm{OC}} = \vec{c}$ とおくとき，
(1) $\overrightarrow{\mathrm{OH}}$, $\overrightarrow{\mathrm{OD}}$ を $\vec{a}$, $\vec{b}$, $\vec{c}$ を用いて表せ．
(2) 四面体 OABC の体積を求めよ．
(3) 三角形 ABC の重心を G とし，平面 OAB 上の点 P で CP+PG を最小にする点を P_0 とする．このとき，$\overrightarrow{\mathrm{OP}_0}$ を $\vec{a}$, $\vec{b}$ を用いて表し，$\mathrm{CP}_0 + \mathrm{P}_0 \mathrm{G}$ の値を求めよ．

(福井大・改)

147. 空間内に3点 A(1, 0, 0), B(0, 2, 0), C(0, 0, 3) をとる．
(1) 空間内の点Pが $\overrightarrow{AP} \cdot (\overrightarrow{BP} + 2\overrightarrow{CP}) = 0$ をみたしながら動くとき，この点Pはある定点Qから一定の距離にあることを示し，点Qの座標およびその距離を求めよ．
(2) (1)における定点Qは3点 A, B, C を通る平面上にあることを示せ．
(3) (1)におけるPについて，四面体 ABCP の体積の最大値を求めよ．

(九州大・改)

148. $a > 1$, $p > 2$ とする．座標空間に5点 A(a, 0, 0), B(0, a, 0), C($-a$, 0, 0), D(0, $-a$, 0), P(0, 0, p) と定点 R(0, 0, 1) がある．Rを中心とする半径1の球が線分 AP, BP, CP, DP に接しているとき，
(1) p を a で表せ．
(2) Pを頂点とし，正方形 ABCD を底面とする四角錐の体積を V とする．a が $a > 1$ の範囲を変化するとき，V を最小とする a の値を求めよ．

(名古屋市立大)

†149. xyz 座標空間に，右図のように一辺の長さ1の立方体 OABC-DEFG がある．この立方体を xy 平面上の直線 $y = -x$ のまわりに，頂点Fが z 軸の正の部分にくるまで回転させる．このとき，
(1) 回転後の頂点Bの座標を求めよ．
(2) 回転後の頂点 A, G で定まるベクトル $\overrightarrow{AG}$ の成分を求めよ．

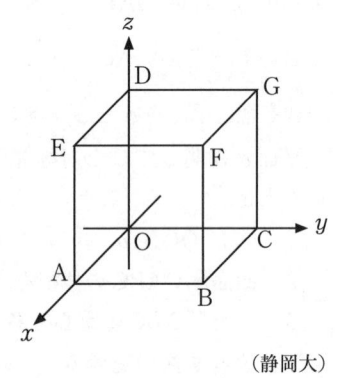

(静岡大)

河合塾
SERIES

入試精選問題集 ④
文系数学の
良問プラチカ
数学 I・A・II・B 三訂版

解答・解説編

§1 2次関数，2次方程式，2次不等式

1.

解法メモ

単に「x の関数」とあるだけですから，$a=0$ かも知れません．で，

$$\begin{cases} \text{(i)} & a>0 \text{ のとき,} \\ \text{(ii)} & a=0 \text{ のとき,} \\ \text{(iii)} & a<0 \text{ のとき} \end{cases}$$

に場合分けして考えます．

$a \neq 0$ なら，$f(x)$ は2次関数ですから，平方完成して，放物線 $y=f(x)$ の軸と，定義域の位置関係でさらに分類して考えます．

【解答】

(i) $a>0$ のとき，
$$f(x)=a\left(x-\frac{1}{a}\right)^2+1-\frac{1}{a}.$$

(ア) $0<\dfrac{1}{a}\leq 1$, すなわち，$a \geq 1$ のとき，

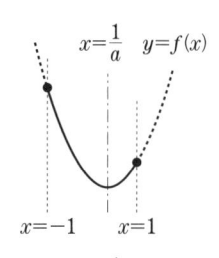

$f(x)$ の
$$\begin{cases} \text{最大値は,} & f(-1)=a+3, \\ \text{最小値は,} & f\left(\dfrac{1}{a}\right)=1-\dfrac{1}{a}. \end{cases}$$

(イ) $1<\dfrac{1}{a}$, すなわち，$0<a<1$ のとき，

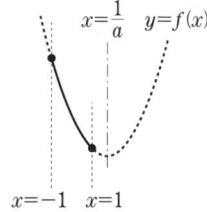

$f(x)$ の
$$\begin{cases} \text{最大値は,} & f(-1)=a+3, \\ \text{最小値は,} & f(1)=a-1. \end{cases}$$

(ii) $a=0$ のとき，
$$f(x)=-2x+1.$$

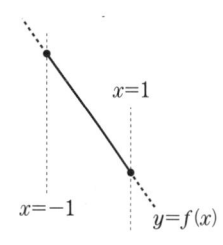

$f(x)$ の
$$\begin{cases} \text{最大値は,} & f(-1)=3, \\ \text{最小値は,} & f(1)=-1. \end{cases}$$

(iii) $a<0$ のとき,
$$f(x)=a\left(x-\frac{1}{a}\right)^2+1-\frac{1}{a}.$$

(ア) $-1\leqq\frac{1}{a}<0$, すなわち, $a\leqq-1$ のとき,

$f(x)$ の
$$\begin{cases}最大値は, f\left(\frac{1}{a}\right)=1-\frac{1}{a}, \\ 最小値は, f(1)=a-1.\end{cases}$$

(イ) $\frac{1}{a}<-1$, すなわち, $-1<a<0$ のとき,

$f(x)$ の
$$\begin{cases}最大値は, f(-1)=a+3, \\ 最小値は, f(1)=a-1.\end{cases}$$

以上, (i), (ii), (iii)より, $f(x)$ の

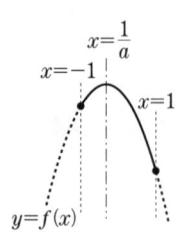

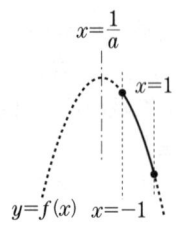

$$(最大値)=\begin{cases}a+3 & (a>-1), \\ 1-\dfrac{1}{a} & (a\leqq-1),\end{cases}$$

$$(最小値)=\begin{cases}1-\dfrac{1}{a} & (a\geqq 1), \\ a-1 & (a<1).\end{cases}$$

2.

解法メモ

(1)は $y=f(x)$ $(0\leqq x\leqq 1)$ のグラフをかけばお終い.

(2)は $f(x)$ が $x\leqq\frac{1}{2}$ において増加, $\frac{1}{2}\leqq x$ において減少ですから, a, b と $\frac{1}{2}$ の大小関係による場合分けが必要です.

【解答】
$$\begin{aligned}f(x)&=4x(1-x) \\ &=-4\left(x-\frac{1}{2}\right)^2+1.\end{aligned}$$

(1) $0\leqq x\leqq 1$ において,

$y=f(x)$ のグラフは, 右図の通りで,

定義域が $0\leqq x\leqq 1$ のとき値域は $0\leqq f(x)\leqq 1$

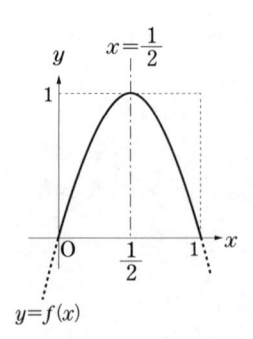

ゆえ，区間 $[0, 1]$ は関数 $f(x)$ に関して不変である．

(2) $0<a<b<1$ のとき，区間 $[a, b]$ が関数 $f(x)$ に関して不変であるとする．定義域が $a \leq x \leq b$ のとき，

(i) $0<a<b\leq\dfrac{1}{2}$ …① なら，$f(x)$ の値域は

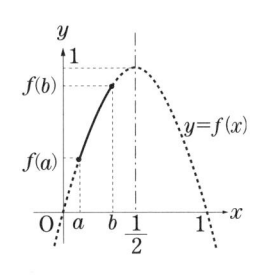

$f(a)\leq f(x)\leq f(b)$ ゆえ，

$\begin{cases} a=f(a), \\ b=f(b). \end{cases} \therefore \begin{cases} a=4a(1-a), & \cdots ② \\ b=4b(1-b). \end{cases}$

②から，$4a^2-3a=0$．

$\therefore \ 4a\left(a-\dfrac{3}{4}\right)=0$．

$\therefore \ a=0, \ \dfrac{3}{4}$．

これらは共に①に不適．

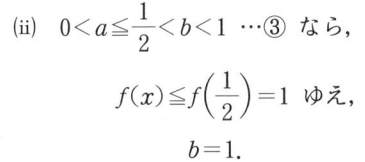

(ii) $0<a\leq\dfrac{1}{2}<b<1$ …③ なら，

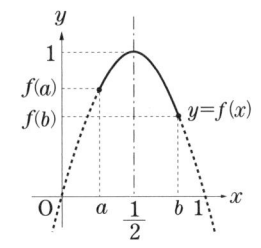

$f(x)\leq f\left(\dfrac{1}{2}\right)=1$ ゆえ，

$b=1$．

これは③に不適．

(iii) $\dfrac{1}{2}<a<b<1$ …④ なら，$f(x)$ の値域は

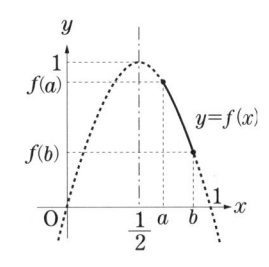

$f(b)\leq f(x)\leq f(a)$ ゆえ，

$\begin{cases} a=f(b), \\ b=f(a). \end{cases} \therefore \begin{cases} a=4b(1-b), & \cdots ⑤ \\ b=4a(1-a). & \cdots ⑥ \end{cases}$

⑤-⑥から，

$a-b=4(b-a)-4(b-a)(b+a)$．

$\therefore \ 4(b-a)\left(a+b-\dfrac{5}{4}\right)=0$．

ここで，$a<b$ より，$b-a\neq 0$ ゆえ，

$a+b-\dfrac{5}{4}=0$，すなわち，$b=\dfrac{5}{4}-a$．

これを⑥へ代入して，

$\dfrac{5}{4}-a=4a(1-a)$．

$\therefore \ 16a^2-20a+5=0$．

$$\therefore \quad a = \frac{10 \pm \sqrt{20}}{16} = \frac{5 \pm \sqrt{5}}{8}.$$

同様にして，$b = \dfrac{5 \pm \sqrt{5}}{8}$.

$a < b$ ゆえ，$(a,\ b) = \left(\dfrac{5-\sqrt{5}}{8},\ \dfrac{5+\sqrt{5}}{8} \right)$.

$2 < \sqrt{5} < 3$ から，$\dfrac{1}{4} < \dfrac{5-\sqrt{5}}{8} < \dfrac{3}{8} \left(< \dfrac{1}{2} \right)$ ゆえ，

これは④に不適．

以上，(i), (ii), (iii) より，$0 < a < b < 1$ のとき，区間 $[a,\ b]$ は関数 $f(x)$ に関して不変ではない．

3.

解法メモ

$f(x)$ の分母について，$x^2 - x + 1 = \left(x - \dfrac{1}{2} \right)^2 + \dfrac{3}{4} > 0$ ですから，$f(x)$ の定義域はすべての実数で，その最大値が 3，最小値が $\dfrac{1}{3}$ という条件は，

$$\dfrac{1}{3} \leqq f(x) \leqq 3,\ \text{すなわち,}$$

$$\dfrac{1}{3}(x^2 - x + 1) \leqq x^2 + ax + b \leqq 3(x^2 - x + 1)$$

となることで，なおかつ，2 つの等号が成立する実数 x が存在することです．

この様に読み替えれば，この分数関数 $f(x)$ についての問題はありふれた 2 次関数の問題に帰着します．

【解答】

$x^2 - x + 1 = \left(x - \dfrac{1}{2} \right)^2 + \dfrac{3}{4} \geqq \dfrac{3}{4} > 0$ ゆえ，与条件は，

$$\underbrace{\dfrac{1}{3} \leqq f(x) \leqq 3,\ \text{かつ，等号が成立する実数 } x \text{ が存在する}}_{(*)}$$

である．

$(*) \iff \dfrac{1}{3} \leqq \dfrac{x^2 + ax + b}{x^2 - x + 1} \leqq 3$

$\iff x^2 - x + 1 \leqq 3(x^2 + ax + b),\ \ x^2 + ax + b \leqq 3(x^2 - x + 1)$

$$\iff \begin{cases} 2x^2+(3a+1)x+3b-1\geqq 0, & \cdots ① \\ 2x^2-(a+3)x+3-b\geqq 0. & \cdots ② \end{cases}$$

すべての実数 x に対して，①が成り立ち，かつ，等号が成立する x が存在する条件から

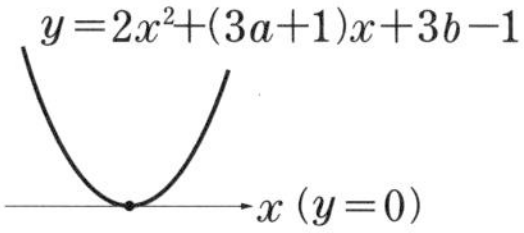

$$\begin{pmatrix} 2x^2+(3a+1)x+3b-1=0 \\ \text{の判別式} \end{pmatrix}=0.$$

$\therefore \ (3a+1)^2-4\cdot 2(3b-1)=0.$

$\therefore \ 3a^2+2a-8b+3=0. \quad \cdots ③$

また，すべての実数 x に対して②が成り立ち，かつ，等号が成立する x が存在する条件から，

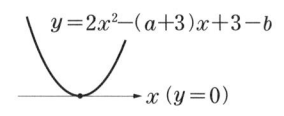

$$\begin{pmatrix} 2x^2-(a+3)x+3-b=0 \\ \text{の判別式} \end{pmatrix}=0.$$

$\therefore \ (a+3)^2-4\cdot 2\cdot(3-b)=0.$

$\therefore \ a^2+6a+8b-15=0. \quad \cdots ④$

③+④から，

$$4a^2+8a-12=0.$$

$\therefore \ 4(a+3)(a-1)=0.$

$\therefore \ a=-3, \ 1.$

これと④から，それぞれ $b=3, \ 1.$

以上より，求める a, b の値は，

$$(\boldsymbol{a}, \ \boldsymbol{b})=(\boldsymbol{-3}, \ \boldsymbol{3}), \ (\boldsymbol{1}, \ \boldsymbol{1}).$$

4.

[解法メモ]

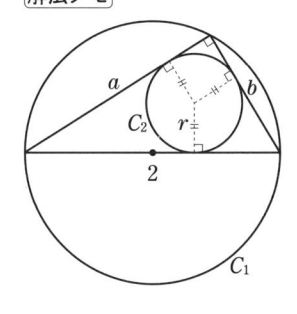

この図の中から，

$$a+b, \ ab, \ r$$

の間に成り立つ関係を少なくとも 2 つ見つければよいのです．

それは，

　　長さの関係であっても，
　　面積の関係であっても，
　　比例の関係であっても，
　　　　　　　…

何でもよい訳です．

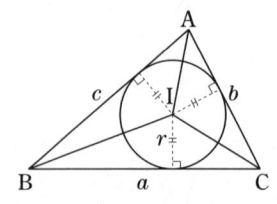

例えば，
$$\text{直角三角形} \implies \text{三平方の定理} \implies a^2+b^2=2^2$$
で1つ．さあ，あと1つ．

$$\triangle\text{ABC}=\triangle\text{IBC}+\triangle\text{ICA}+\triangle\text{IAB}$$
$$=\frac{1}{2}ra+\frac{1}{2}rb+\frac{1}{2}rc$$
$$=\frac{1}{2}r(a+b+c).$$

【解答】

(1) 直角三角形の条件から，三平方の定理により，
$$a^2+b^2=2^2.$$
$$\therefore (a+b)^2-2ab=4. \qquad \cdots ①$$
直角三角形の面積の条件から，
$$\frac{1}{2}ab=\frac{1}{2}(a+b+2)r.$$
$$\therefore ab=(a+b+2)r. \qquad \cdots ②$$
ここで，$X=a+b$，$Y=ab$ とおくと，①，②より，
$$\begin{cases} X^2-2Y=4, & \cdots ①' \\ Y=(X+2)r. & \cdots ②' \end{cases}$$
②'を①'へ代入して，整理すると，
$$X^2-2rX-4r-4=0.$$
$$\therefore (X+2)\{X-(2r+2)\}=0.$$

$X=a+b>0$ は明らかゆえ，
$$X=2r+2.$$
これを②'へ代入して，
$$Y=2r^2+4r.$$
以上より，
$$\begin{cases} X=2r+2, \\ Y=2r^2+4r. \end{cases}$$

(2) $X=a+b$，$Y=ab$ ゆえ，a, b は t の2次方程式
$$t^2-Xt+Y=0 \qquad \cdots ③$$
の2解で，斜辺の長さが2の直角三角形の他の2辺の長さであることから，

$$0<a<2,\ 0<b<2,\ a+b>2.$$

よって，求める条件は，③が $0<t<2$ に2つの実数解をもち，
$$X>2$$
となることである．
$$f(t)=t^2-Xt+Y$$
$$=\left(t-\frac{X}{2}\right)^2+Y-\frac{X^2}{4}$$

とおくと，この条件は，

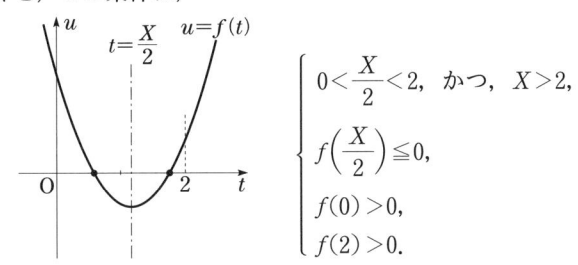

$$\begin{cases} 0<\dfrac{X}{2}<2,\ \text{かつ},\ X>2, & \cdots ④ \\ f\left(\dfrac{X}{2}\right)\leq 0, & \cdots ⑤ \\ f(0)>0, & \cdots ⑥ \\ f(2)>0. & \cdots ⑦ \end{cases}$$

④より，
$$1<r+1<2. \quad \therefore\quad 0<r<1. \quad \cdots ④'$$

⑤より，$Y-\dfrac{X^2}{4}\leq 0$，すなわち，
$$(2r^2+4r)-\frac{1}{4}(2r+2)^2\leq 0.$$
$$\therefore\quad r^2+2r-1\leq 0.$$
$$\therefore\quad -1-\sqrt{2}\leq r\leq -1+\sqrt{2}. \quad \cdots ⑤'$$

⑥より，$Y>0$，すなわち，
$$2r^2+4r>0. \quad \therefore\quad 2r(r+2)>0.$$
$$\therefore\quad r<-2\ \text{または}\ 0<r. \quad \cdots ⑥'$$

⑦より，$4-2X+Y>0$，すなわち，
$$4-2(2r+2)+(2r^2+4r)>0.$$
$$\therefore\quad 2r^2>0. \quad \therefore\quad r\neq 0. \quad \cdots ⑦'$$

以上，④′，⑤′，⑥′，⑦′ より，求める r の値の範囲は，

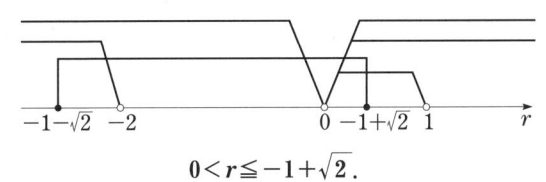

$$\boldsymbol{0<r\leq -1+\sqrt{2}}.$$

[参考]

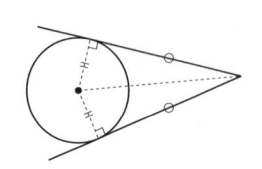

(1)では，$a+b$，ab，r の間に成り立つ関係式として，三平方の定理の他に，面積の情報を得ましたが，これ以外にも，

「円外の 1 点から円に引いた 2 本の接線の長さは等しい」

ことを用いるなら，

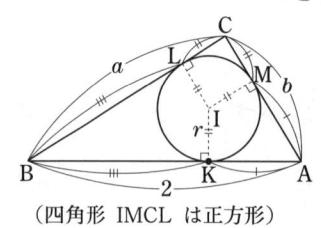

$$\begin{aligned}2=AB&=AK+BK\\&=AM+BL\\&=(b-r)+(a-r)\\&=a+b-2r,\end{aligned}$$

したがって，

$$a+b=2r+2$$

という情報が得られます．

（四角形 IMCL は正方形）

5.

[解法メモ]

まず，正しい作図ができますか．

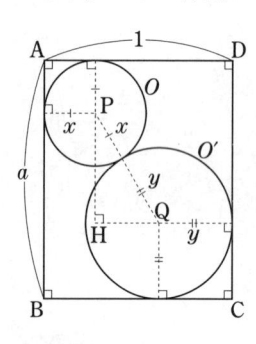

この図の中から，

$$x+y,\ a$$

の間に成り立つ関係式が 1 本見つけられればよいのです．

2 円 O，O' が外接しているから，$x+y$ は，この 2 円の中心間距離 PQ に等しい．

これと外側の長方形の辺の長さ a とを結びつけようとすると，…（直角三角形 PQH が見えてきませんか?!）

【解答】

上図のように，2 円 O，O' の中心をそれぞれ P，Q とし，P を通り AB に平行な直線と，Q を通り AD に平行な直線の交点を H とすると，三角形 PQH は $\angle H=90°$ の直角三角形で，

$$\begin{cases} \text{PH} = a - x - y, \\ \text{QH} = 1 - x - y, \\ \text{PQ} = x + y \end{cases}$$

である．

(1) 直角三角形 PQH に三平方の定理 $\text{PQ}^2 = \text{PH}^2 + \text{QH}^2$ を用いて，
$$(x+y)^2 = \{a-(x+y)\}^2 + \{1-(x+y)\}^2.$$
$$\therefore \quad (x+y)^2 - 2(a+1)(x+y) + a^2 + 1 = 0.$$
$$\therefore \quad x+y = a+1 \pm \sqrt{(a+1)^2 - (a^2+1)}$$
$$= a+1 \pm \sqrt{2a}.$$

ここで，図より明らかに，$x+y \leq 1$ だから，
$$\boldsymbol{x+y = a+1-\sqrt{2a}}. \qquad \cdots ①$$

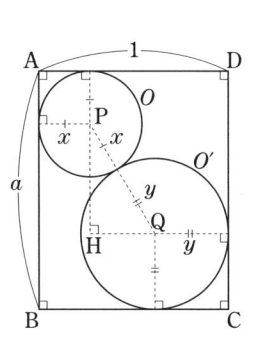

(2) 図より明らかに，x, y の最大値はともに $\dfrac{1}{2}$ で，①より，
$$\frac{1}{2} \geq y = a+1-\sqrt{2a}-x.$$

よって，x の取り得る値の範囲は，
$$\boldsymbol{a+\frac{1}{2}-\sqrt{2a} \leq x \leq \frac{1}{2}}. \qquad \cdots ②$$

(3) ①より，
$$x^2 + y^2 = x^2 + (a+1-\sqrt{2a}-x)^2$$
$$= 2x^2 - 2(a+1-\sqrt{2a})x + (a+1-\sqrt{2a})^2$$
$$= 2\left(x - \frac{a+1-\sqrt{2a}}{2}\right)^2 + \frac{1}{2}(a+1-\sqrt{2a})^2.$$

$\dfrac{a+1-\sqrt{2a}}{2}$ が区間②の真ん中であることから，次の図を得る．

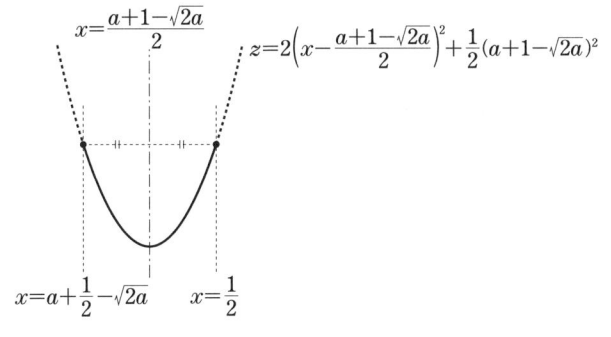

よって，求める 2 円 O, O' の面積の和 $\pi(x^2+y^2)$ の

最大値は，
$$\frac{\pi}{4}+\pi\left(a+\frac{1}{2}-\sqrt{2a}\right)^2 \quad \left(\{x, y\}=\left\{\frac{1}{2}, a+\frac{1}{2}-\sqrt{2a}\right\} \text{ のとき}\right),$$

最小値は，
$$\frac{\pi}{2}\left(a+1-\sqrt{2a}\right)^2 \quad \left(x=y=\frac{a+1-\sqrt{2a}}{2} \text{ のとき}\right)$$

である．

[別解]

a が定数であることと①から，$x+y$ は一定ゆえ
$$x^2+y^2=\frac{1}{2}\{(x+y)^2+(x-y)^2\}$$
は，$|x-y|$ が大きいほど大きい．

よって，$x=y=\frac{1}{2}(a+1-\sqrt{2a})$ のとき最小で，

$\{x, y\}=\left\{\frac{1}{2}, a+\frac{1}{2}-\sqrt{2a}\right\}$ のとき最大となる．

(以下，略)

(注1) ①の 1 行上の不等式について，$a<2$ ですから，$x=y=\frac{1}{2}$ となることはなく，したがって，$x+y=1$ となることもありませんから，「$x+y<1$ だから，」としても可です．

(注2) 最後の答えのところで，$\{x, y\}=\{\alpha, \beta\}$ とは，
$$(x, y)=(\alpha, \beta) \text{ or } (\beta, \alpha)$$
をまとめて表したものです．

6.

[解法メモ]

(1) 与えられた関係式が対称式で，聞かれている $s=x+y$ は基本対称式ですから，もう 1 つの基本対称式 xy を s で表すことができます．和と積の式
$$x+y=s, \quad xy=s^2-s \qquad \cdots ㋐$$
をみると…，x, y は（例えば）X の 2 次方程式
$$X^2-sX+s^2-s=0$$
の 2 つの実数解とみることができて…．

(2) 今度の $x-y$ は対称式ではないので, $y=x-t$ として与式に代入すると, x の2次方程式
$$3x^2-(3t+2)x+t^2+t=0$$
ができて, これの実数解条件から, t の条件が出ます.
(x が実数であれば, $y=x-t$ も実数として定まります.)

(3) $u=x^2+y^2$ は x, y の対称式ですから, (1)の㋐を使えば s の2次関数となるので….

【解答】

(1)
$$x^2+xy+y^2=x+y$$
$$\iff (x+y)^2-xy=x+y$$
$$\iff xy=(x+y)^2-(x+y)$$
$$=s^2-s. \quad (\because \ x+y=s.)$$

よって, x, y は X の2次方程式
$$X^2-sX+s^2-s=0 \qquad \cdots ①$$
の2つの実数解である(重解も含む).

x, y が実数だから, s も実数で, 実数係数の2次方程式①について,
$$(①の判別式) \geqq 0.$$
$$\therefore \ s^2-4(s^2-s) \geqq 0.$$
$$\therefore \ 3s\left(s-\frac{4}{3}\right) \leqq 0.$$

よって, $s=x+y$ の取り得る値の範囲は,
$$0 \leqq s \leqq \frac{4}{3}.$$

(2) $t=x-y$ から, $y=x-t$. これを, 与式
$$x^2+xy+y^2=x+y$$
に代入して,
$$x^2+x(x-t)+(x-t)^2=x+(x-t).$$
$$\therefore \ 3x^2-(3t+2)x+t^2+t=0. \qquad \cdots ②$$

x, y が実数だから, t も実数で, 実数係数の2次方程式②について,
$$(②の判別式) \geqq 0.$$
$$\therefore \ (3t+2)^2-4\cdot 3(t^2+t) \geqq 0.$$
$$\therefore \ 3t^2-4 \leqq 0.$$

(このとき, x は実数で, $y=x-t$ も実数となる.)

よって, $t=x-y$ の取り得る値の範囲は,

$$-\frac{2}{\sqrt{3}} \leq t \leq \frac{2}{\sqrt{3}}.$$

(3) $u = x^2 + y^2$
 $= (x+y)^2 - 2xy$
 $= s^2 - 2(s^2 - s)$ ($\because$ (1))
 $= -s^2 + 2s$
 $= -(s-1)^2 + 1.$

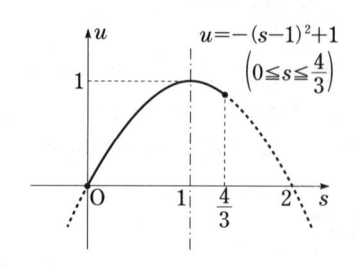

(1)から，$0 \leq s \leq \dfrac{4}{3}$ だから，

$$u \leq 1.$$

等号成立は $s = 1$ のときで，このとき，

①… $X^2 - X = 0$
 $\iff X(X-1) = 0$
 $\iff X = 0, 1$

より，$(x, y) = (0, 1), (1, 0).$

以上より，求める u の**最大値**は，

$$\mathbf{1}$$

で，これを与える x, y の値は，

$$\boldsymbol{(x, y) = (0, 1), (1, 0)}.$$

7.

解法メモ

　方程式 $|x^2 - 4x| = h(x)$ の実数解は，$y = |x^2 - 4x|$ と $y = h(x)$ の2つのグラフの共有点の x 座標ですが，(1)，(2)いずれも

$|x^2 - 4x| = x + a \iff |x^2 - 4x| - x = a,$
$|x^2 - 4x| = bx, \ x \neq 0 \iff |x||x-4| = bx, \ x \neq 0$
$\iff \begin{cases} x > 0, \ |x-4| = b, \\ x < 0, \ -|x-4| = b \end{cases}$

と，少し下ごしらえしてから，グラフを書くと楽でしょう．

§1 2次関数,2次方程式,2次不等式   13

【解答】

$|x^2-4x| = \begin{cases} x^2-4x & (x \leq 0, \ 4 \leq x \ \text{のとき}), \\ -(x^2-4x) & (0 < x < 4 \ \text{のとき}). \end{cases}$

(1) $|x^2-4x| = x+a \iff |x^2-4x| - x = a.$

ここで, $f(x) = |x^2-4x| - x$ とおくと,

$\begin{cases} x \leq 0, \ 4 \leq x \ \text{のとき}, \\ \quad f(x) = (x^2-4x) - x \\ \qquad\quad = x^2 - 5x \\ \qquad\quad = \left(x - \dfrac{5}{2}\right)^2 - \dfrac{25}{4}, \\ 0 < x < 4 \ \text{のとき}, \\ \quad f(x) = -(x^2-4x) - x \\ \qquad\quad = -x^2 + 3x \\ \qquad\quad = -\left(x - \dfrac{3}{2}\right)^2 + \dfrac{9}{4}. \end{cases}$

よって, $y=f(x)$ のグラフは, 右図の通り. $|x^2-4x| = x+a$, すなわち, $f(x) = a$ をみたす実数 x がちょうど 2 つ存在する条件は, $y=f(x)$ と $y=a$ のグラフがちょうど 2 つの共有点をもつときだから, 求める a の値の範囲は,

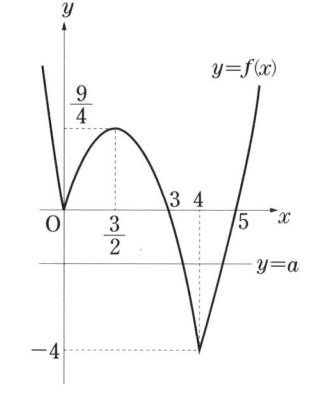

$$-4 < a < 0, \ \dfrac{9}{4} < a.$$

(2) $|x^2-4x| = bx.$ …①

$\begin{cases} x < 0, \ 4 \leq x \ \text{のとき, ①から,} \\ \quad x^2 - 4x = bx. \quad \therefore \quad x - 4 = b. \\ 0 < x < 4 \ \text{のとき, ①から,} \\ \quad -(x^2-4x) = bx. \quad \therefore \quad -x + 4 = b. \end{cases}$

ここで,

$$g(x) = \begin{cases} x-4 & (x < 0, \ 4 \leq x \ \text{のとき}), \\ -x+4 & (0 < x < 4 \ \text{のとき}) \end{cases}$$

とおくと，$y=g(x)$ のグラフは右図の通り．

①，すなわち，$g(x)=b$ をみたす 0 ではない実数 x が存在する条件は，$y=g(x)$ と $y=b$ のグラフが共有点をもつときだから，求める b の値の範囲は，

$$b<-4,\ 0\leqq b.$$

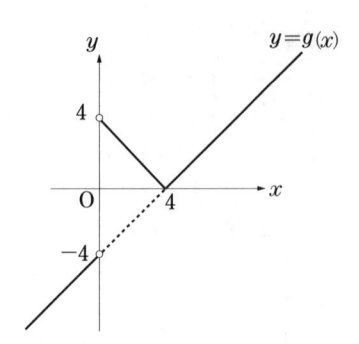

[参考]

(2)については，$y=|x^2-4x|$ と $y=bx$ の 2 つのグラフが原点以外の共有点をもつときの b の条件を求めるのも可．

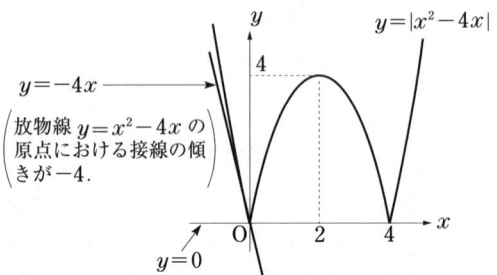

$\left(\begin{array}{l}\text{放物線 }y=x^2-4x\text{ の}\\\text{原点における接線の傾}\\\text{きが}-4.\end{array}\right)$

8.

解法メモ

$f(x)=(x+a)(x+2)=x^2+(a+2)x+2a$ ですから，$f(f(x))>0$ を素朴に計算すると，…

$f(f(x))>0 \iff \{f(x)+a\}\{f(x)+2\}>0$ …㋐

$\iff \{x^2+(a+2)x+3a\}\{x^2+(a+2)x+2a+2\}>0$

$\iff x^4+(2a+4)x^3+(a^2+9a+6)x^2+(5a^2+12a+4)x+6a^2+6a>0$

となってしまいます．

㋐で一旦手を止めて，$a\geqq 2$ の条件もあることですし，…

§1 2次関数,2次方程式,2次不等式 15

【解答】
$$f(x) = (x+a)(x+2)$$
$$= \left(x + \frac{a+2}{2}\right)^2 - \frac{(a-2)^2}{4} \quad (a \geq 2) \text{ だから,}$$
$$f(f(x)) > 0 \iff \{f(x)+a\}\{f(x)+2\} > 0$$
$$\iff f(x) < -a, \text{ または, } -2 < f(x).$$

よって,すべての実数 x に対して,$f(f(x)) > 0$ となるための条件は,$f(x)$ の最小値が -2 より大きくなることで,
$$-2 < -\frac{(a-2)^2}{4}.$$
$$\therefore \quad (a-2)^2 < 8.$$
$$\therefore \quad -2\sqrt{2} < a-2 < 2\sqrt{2}.$$
$$\therefore \quad 2 - 2\sqrt{2} < a < 2 + 2\sqrt{2}.$$
これと与条件 $a \geq 2$ から,
$$\boldsymbol{2 \leq a < 2 + 2\sqrt{2}}.$$

9.

解法メモ
　日常会話的には,語順を少し替えたくらいでは大意は変わらないことも多いですが,(1),(2) の「　」内の違いは数学村では大変な違いになってしまいます.
　「適当な y」を
$$\begin{cases} (1) \text{では } x \text{に応じてあとで決めてよい,} \\ (2) \text{では } x \text{を決めるより先に決めておかなくてはならない} \end{cases}$$
の違いです.

【解答】
$$\begin{cases} f(x) = -x^2 + (a+2)x + a - 3, \\ g(x) = x^2 - (a-1)x - 2 \end{cases}$$
とおくと,
$$\begin{cases} f(x) = -\left(x - \dfrac{a+2}{2}\right)^2 + \dfrac{1}{4}(a^2 + 8a - 8), \\ g(x) = \left(x - \dfrac{a-1}{2}\right)^2 + \dfrac{1}{4}(-a^2 + 2a - 9) \end{cases}$$

で，
$$(*) \cdots f(x) < y < g(x).$$

(1) 「どんな x に対しても，それぞれ適当な y をとれば不等式 (*) が成立する」
ための条件は，
　「どんな x に対しても，$f(x) < g(x)$ が成立する」
ことである．
　ここで，
$$f(x) < g(x)$$
$$\iff g(x) - f(x) > 0$$
$$\iff 2x^2 - (2a+1)x - a + 1 > 0$$
$$\iff 2\left(x - \frac{2a+1}{4}\right)^2 - \frac{1}{8}(4a^2 + 12a - 7) > 0$$

だから，求める条件は，$-\frac{1}{8}(4a^2 + 12a - 7) > 0.$

これを解いて，
$$4a^2 + 12a - 7 < 0.$$
$$\therefore (2a+7)(2a-1) < 0.$$
$$\therefore -\frac{7}{2} < a < \frac{1}{2}.$$

(2) 「適当な y をとれば，どんな x に対しても不等式 (*) が成立する」
ための条件は，
　「$(f(x)$ の最大値$) < (g(x)$ の最小値$)$」
である．
　よって，求める条件は，
$$\frac{1}{4}(a^2 + 8a - 8) < \frac{1}{4}(-a^2 + 2a - 9).$$
$$\therefore 2a^2 + 6a + 1 < 0.$$
$$\therefore \frac{-3-\sqrt{7}}{2} < a < \frac{-3+\sqrt{7}}{2}.$$

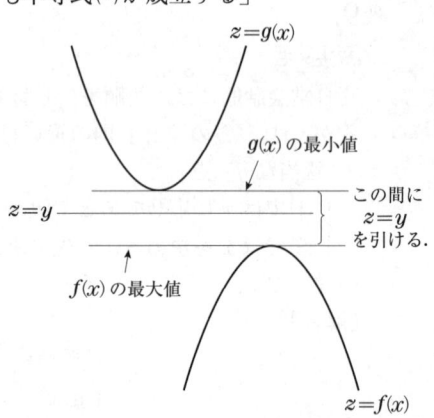

§2 三角比

10.

[解法メモ]

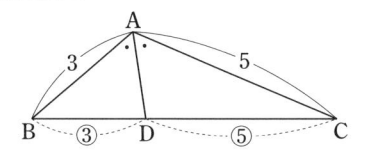

- 初等幾何の諸定理
  （例えば左図で，BD : DC = AB : AC），
- 正弦定理，
- 余弦定理，
- 面積公式

などは，ほとんど等式の形，すなわち，方程式の形で表されています．したがって，定理や公式を1本書けば，方程式が1本得られるということです．

　問題で与えられている量や値と，聞かれている量や値を含む定理や公式を必要な本数だけ書き出せば，あとは計算するのみです．

【解答】

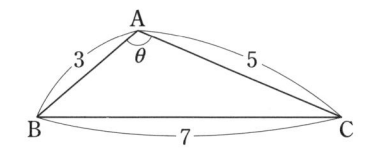

(1) 三角形 ABC に余弦定理を用いて，
$$\cos\theta = \frac{CA^2 + AB^2 - BC^2}{2\,CA \cdot AB}$$
$$= \frac{5^2 + 3^2 - 7^2}{2 \cdot 5 \cdot 3} = -\frac{1}{2}.$$

θ は三角形の内角だから，$0° < \theta < 180°$．　∴ $\boldsymbol{\theta = 120°}$．

(2) 三角形 ABC に正弦定理を用いて，
$$\frac{BC}{\sin\theta} = \frac{CA}{\sin B}.$$

∴ $\boldsymbol{\sin B} = \dfrac{CA}{BC}\sin\theta = \dfrac{5}{7}\sin 120° = \boldsymbol{\dfrac{5}{14}\sqrt{3}}$．　　　…①

(3) （その1）

　線分 AD は ∠A の二等分線だから，
$$BD : DC = AB : AC = 3 : 5.$$

∴ $BD = \dfrac{3}{3+5} \times 7 = \dfrac{21}{8}$．　　　…②

　また，(1)の結果より ∠DAB = 60° で，三角形 ABD に正弦定理を用いて，
$$\frac{AD}{\sin B} = \frac{BD}{\sin\angle DAB}.$$

∴ $\boldsymbol{AD} = \dfrac{BD}{\sin\angle DAB} \cdot \sin B$

$$= \frac{\left(\frac{21}{8}\right)}{\sin 60°} \cdot \frac{5}{14}\sqrt{3} \quad (\because \ ①, ②)$$

$$= \frac{15}{8}. \qquad \qquad \qquad \cdots ③$$

(その2)

(1)の結果より,
$$\angle BAD = \angle CAD = 60°.$$

面積の関係から,
$$\triangle BAD + \triangle CAD = \triangle ABC.$$

$$\therefore \ \frac{1}{2} \cdot AB \cdot AD \cdot \sin\angle BAD + \frac{1}{2} \cdot AC \cdot AD \cdot \sin\angle CAD = \frac{1}{2} \cdot AB \cdot AC \cdot \sin\angle CAB.$$

$$\therefore \ \frac{1}{2} \cdot 3 \cdot AD \cdot \sin 60° + \frac{1}{2} \cdot 5 \cdot AD \cdot \sin 60° = \frac{1}{2} \cdot 3 \cdot 5 \cdot \sin 120°.$$

$$\therefore \ 8AD = 15. \quad \therefore \ AD = \frac{15}{8}.$$

(4) 三角形 ABD の内接円の中心を I, 半径を r とおくと, 面積の関係から, 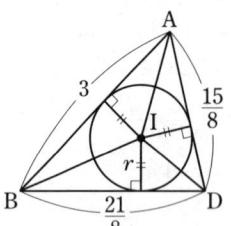
$$\triangle IBD + \triangle IDA + \triangle IAB = \triangle ABD.$$

$$\therefore \ \frac{1}{2}r(BD + DA + AB) = \frac{1}{2} \cdot AB \cdot AD \cdot \sin\angle BAD.$$

$$\therefore \ \left(\frac{21}{8} + \frac{15}{8} + 3\right)r = 3 \cdot \frac{15}{8} \cdot \sin 60°. \quad (\because \ ②, ③)$$

$$\therefore \ r = \frac{3}{8}\sqrt{3}.$$

11.

解法メモ

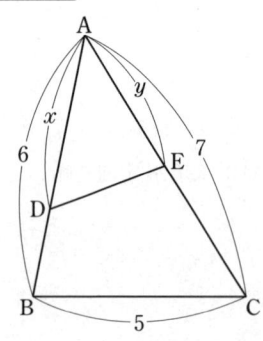

面積の条件から,
$$\triangle ADE = \frac{1}{3}\triangle ABC.$$

$$\therefore \ \frac{1}{2}xy\sin A = \frac{1}{3} \cdot \frac{1}{2} \cdot 6 \cdot 7 \sin A.$$

$$\therefore \ xy = 14.$$

この条件, および $0 < x \leq 6$, $0 < y \leq 7$ をみたしながら x, y が変化するときの DE の長さを調べればよいのです。

余弦定理により，
$$DE^2 = x^2 + y^2 - 2xy\cos A$$
だから，あとは，$\cos A$ の情報を得れば….

【解答】

$AD = x$，$AE = y$ とおくと，面積の条件
$$\triangle ADE = \frac{1}{3}\triangle ABC$$
から，
$$\frac{1}{2}xy\sin A = \frac{1}{3}\cdot\frac{1}{2}\cdot 6\cdot 7\sin A.$$
$$\therefore\ xy = 14. \qquad \cdots ①$$
また，三角形 ABC に余弦定理を用いて，
$$\cos A = \frac{7^2 + 6^2 - 5^2}{2\cdot 7\cdot 6} = \frac{5}{7}. \qquad \cdots ②$$
さらに，三角形 ADE に余弦定理を用いて，
$$\begin{aligned}
DE^2 &= y^2 + x^2 - 2yx\cos A \\
&= x^2 + y^2 - 2\cdot 14\cdot\frac{5}{7} \quad (\because\ ①,\ ②) \\
&= x^2 + y^2 - 20 \\
&\geq 2\sqrt{x^2 y^2} - 20 \\
&= 2xy - 20 \\
&= 2\cdot 14 - 20 \quad (\because\ ①) \\
&= 8.
\end{aligned}$$
$\left(\begin{array}{l}\because\ (\text{相加平均}) \geq (\text{相乗平均}).\\ \text{等号成立は，}x^2 = y^2,\\ \text{すなわち，}x = y = \sqrt{14}\ \text{のとき．}\end{array}\right)$

$$\therefore\ DE \geq \sqrt{8} = 2\sqrt{2}.$$

以上より，DE の長さは，**$AD = AE = \sqrt{14}$** のとき，**最小値 $2\sqrt{2}$** をとる．

[参考]

DE^2 の最小値を求めるところで，
$$\begin{aligned}
DE^2 &= x^2 + y^2 - 20 \\
&= (x-y)^2 + 2xy - 20 \\
&= (x-y)^2 + 2\cdot 14 - 20 \quad (\because\ ①) \\
&= (x-y)^2 + 8 \\
&\geq 8 \quad (\text{等号成立は } x = y = \sqrt{14}\ \text{のとき})
\end{aligned}$$
としてもよい．

12.

解法メモ

2直線のなす角の情報の採り方はいろいろあります．

(i)

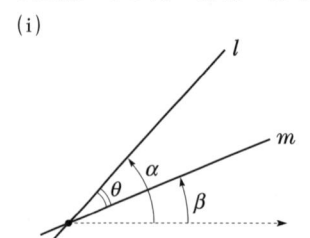

$\theta = \alpha - \beta.$
$\tan\theta = \tan(\alpha - \beta)$
$\quad = \dfrac{\tan\alpha - \tan\beta}{1 + \tan\alpha\tan\beta}.$

(ii)

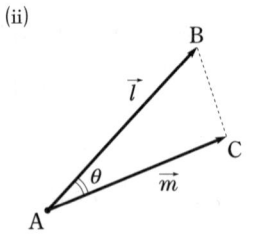

$\cos\theta = \dfrac{\vec{l}\cdot\vec{m}}{|\vec{l}||\vec{m}|},$

または

$\cos\theta = \dfrac{AB^2 + AC^2 - BC^2}{2\,AB\cdot AC}.$

(iii)

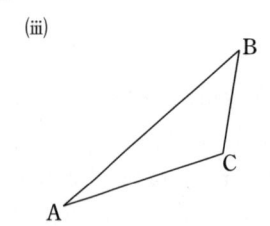

$\dfrac{BC}{\sin A} = \dfrac{CA}{\sin B} = \dfrac{AB}{\sin C}.$

本問では，いずれを選択しても大差ありませんが，sin を聞いているので，(iii) でやりましょうか．ただし，問題によっては，損得が生ずることもあるでしょう．

また，θ, α, β が $90°$ になるかも知れないとき，(i) の利用には注意が必要となります．

【解答】

(1) 三角形 ABC に正弦定理を用いて，

$$\dfrac{\sqrt{10}}{\sin 45°} = \dfrac{2}{\sin\angle BAC}.$$

$\therefore\ \sin\angle BAC = \dfrac{2\sin 45°}{\sqrt{10}}$

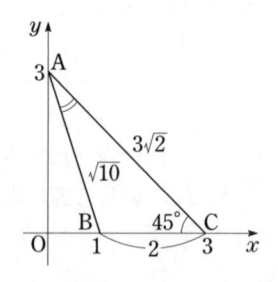

$\qquad\qquad\quad = \dfrac{1}{\sqrt{5}}.$

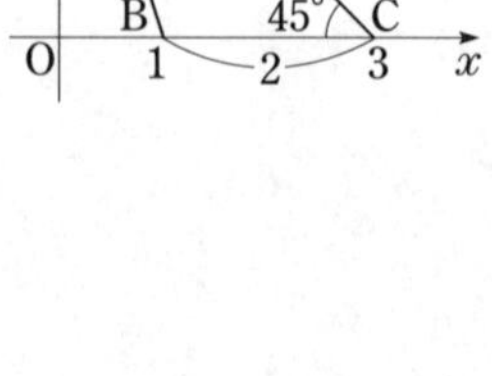

(2) P$(0, t)$ $(0 \leq t \leq 3)$ とおくと,
$$PB = \sqrt{t^2+1}, \quad BC = 2,$$
$$CP = \sqrt{t^2+9},$$
$$\sin \angle BCP = \frac{PO}{CP} = \frac{t}{\sqrt{t^2+9}}.$$

$t=0$ のとき, $\angle BPC = 0°$ ゆえ,
$$\sin \angle BPC = 0.$$

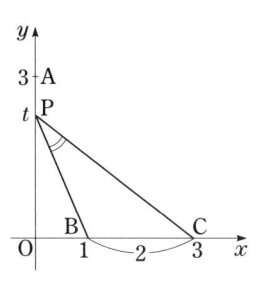

$0 < t \leq 3$ のとき, 三角形 PBC に正弦定理を用いて,
$$\frac{PB}{\sin \angle BCP} = \frac{BC}{\sin \angle BPC}.$$

∴ $\sin \angle BPC = \dfrac{BC}{PB} \sin \angle BCP = \dfrac{2}{\sqrt{t^2+1}} \cdot \dfrac{t}{\sqrt{t^2+9}}$

$\qquad = \dfrac{2t}{\sqrt{t^4+10t^2+9}} = \dfrac{2}{\sqrt{t^2+\dfrac{9}{t^2}+10}}$

$\qquad \leq \dfrac{2}{\sqrt{2\sqrt{t^2 \cdot \dfrac{9}{t^2}}+10}}$ $\quad\left(\begin{array}{l}\because\text{（相加平均）}\geq\text{（相乗平均）}.\\ \text{等号成立は, } t^2 = \dfrac{9}{t^2},\\ \text{すなわち, } t = \sqrt{3} \text{ のとき.}\end{array}\right)$

$\qquad = \dfrac{1}{2} (= \sin 30°).$

よって, P$(0, \sqrt{3})$ のとき, $\sin \angle BPC$ は **最大値** $\dfrac{1}{2}$ をとり, このとき, $\angle BPC = 30°$ である.

[別解1] 〈解法メモ の (ii) でやると…〉

$t=0$ のとき, $\angle BPC = 0°$.

$t>0$ のとき, $\angle BPC$ は明らかに鋭角だから,

「$\sin \angle BPC$ が最大のとき」と「$\cos \angle BPC$ が最小のとき」は一致し, 余弦定理により,

$$\cos \angle BPC = \frac{CP^2 + PB^2 - BC^2}{2 CP \cdot PB} = \frac{(t^2+9)+(t^2+1)-4}{2\sqrt{t^2+9}\sqrt{t^2+1}}$$
$$= \frac{t^2+3}{\sqrt{t^2+9}\sqrt{t^2+1}}.$$

∴ $\cos^2 \angle BPC = \dfrac{t^4+6t^2+9}{t^4+10t^2+9} = 1 - \dfrac{4t^2}{t^4+10t^2+9}$

$\qquad = 1 - \dfrac{4}{t^2 + \dfrac{9}{t^2} + 10}$

$$\geq 1 - \frac{4}{2\sqrt{t^2 \cdot \frac{9}{t^2}} + 10}$$

$$= \frac{3}{4}.$$

$$\left(\because \text{(相加平均)} \geq \text{(相乗平均)}.\right.$$
$$\left.\text{等号成立は,} \ t^2 = \frac{9}{t^2},\right.$$
$$\left.\text{すなわち,} \ t = \sqrt{3} \ \text{のとき.}\right)$$

(以下, 略.)

[別解2] 〈解法メモ の(i)でやると…〉

$t=0$ のとき, $\angle BPC = 0°$.

$t>0$ のとき, $\angle BPC$ は明らかに鋭角だから,

「$\sin \angle BPC$ が最大のとき」と「$\tan \angle BPC$ が最大のとき」は一致し,

$0 < t \leq 3$ のとき,

$\angle BPC = \angle OPC - \angle OPB$ ゆえ,

$\tan \angle BPC = \tan(\angle OPC - \angle OPB)$

$$= \frac{\tan \angle OPC - \tan \angle OPB}{1 + \tan \angle OPC \cdot \tan \angle OPB}$$

$$= \frac{\frac{3}{t} - \frac{1}{t}}{1 + \frac{3}{t} \cdot \frac{1}{t}} = \frac{2t}{t^2 + 3} = \frac{2}{t + \frac{3}{t}}$$

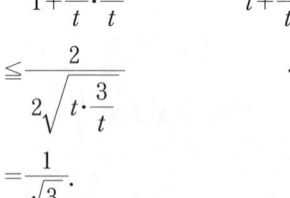

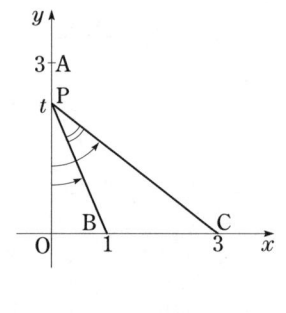

$$\leq \frac{2}{2\sqrt{t \cdot \frac{3}{t}}}$$

$$= \frac{1}{\sqrt{3}}.$$

$$\left(\because \text{(相加平均)} \geq \text{(相乗平均)}.\right.$$
$$\left.\text{等号成立は,} \ t = \frac{3}{t},\right.$$
$$\left.\text{すなわち,} \ t = \sqrt{3} \ \text{のとき.}\right)$$

(以下, 略.)

[別解3] 〈初等幾何的にやると…〉

P=O のとき, $\angle BPC = 0°$, $\sin \angle BPC = 0$.

P≠O のとき, 2点B, Cを通りy軸の正の部分に接する円をK, その中心をKとし, 接点をP_0 とする.

また, 線分BCの中点をMとすると, M(2, 0) で,

$KM \perp BC$,

$KP_0 \perp (y$軸$)$

から, 四角形 $OMKP_0$ は長方形である.

$\therefore$ (円Kの半径)$=KP_0=OM=2$.

さらに, BC=2 ゆえ, 三角形 KBC は正三角形で,

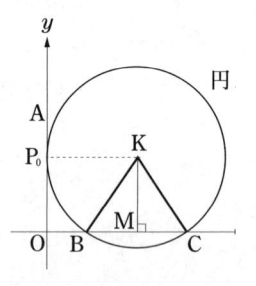

$$\angle BP_0C = \frac{1}{2}\angle BKC \quad (\because \ 円周角の定理)$$
$$= 30°.$$

今,線分 OA 上(O を除く)を点 P が動くとき,P≠P_0 なら点 P は円 K の外部にあるので,$\angle BPC < \angle BP_0C$.

したがって,
$$\angle BPC \leqq \angle BP_0C \ (等号成立は,P=P_0 \ のとき)$$
$$= 30°.$$

ここで,$\angle BPC$ は鋭角ゆえ,
$$\sin \angle BPC \leqq \sin 30°$$
$$= \frac{1}{2}. \ (このとき,OP_0 = KM = \sqrt{3}.)$$

(以下,略.)

13.

解法メモ

AB,DA の長さを含む定理,公式を必要なだけ書き出すのですが,"触媒"として,$\angle BCD$ の大きさも導入し,定理「円に内接する四角形の向かい合う角の大きさの和は 180°」も使います.

【解答】

$\theta = \angle BCD$ とおく.

三角形 BCD に正弦定理を用いて,
$$\frac{BD}{\sin \theta} = 2 \cdot \frac{65}{8}.$$
$$\therefore \ BD = \frac{65}{4} \sin \theta. \quad \cdots ①$$

さらに,余弦定理から,
$$BD^2 = 13^2 + 13^2 - 2 \cdot 13 \cdot 13 \cdot \cos \theta$$
$$= 2 \cdot 13^2 (1 - \cos \theta). \quad \cdots ②$$

①,②から,

$$\left(\frac{65}{4}\right)^2 \sin^2 \theta = 2 \cdot 13^2 (1 - \cos \theta).$$
$$\therefore \ \frac{5^2 \cdot 13^2}{4^2}(1+\cos \theta)(1-\cos \theta) = 2 \cdot 13^2 (1-\cos \theta).$$

ここで明らかに，$0° < \theta < 180°$ ゆえ，$\cos\theta \neq 1$ だから，
$$\frac{5^2}{4^2}(1+\cos\theta) = 2.$$
$$\therefore \quad \cos\theta = \frac{7}{25}. \qquad \cdots ③$$

これを②へ代入して，
$$BD^2 = 2 \cdot 13^2 \left(1 - \frac{7}{25}\right) = 13^2 \cdot \frac{36}{25}.$$
$$\therefore \quad BD = \frac{13 \cdot 6}{5} = \frac{78}{5}.$$

ここで，$x = AB$，$y = DA$ とおくと，周の長さの条件から，
$$x + y + 13 + 13 = 44.$$
$$\therefore \quad x + y = 18. \qquad \cdots ④$$

また，四角形 ABCD は円に内接するから，
$$\angle DAB = 180° - \angle BCD = 180° - \theta.$$

三角形 DAB に余弦定理を用いて，
$$\left(\frac{78}{5}\right)^2 = y^2 + x^2 - 2yx\cos(180°-\theta).$$
$$= x^2 + y^2 + 2xy\cos\theta$$
$$= (x+y)^2 - 2xy(1-\cos\theta)$$
$$= 18^2 - 2xy\left(1 - \frac{7}{25}\right) \quad (\because ③, ④)$$
$$= 18^2 - \frac{36}{25}xy.$$
$$\therefore \quad xy = 56. \qquad \cdots ⑤$$

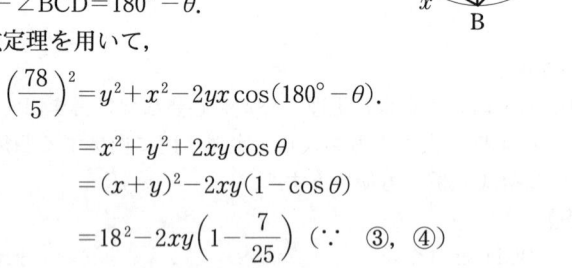

④, ⑤から，x, y は t の2次方程式
$$t^2 - 18t + 56 = 0$$
の2解で，
$$(t-4)(t-14) = 0.$$
$$\therefore \quad t = 4, \ 14.$$

よって，
$$(\mathbf{AB}, \ \mathbf{DA}) = (\mathbf{4}, \ \mathbf{14}), \ (\mathbf{14}, \ \mathbf{4}).$$

14.

解法メモ

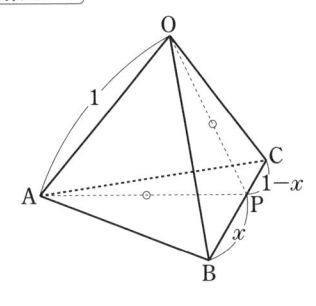

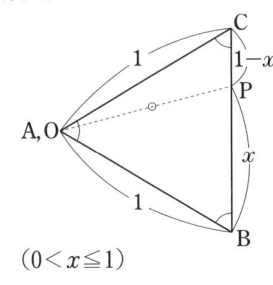

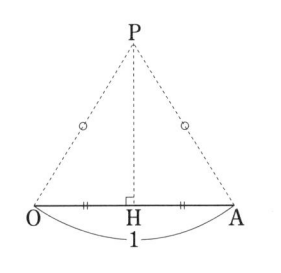

「立体図形の三角比」の出題もあります.

与えられている条件，聞かれている量や値などを，見やすい位置からの見取図に書き込み，位置関係がわかりやすい平面図，部分図を多用してください.

例えば，本問なら，左のような見取図を書きます.

尚，「線分 BP の長さを x とする」とありますから，$0<x\leq 1$ としてよいでしょう.

【解答】

$(0<x\leq 1)$

(1) 三角形 OBP に余弦定理を用いて，
$$OP^2 = PB^2 + BO^2 - 2\cdot PB\cdot BO\cdot \cos\angle PBO$$
$$= x^2 + 1^2 - 2\cdot x\cdot 1\cdot \cos 60°$$
$$= x^2 - x + 1. \quad \cdots ①$$

同様にして，
$$AP^2 = x^2 - x + 1 (= OP^2).$$

よって，三角形 OAP は
$$PO = PA$$
の二等辺三角形だから，P から辺 OA に下ろした垂線の足を H とすると，
$$OH = HA = \frac{1}{2}. \quad \cdots ②$$

三平方の定理より，
$$PH = \sqrt{OP^2 - OH^2}$$
$$= \sqrt{(x^2 - x + 1) - \frac{1}{4}} \quad (\because ①, ②)$$
$$= \sqrt{x^2 - x + \frac{3}{4}}.$$

$$\therefore \triangle OAP = \frac{1}{2}\cdot OA\cdot PH = \frac{1}{2}\cdot 1\cdot \sqrt{x^2 - x + \frac{3}{4}}$$
$$= \frac{1}{2}\sqrt{x^2 - x + \frac{3}{4}} \quad (0 < x \leq 1).$$

(2) (1)の結果より，

$$\triangle \text{OAP} = \frac{1}{2}\sqrt{\left(x-\frac{1}{2}\right)^2+\frac{1}{2}}$$
$$\geqq \frac{1}{2\sqrt{2}} \quad \left(\begin{array}{l}\text{等号成立は, } x=\frac{1}{2} \text{ のとき,}\\ \text{すなわち, P が辺 BC の中点に一致するとき.}\end{array}\right)$$
$$=\frac{\sqrt{2}}{4}.$$

以上より, 求める最小値は,
$$\frac{\sqrt{2}}{4}.$$

§3 | 場合の数, 確率

15.

[解法メモ]

1 から 2000 までの自然数で, 7, 11, 13 で割り切れるもの, すなわち, 7, 11, 13 の倍数はそれぞれ,

$$7, \ 7\times 2, \ 7\times 3, \ \cdots, \ 7\times 285 \ \text{の} \ 285 \ \text{個},$$
$$11, \ 11\times 2, \ 11\times 3, \ \cdots, \ 11\times 181 \ \text{の} \ 181 \ \text{個},$$
$$13, \ 13\times 2, \ 13\times 3, \ \cdots, \ 13\times 153 \ \text{の} \ 153 \ \text{個}$$

ありますが, この中には,

7 と 11 の両方で割り切れるもの (例えば, 77, 154, …),
11 と 13 の両方で割り切れるもの (例えば, 143, 286, …),
13 と 7 の両方で割り切れるもの (例えば, 91, 182, …),
7 と 11 と 13 のすべてで割り切れるもの (1001)

が入っていますから, (1), (2)に答える際には, ダブリやトリプリ (?) に注意すること.

ベン図を書くと, 誤りにくくなるでしょう.

【解答】

集合 A の次の部分集合を考える.

$$\begin{cases} S \cdots \ 7 \ \text{で割り切れる数の集合}, \\ E \cdots \ 11 \ \text{で割り切れる数の集合}, \\ T \cdots \ 13 \ \text{で割り切れる数の集合}. \end{cases}$$

また, 集合 X の要素の個数を $n(X)$ と書くことにする.

(1) A の要素のうち, 7 または 11 のいずれか一方のみで割り切れるものの集合は, 次図の網目部分で表される.

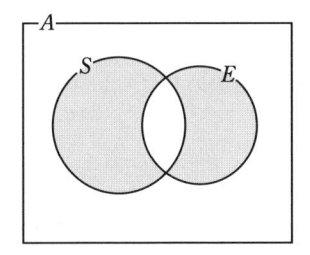

ここで,

$$\begin{cases} 2000 = 7\times 285 + 5, \\ 2000 = 11\times 181 + 9, \\ 2000 = (7\times 11)\times 25 + 75 \end{cases}$$

だから,

$$n(S) = 285, \ n(E) = 181, \ n(S\cap E) = 25$$

である.

よって, 求める個数は,

$$\{n(S)-n(S\cap E)\}+\{n(E)-n(S\cap E)\}$$
$$=(285-25)+(181-25)$$
$$=416\,(個).$$

(2) A の要素のうち，7, 11, 13 のいずれか1つのみで割り切れるものの集合は，次図の網目部分で表される．

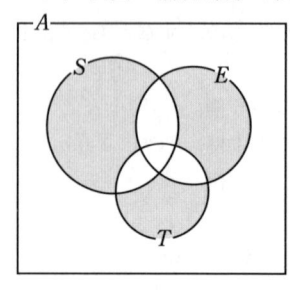

ここで，
$$2000=13\times 153+11,$$
$$2000=(11\times 13)\times 13+141,$$
$$2000=(13\times 7)\times 21+89,$$
$$2000=(7\times 11\times 13)\times 1+999$$
だから，
$$n(T)=153,\ n(E\cap T)=13,$$
$$n(T\cap S)=21,\ n(S\cap E\cap T)=1$$
である．

よって，求める個数は，
$$\{n(S)-n(S\cap E)-n(T\cap S)+n(S\cap E\cap T)\}$$
$$+\{n(E)-n(E\cap T)-n(S\cap E)+n(S\cap E\cap T)\}$$
$$+\{n(T)-n(T\cap S)-n(E\cap T)+n(S\cap E\cap T)\}$$
$$=(285-25-21+1)+(181-13-25+1)+(153-21-13+1)$$
$$=504\,(個).$$

16.

解法メモ

信号がサイレンの音で始まり，サイレンの音で終わるのだから，「1秒休み」の回数は「サイレン」の回数より1回少ない．（小学生の時に習った(?)「植木算」ですネ．懐かしい．）

1秒サイレンと2秒サイレンの使用回数が決まったら，あとは，並べ方を定めれば（すなわち，1秒サイレンと，2秒サイレンの配置を決めれば）1つの信号のでき上がりです．

【解答】

(1) 1秒鳴り続けるサイレンが m 回鳴り，2秒鳴り続けるサイレンが n 回鳴るとすると，この信号がサイレンの音で始まり，サイレンの音で終わることから，1秒休みの回数は，$(m+n-1)$ 回である．

したがって，16秒の信号を作るために，$m,\ n$ のみたす条件は，

$$1 \times m + 2 \times n + 1 \times (m+n-1) = 16.$$
$$\therefore \quad 2m + 3n = 17. \qquad \cdots ①$$

(2) m, n は①をみたす0以上の整数であるから,
$$(m, n) = (1, 5), (4, 3), (7, 1)$$
に限る.

信号は，1秒鳴るサイレンと2秒鳴るサイレンの並べ方で決まるから（信号として区別されるから），

(ア) $(m, n) = (1, 5)$ のとき，
$$\frac{(1+5)!}{1!5!} = 6 \text{ (通り)}.$$

(イ) $(m, n) = (4, 3)$ のとき，
$$\frac{(4+3)!}{4!3!} = 35 \text{ (通り)}.$$

(ウ) $(m, n) = (7, 1)$ のとき，
$$\frac{(7+1)!}{7!1!} = 8 \text{ (通り)}.$$

以上より，できる信号の数は，
$$6 + 35 + 8 = \mathbf{49 \text{ (通り)}}.$$

17.

[解法メモ]

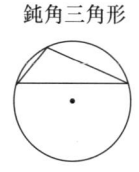

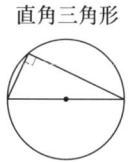

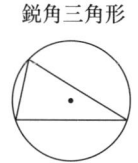

鈍角三角形　　　　直角三角形　　　　鋭角三角形

鈍角三角形の外心は三角形の外部にありますから，鈍角に対する辺（最長辺）を先に決めれば，鈍角の頂点の選び方が決まります.

【解答】

(1) 正九角形の頂点を図のように反時計まわり（左まわり）に
A_1, A_2, A_3, A_4, A_5, A_6, A_7, A_8, A_9
とする.

題意の鈍角三角形の最長辺の長さは,
$$A_1A_3,\ A_1A_4,\ A_1A_5$$
のいずれかの長さに等しい.

(i) （最長辺の長さ）$=A_1A_3$ である鈍角三角形は, 三角形 $A_1A_3A_2$ を中心 O のまわりに $40°m$ ($m=0, 1, 2, \cdots, 8$) まわしたもので, 9 個ある.

(ii) （最長辺の長さ）$=A_1A_4$ である鈍角三角形は, 三角形 $A_1A_4A_2$, $A_1A_4A_3$ を中心 O のまわりに $40°m$ ($m=0, 1, 2, \cdots, 8$) まわしたもので, 9 個ずつある.

(iii) （最長辺の長さ）$=A_1A_5$ である鈍角三角形は三角形 $A_1A_5A_2$, $A_1A_5A_3$, $A_1A_5A_4$ を中心 O のまわりに $40°m$ ($m=0, 1, 2, \cdots, 8$) まわしたもので, 9 個ずつある.

以上, (i), (ii), (iii)から, 求める鈍角三角形の個数は,
$$9+9\times 2+9\times 3=\mathbf{54}\ (個).$$

(2) 正 $2n+1$ 角形の頂点を反時計まわりに
$$A_1,\ A_2,\ A_3,\ \cdots,\ A_{2n+1}$$
とする.

（その 1）

題意の鈍角三角形の最長辺の長さは,
$$A_1A_3,\ A_1A_4,\ A_1A_5,\ \cdots,\ A_1A_{n+1}$$
のいずれかの長さに等しい.

(1)と同様に考えて,
$$（最長辺の長さ）=A_1A_k\ (k=3, 4, 5, \cdots, n+1)$$
である鈍角三角形は, 三角形 $A_1A_kA_l$ ($l=2, 3, 4, \cdots, k-1$) を中心 O のまわりに $\dfrac{360°}{2n+1}\times m$ ($m=0, 1, 2, \cdots, 2n$) まわしたもので, $2n+1$ 個ずつあるから, $(k-2)(2n+1)$ 個ある.

よって, 求める鈍角三角形の個数は,
$$\sum_{k=3}^{n+1}(k-2)(2n+1)=\{1+2+3+\cdots+(n-1)\}(2n+1)$$
$$=\mathbf{\frac{1}{2}(n-1)n(2n+1)}\ (個).$$

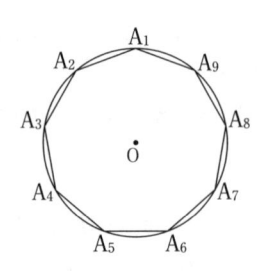

(その2)

題意の鈍角三角形の3頂点を反時計まわりに見る.

例えば,三角形 $A_1 A_k A_l$ $(k<l)$ で $\angle A_k$ が鈍角であるものは,$\{2, 3, 4, \cdots, n+1\}$ の n 個から 2 個選んで,小さい方を k,大きい方を l とすれば得られ,${}_n C_2$ 個ある.

他の頂点から始めても同様でこれらに重複はないから,求める鈍角三角形の個数は,

$$_n C_2 \times (2n+1) = \frac{1}{2}n(n-1)(2n+1) \text{ (個)}.$$

18.

[解法メモ]

この手の問題は,特殊な条件を持つものから考えていくのが常套手段です.

(1) まず,両端の男子を決めてから,残り 5 人を並べます.

(2) 「女子が隣り合わない」$\iff$「各々の女子の隣りは必ず男子」
$\iff$「男子と男子の間または両端の 5 か所から 3 か所を選び 1 人ずつ女子を配置する」

と考えます.

(3) 隣り合う 2 人の女子をひとまとめにして,あとは(2)と同じ考え方で OK.

(4) まず,男子 4 人が円形に並んでから,その間(4 か所ある)に女子を配置します.

【解答】

以下,男子を B で,女子を G で表すことにする.

(1) 　　　　　　　　B ○ ○ ○ ○ ○ B

(○印は男子または女子)

両端にくる男子の並び方は,${}_4 P_2 = 12$(通り)で,他の 5 人の男女の並び方は,${}_5 P_5 = 120$(通り)であるから,求める並び方は,

$$12 \times 120 = \mathbf{1440} \text{ (通り)}.$$

(2) まず,男子 4 人が並び(この並び方が ${}_4 P_4 = 24$(通り)),男子と男子の間または両端の 5 か所(∧印の所)に,女子 3 人が並べばよいから(この並び方が ${}_5 P_3 = 60$(通り)),求める並び方は,

$$24 \times 60 = \mathbf{1440} \text{ (通り)}.$$

　　　B B B B
　　∧ ∧ ∧ ∧ ∧
　　↑ ↑ ↑ ↑ ↑
　　{G, G, G}

(3) (2)と同様に，まず，男子4人が並び（この並び方が $_4P_4=24$（通り）），男子と男子の間または両端の5か所（∧印の所）に，隣り合う2人の女子（この選び方，並び方が $_3P_2=6$（通り））と，そうでない女子1人が並べばよいから（この選び方，並び方が $_5P_2=20$（通り）），求める並び方は，
$$24\times 6\times 20=\mathbf{2880}\text{（通り）}.$$

```
   B   B   B   B
  ∧ ∧ ∧ ∧ ∧
  ↑   ↑   ↑   ↑   ↑
     {(G, G), G}
```

(4) まず，男子4人が円形に並んでから（この並び方が，円順列で考えて，$(4-1)!=6$（通り）），4か所あるその間（∧印の所）に，女子3人が並べばよいから（この並び方が $_4P_3=24$（通り）），求める並び方は，
$$6\times 24=\mathbf{144}\text{（通り）}.$$

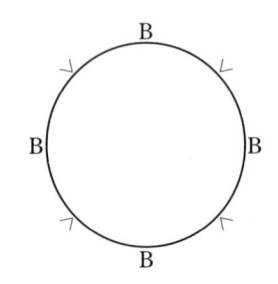

(注) "人"が並ぶ場合，仮に，この中に一卵性双生児が混ざっていたとしても，みんな別人格（別もの）として扱って下さい．

19.

解法メモ

(2) 9人を $a, b, c, d, e, f, g, h, i$ で表して考えてみます．

3人ずつの3組に分けるとき，仮にこの組にそれぞれ名前を付けて（例えば，雪組，月組，花組と）考えるなら，

　　　　　　　雪組　　　　月組　　　　花組
分け方(i)　$\{a, b, c\}, \{d, e, f\}, \{g, h, i\}$　と

　　　　　　　雪組　　　　花組　　　　月組
分け方(ii)　$\{a, b, c\}, \{d, e, f\}, \{g, h, i\}$　とは，

明らかに異なる分け方ということになりますが，組に名前を付けないなら（名前が無いなら），上の2つの分け方(i), (ii)は差別化されないのですから，まとめて一通りと数えねばなりません．

で，このような「名前を消したら差別化されなくなってしまうパターン」は何通りずつあるかというと，当然，3組への名前の付け方の $3!=6$（通り）ずつあります．

(3) 男子をB，女子をGで表すと，3組は，

$$\{B,\ B,\ G\},\ \{B,\ B,\ G\},\ \{B,\ G,\ G\}$$

とせねばなりません.

【解答】

(1) 2人の組のメンバーの選び方は, $_9C_2$ 通り.
　残り7人の中から, 3人の組のメンバーを選ぶのは, $_7C_3$ 通り.
　残り4人は自動的に4人の組を構成するから, 1通り.
　以上より, 求める分け方の総数は,
$$_9C_2 \times _7C_3 \times 1 = \mathbf{1260}\ (\text{通り}).$$

(2) この3組に名前を付けて, 松組, 竹組, 梅組とする.
　(1)と同様に考えて, 松組, 竹組, 梅組のメンバーの選び方の総数は,
$$_9C_3 \times _6C_3 \times _3C_3 = 1680\ (\text{通り}).$$

　本問の場合, この3組には名前が無いのだから, 3組への名前の付け方の場合の数 $3! = 6$ (通り) ずつをまとめて一通りとみなさなければならないので, 求める分け方の総数は,
$$\frac{1680}{6} = \mathbf{280}\ (\text{通り}).$$

(3) 3組を,

　　　　　甲組　　　　　乙組　　　　　丙組
　　　$\{男,\ 男,\ 女\},\ \{男,\ 男,\ 女\},\ \{男,\ 女,\ 女\}$

とする.

　　甲組の男2人, 女1人の選び方が,
　　　　$_5C_2 \times _4C_1 = 40$ (通り),
　　乙組の男2人, 女1人の選び方が,
　　　　$_3C_2 \times _3C_1 = 9$ (通り),
　　丙組の男1人, 女2人は自動的に決まるので, 1通り

より, 全部で $40 \times 9 \times 1 = 360$ (通り) あるが, 甲組と乙組は, 男, 女それぞれの数が一致しているから, (2)と同様に, 甲乙の名前を消せば差別されず, 2組の名前の付け方の場合の数 $2! = 2$ (通り) をまとめて一通りとみなさなければならないので, 求める分け方の総数は,
$$\frac{360}{2} = \mathbf{180}\ (\text{通り}).$$

[注] 丙組は男, 女それぞれの数が他の組と異なるので, この組は (たとえ名前を付けなくても) 差別化されます.

[(3)の別解]

　補集合で考える手もあります.

すなわち，男3人の組や，女3人の組ができてしまう分け方の数を考えるのです．

(i) 男3人の組ができる分け方の総数は，
$$\underbrace{{}_5C_3}_{\begin{pmatrix}\text{男3人の組の}\\\text{メンバーの決め方}\end{pmatrix}} \times \underbrace{\frac{{}_6C_3 \times {}_3C_3}{2!}}_{\begin{pmatrix}\text{残り6人を3人ずつ}\\\text{2組に分ける分け方}\end{pmatrix}} = 100 \text{（通り）}.$$

(ii) 女3人の組ができる分け方の総数は，
$$\underbrace{{}_4C_3}_{\begin{pmatrix}\text{女3人の組の}\\\text{メンバーの決め方}\end{pmatrix}} \times \underbrace{\frac{{}_6C_3 \times {}_3C_3}{2!}}_{\begin{pmatrix}\text{残り6人を3人ずつ}\\\text{2組に分ける分け方}\end{pmatrix}} = 40 \text{（通り）}.$$

(iii) 男3人の組，女3人の組ができる分け方の総数は，
$$\underbrace{{}_5C_3}_{\begin{pmatrix}\text{男3人の組の}\\\text{メンバーの決め方}\end{pmatrix}} \times \underbrace{{}_4C_3}_{\begin{pmatrix}\text{女3人の組の}\\\text{メンバーの決め方}\end{pmatrix}} \times \underbrace{1}_{\begin{pmatrix}\text{残り3人は自動的}\\\text{に1組となる}\end{pmatrix}} = 40 \text{（通り）}.$$

以上より，求める分け方の総数は
$$280 - (100 + 40 - 40) = \mathbf{180} \text{（通り）}.$$

((i)と(ii)で二重に数えている分の(iii)を1回引く．)

[注] (ii) 女3人の組ができるとき，自動的に男3人の組ができることになり，
$$\text{(ii)} = \text{(iii)} = 40 \text{（通り）}$$
となるのです．

20.

解法メモ

(1) 空箱があってもよい場合なら楽です．

各カードの入れるべき箱の選択肢は3通りずつあるから，
$$3^n \text{ 通り}.$$

このうち，空箱が1箱できてしまう場合と，2箱できてしまう場合を除けばよろしい．

(2) 「少なくとも1つの〜」，これ，キーワードですね．これが出てきたら補集合で考えてみましょう．

まず，「ペアのカードの組」は，

$$\{\boxed{1}, \boxed{2}\}, \{\boxed{3}, \boxed{4}\}, \{\boxed{5}, \boxed{6}\}, \cdots, \{\boxed{2l-1}, \boxed{2l}\}$$

の l 組あります．

どの箱にも，これらのペアが入らないのは，

$$\boxed{2k-1} \text{ と } \boxed{2k} \quad (k=1, 2, 3, \cdots, l)$$

が別々の箱に入ることです．

また，この場合の中にも，空箱が1箱できてしまう場合が含まれてしまいますから，注意が必要です．（空箱が2箱できてしまう場合はありません．なぜなら，あるペアのカードを別々の箱に，すなわち2つの箱に入れるのだから）

【解答】

(1) 空箱ができてもよい場合，$\boxed{1}$〜$\boxed{n}$ の各カードを入れる箱の選択肢はそれぞれ3通りずつあるから，全部で，

$$3^n \text{ 通り}.$$

このうち，

(i) 空箱がちょうど1箱できる場合．

空箱となる箱の選び方は3通りある．例えば箱Cが空となるとき，$\boxed{1}$〜$\boxed{n}$ の n 枚のカードを，箱A，Bがともに空にならないように入れる入れ方の数は，

$$2^n - 2 \text{ 通り}.$$

したがって，空箱がちょうど1箱できるのは，

$$3(2^n - 2) \text{ 通り}.$$

(ii) 空箱が2箱できる場合．

$\boxed{1}$〜$\boxed{n}$ の n 枚のカードすべてが箱A，B，Cのいずれか1箱に入る場合で，

$$3 \text{ 通り}.$$

以上より，求める入れ方の数は，

$$3^n - 3(2^n - 2) - 3 = \mathbf{3^n - 3 \cdot 2^n + 3} \text{ (通り)}.$$

(2) ペアのカードの組は，次の l 組である．

$$\{\boxed{1}, \boxed{2}\}, \{\boxed{3}, \boxed{4}\}, \{\boxed{5}, \boxed{6}\}, \cdots, \{\boxed{2l-1}, \boxed{2l}\}.$$

どの箱にもこれらのペアが入らない場合を考える．

或るペアのカード

$$\boxed{2k-1}, \boxed{2k}$$

を別々の箱に入れる入れ方の数は，
$$_3P_2 = 6 \text{(通り)}$$
であり，ペアは全部で l 組あるから，各ペアが別々の箱に入る入れ方の数は，
$$6^l \text{ 通り．}$$

他の $(n-2l)$ 枚のカード $\{\boxed{2l+1}, \boxed{2l+2}, \cdots, \boxed{n}\}$ の3つの箱への入れ方の数は，
$$3^{n-2l} \text{ 通り．}$$
（$2l=n$ のときもこれでよい．）

よって，どの箱にもこれらのペアが入らない場合の数は，
$$6^l \cdot 3^{n-2l} = 2^l \cdot 3^{n-l} \text{(通り)} \qquad \cdots ①$$
あるが，この中には，空箱が1箱できる場合が含まれる．

空箱となる箱の選び方が3通りあって，例えば箱Cが空となるのは，
l 組のペアのカードがすべて箱A，Bに別々に入り（この場合の数が 2^l 通り），
他の $(n-2l)$ 枚のカードが箱A，Bに自由に入る（この場合の数が 2^{n-2l} 通り）
のだから，①のうち，空箱が1箱できる場合の数は，
$$3 \times 2^l \times 2^{n-2l} = 3 \cdot 2^{n-l} \text{(通り)}.$$

以上，および，(1)より，求める場合の数は，
$$(3^n - 3 \cdot 2^n + 3) - (2^l \cdot 3^{n-l} - 3 \cdot 2^{n-l})$$
$$= 3^n \left\{1 - \left(\frac{2}{3}\right)^l\right\} - 3 \cdot 2^n \left\{1 - \left(\frac{1}{2}\right)^l\right\} + 3 \text{ (通り)}.$$

21.

解法メモ

「数学村場合の数集落の方言」に注意してください．いくら瓜二つの双子でも，目の前に2人並んでいれば，そりゃあ2人が「区別」されて「2人と認識」されるに決まってます．「区別できない赤玉」とあっても，左手に持った赤玉と右手に持った赤玉とが「区別」できないはずがありません．

しかしながら，数学村において「区別ができない」とは，例えば10個の赤玉が

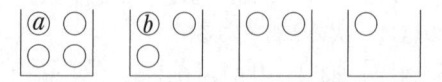

と4個の箱に入っているとき，赤玉ⓐと赤玉ⓑを差し替えて，

としても，その2つの状態を差別化しないで同じものとみなす，という意味を表します．

要するに，(3)ではそれぞれの玉の「色以外の個性」は無視するということです．

【解答】
(1) 4個の箱に入れる赤玉の個数は，

$\{0, 0, 0, 10\}, \{0, 0, 1, 9\}, \{0, 0, 2, 8\}, \{0, 0, 3, 7\},$
$\{0, 0, 4, 6\}, \{0, 0, 5, 5\},$
$\{0, 1, 1, 8\}, \{0, 1, 2, 7\}, \{0, 1, 3, 6\}, \{0, 1, 4, 5\},$
$\{0, 2, 2, 6\}, \{0, 2, 3, 5\}, \{0, 2, 4, 4\},$
$\{0, 3, 3, 4\},$
$\{1, 1, 1, 7\}, \{1, 1, 2, 6\}, \{1, 1, 3, 5\}, \{1, 1, 4, 4\},$
$\{1, 2, 2, 5\}, \{1, 2, 3, 4\},$
$\{1, 3, 3, 3\},$
$\{2, 2, 2, 4\}, \{2, 2, 3, 3\}$

の計 **23通り**．

(2) 4個の箱をA，B，C，Dとし，それぞれの箱に入れる赤玉の個数を

$$a, b, c, d \quad \left(\begin{array}{l} a, b, c, d \text{ は0以上の整数で,} \\ a+b+c+d=10 \end{array}\right)$$

とする．

例えば，$(a, b, c, d) = (1, 2, 3, 4)$ は

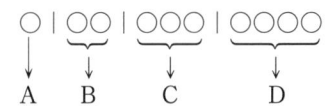

○｜○○｜○○○｜○○○○
　↓　↓　　↓　　　↓
　A　B　　C　　　D

と，10個の○印と3本の｜印の1つの順列で表すことができる．

逆に，例えば

○○｜○○｜○○○｜○○○

の順列は，$(a, b, c, d) = (2, 2, 3, 3)$ の分け方を表す．

したがって，「区別のできない10個の赤玉」を「区別のできる4個の箱」に分ける方法の数は，

10個の○印と3本の｜印の順列

の数に等しく，同じものを含む順列で考えて，

$$\frac{(10+3)!}{10!3!} = 286 \text{（通り）}.$$

(3) (2)と同様に考えて，

区別のできない6個の赤玉を，区別のできる4個の箱に分ける方法の数は，

$$\frac{(6+3)!}{6!3!} = 84 \text{（通り）}.$$

区別のできない4個の白玉を，区別のできる4個の箱に分ける方法の数は，

$$\frac{(4+3)!}{4!3!} = 35 \text{（通り）}.$$

よって，求める方法の数は，

$$84 \times 35 = \mathbf{2940} \text{（通り）}.$$

[(2), (3)の参考]

異なるn種類のものから，繰り返し取ることを許してr個取り出す組合せを**重複組合せ**といい，その方法の数は，

$$\frac{\{r+(n-1)\}!}{r!(n-1)!}, \text{ すなわち，} {}_{r+(n-1)}C_r \text{ または } {}_{r+(n-1)}C_{n-1}$$

に等しい．

（本問(2)では，異なる4種類の箱の名前（A，B，C，D）を，繰り返しを許して10個の赤玉に書き入れると考えて，

$$\frac{\{10+(4-1)\}!}{10!(4-1)!} \text{ 通り．}$$
）

22.

解法メモ

「少なくとも1回〜」や「少なくとも2回〜」とありますから，余事象の考え方で攻められないか…

また，複数の事象が登場しますから，ベン図を書いて考えた方が無難です．

全事象 U … 1個のサイコロをn回振る，

事象 A … 1の目が1回も出ない，

事象 B … 2の目が1回も出ない，

事象 C … 1の目が1回だけ出る

とするとよいでしょう．

【解答】

全事象「1個のサイコロをn回振る」をUとし，

$$\begin{cases} 1\text{の目が}1\text{回も出ない事象を }A, \\ 2\text{の目が}1\text{回も出ない事象を }B, \\ 1\text{の目がちょうど}1\text{回出る事象を }C \end{cases}$$

とする.

(1) $n \geq 2$ のとき, 1の目が少なくとも1回出て, かつ, 2の目も少なくとも1回出る事象は, 図の網目部分の事象である.

ここで, 全事象 U の根元事象は 6^n 通りあって, これらの起こることは同様に確からしい. いま, 事象 X の根元事象の数を $n(X)$ で表すことにすると,

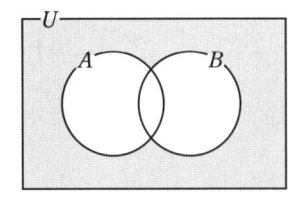

$$n(U) = 6^n,$$

A …「n 回とも, 2, 3, 4, 5, 6 の目が出る」だから,

$$n(A) = 5^n,$$

B …「n 回とも, 1, 3, 4, 5, 6 の目が出る」だから,

$$n(B) = 5^n,$$

$A \cap B$ …「n 回とも, 3, 4, 5, 6 の目が出る」だから,

$$n(A \cap B) = 4^n$$

である.

よって, 求める確率は,

$$1 - \frac{n(A) + n(B) - n(A \cap B)}{n(U)} = 1 - \frac{5^n + 5^n - 4^n}{6^n}$$
$$= 1 - \frac{2 \cdot 5^n - 4^n}{6^n}.$$

(2) $n \geq 3$ のとき, 1の目が少なくとも2回出て, かつ, 2の目が少なくとも1回出る事象は, 図の網目部分の事象である.

(1)と同様に考えて,

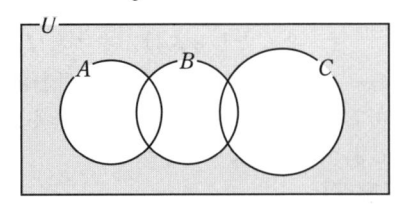

C …「n 回中, 1の目がちょうど1回出て, 他の $(n-1)$ 回は, 2, 3, 4, 5, 6 の目が出る」だから,

$$n(C) = {}_n C_1 \cdot 5^{n-1} = n \cdot 5^{n-1},$$

$B \cap C$ …「n 回中, 1の目がちょうど1回出て, 他の $(n-1)$ 回は, 3, 4, 5, 6 の目が出る」だから,

$$n(B \cap C) = {}_n C_1 \cdot 4^{n-1} = n \cdot 4^{n-1},$$

である.

よって，求める確率は，
$$1-\frac{n(A)+n(B)+n(C)-n(A\cap B)-n(B\cap C)}{n(U)}$$
$$=1-\frac{5^n+5^n+n\cdot 5^{n-1}-4^n-n\cdot 4^{n-1}}{6^n}$$
$$=1-\frac{(10+n)\cdot 5^{n-1}-(4+n)\cdot 4^{n-1}}{6^n}.$$

[注] $A\cap C$ はここでは空事象です．

23.

[解法メモ]

3人で1回じゃんけんをすると，その結果残る人の数は，
$$\begin{cases}3人\ \cdots\ 3人が同じ手を出す，または，3人とも違う手を出す，\\ 2人\ \cdots\ 2人が勝つ手を，他の1人が負ける手を出す，\\ 1人\ \cdots\ 1人が勝つ手を，他の2人が負ける手を出す\end{cases}$$
のいずれかで，

2人で1回じゃんけんをすると，その結果残る人の数は，
$$\begin{cases}2人\ \cdots\ 2人が同じ手を出す，\\ 1人\ \cdots\ 1人が勝つ手を，他の1人が負ける手を出す(2人が違う手を出す)\end{cases}$$
のいずれかです．

(1)〜(4)の設問に入る前に上記の確率をすべて計算しておくと，答案がスッキリするでしょう．

　　　3人でじゃんけんをすれば3人の手の出方は 3^3 通り，
　　　2人でじゃんけんをすれば2人の手の出方は 3^2 通り
あって，これらが起こることは同様に確からしい（同程度に起こりやすい）と考えてください．（Aさんは，どーもグーを多用するらしい，などとすると解答のしようがなくなりますから．）

【解答】

3人による1回のじゃんけんで，3人，2人，1人が残る確率をそれぞれ a, b, c とし，2人による1回のじゃんけんで，2人，1人が残る確率をそれぞれ d, e とすると，
$a=$(3人が同じ手を出すか，3人とも違う手を出す確率)
$$=\frac{3}{3^3}+\frac{3!}{3^3}=\frac{1}{3},$$

$b = $ (2人が勝つ手を出し,他の1人が負ける手を出す確率)
$$= \frac{{}_3C_2 \times 3}{3^3} = \frac{1}{3},$$

$c = $ (1人が勝つ手を出し,他の2人が負ける手を出す確率)
$$= \frac{{}_3C_1 \times 3}{3^3} = \frac{1}{3},$$

$d = $ (2人が同じ手を出す確率)
$$= \frac{3}{3^2} = \frac{1}{3},$$

$e = $ (2人が違う手を出す確率)
$$= \frac{{}_3P_2}{3^2} = \frac{2}{3}.$$

(1) 1回目のじゃんけんで勝者が決まる確率は,
$$c = \frac{1}{3}.$$

(2) 2回目のじゃんけんで勝者が決まるのは,2回のじゃんけんによる残りの人数の変化が
$$\begin{cases} 3人 \xrightarrow{a} 3人 \xrightarrow{c} 1人, \\ 3人 \xrightarrow{b} 2人 \xrightarrow{e} 1人 \end{cases}$$
の2通りの場合があって,これらは互いに排反であるから,求める確率は,
$$ac + be = \frac{1}{3} \cdot \frac{1}{3} + \frac{1}{3} \cdot \frac{2}{3}$$
$$= \frac{1}{3}.$$

(3) 3回目のじゃんけんで勝者が決まるのは,3回のじゃんけんによる残りの人数の変化が
$$\begin{cases} 3人 \xrightarrow{a} 3人 \xrightarrow{a} 3人 \xrightarrow{c} 1人, \\ 3人 \xrightarrow{a} 3人 \xrightarrow{b} 2人 \xrightarrow{e} 1人, \\ 3人 \xrightarrow{b} 2人 \xrightarrow{d} 2人 \xrightarrow{e} 1人 \end{cases}$$
の3通りの場合があって,これらは互いに排反であるから,求める確率は,
$$aac + abe + bde = \frac{1}{3} \cdot \frac{1}{3} \cdot \frac{1}{3} + \frac{1}{3} \cdot \frac{1}{3} \cdot \frac{2}{3} + \frac{1}{3} \cdot \frac{1}{3} \cdot \frac{2}{3}$$
$$= \frac{5}{27}.$$

(4) $n(\geq 4)$ 回目のじゃんけんで勝者が決まるのは,

$$\begin{cases} \text{(i)} \ n \text{ 回目のじゃんけんが3人で行われる場合,} \\ \text{(ii)} \ n \text{ 回目のじゃんけんが2人で行われる場合} \end{cases}$$

があって，これらは互いに排反である．

(i)のとき，1回目から n 回目まですべて3人でじゃんけんが行われるから，この確率は，

$$3人 \overset{a}{\to} 3人 \overset{a}{\to} 3人 \overset{a}{\to} \cdots \overset{a}{\to} 3人 \overset{c}{\to} 1人$$

$$a^{n-1} \cdot c = \left(\frac{1}{3}\right)^{n-1} \cdot \frac{1}{3} = \left(\frac{1}{3}\right)^n.$$

(ii)のとき，k ($1 \leq k \leq n-1$) 回目のじゃんけんで3人から2人になるとすると，1回目から k 回目までは3人で，($k+1$) 回目から n 回目までは2人でじゃんけんが行われるから，この確率は，

$$3人 \overset{a}{\to} 3人 \overset{a}{\to} \cdots \overset{a}{\to} 3人 \overset{b}{\to} 2人 \overset{d}{\to} 2人 \overset{d}{\to} \cdots \overset{d}{\to} 2人 \overset{d}{\to} 2人 \overset{e}{\to} 1人$$

$$\begin{array}{cccccccc} 1 & 2 & k-1 & k & k+1 & k+2 & n-2 & n-1 & n \\ 回 & 回 & 回 & 回 & 回 & 回 & 回 & 回 & 回 \\ 目 & 目 & 目 & 目 & 目 & 目 & 目 & 目 & 目 \end{array}$$

$$a^{k-1} \cdot b \cdot d^{n-1-k} \cdot e = \left(\frac{1}{3}\right)^{k-1} \cdot \frac{1}{3} \cdot \left(\frac{1}{3}\right)^{n-1-k} \cdot \frac{2}{3}$$

$$= 2\left(\frac{1}{3}\right)^n \quad (k=1, 2, 3, \cdots, n-1).$$

よって，求める確率は，

$$\left(\frac{1}{3}\right)^n + \sum_{k=1}^{n-1} 2\left(\frac{1}{3}\right)^n = (2n-1)\left(\frac{1}{3}\right)^n.$$

24.

解法メモ

袋の中身は，

$$\boxed{1}, \boxed{2}\boxed{2}, \boxed{3}\boxed{3}\boxed{3}, \boxed{4}\boxed{4}\boxed{4}\boxed{4}, \boxed{5}\boxed{5}\boxed{5}\boxed{5}\boxed{5}$$

だけれど，(1)では「偶数，奇数」が話題になっているので，

偶数の札 $\{\boxed{2}, \boxed{2}, \boxed{4}, \boxed{4}, \boxed{4}, \boxed{4}\}$ …6枚

奇数の札 $\{\boxed{1}, \boxed{3}, \boxed{3}, \boxed{3}, \boxed{5}, \boxed{5}, \boxed{5}, \boxed{5}, \boxed{5}\}$ …9枚

に分けて考え，(2)では「3の倍数」が話題になっているので，

3の倍数の札 $\{\boxed{3}, \boxed{3}, \boxed{3}\}$ …3枚

3で割ると1余る数の札 $\{\boxed{1}, \boxed{4}, \boxed{4}, \boxed{4}, \boxed{4}\}$ …5枚

3 で割ると 2 余る数の札　$\{\boxed{2},\boxed{2},\boxed{5},\boxed{5},\boxed{5},\boxed{5},\boxed{5}\}$ … 7 枚

に分けて考えます．

【解答】

(1) 15 枚の札を，

偶数の札　$\{\boxed{2},\boxed{2},\boxed{4},\boxed{4},\boxed{4},\boxed{4}\}$　　　　… 6 枚

奇数の札　$\{\boxed{1},\boxed{3},\boxed{3},\boxed{3},\boxed{5},\boxed{5},\boxed{5},\boxed{5},\boxed{5}\}$　… 9 枚

に分けて考える．

S が 2 の倍数（偶数）となるのは，取り出した 3 枚の札が，

$\begin{cases}\text{(i)} & 3 \text{ 枚とも偶数のとき，} \\ \text{(ii)} & 1 \text{ 枚が偶数で，他の 2 枚が奇数のとき}\end{cases}$

のいずれかで，これらは互いに排反であるから，求める確率は，

$$\underbrace{\frac{{}_6C_3}{{}_{15}C_3}}_{\text{(i)}} + \underbrace{\frac{{}_6C_1 \cdot {}_9C_2}{{}_{15}C_3}}_{\text{(ii)}} = \frac{236}{455}.$$

(2) 15 枚の札を，

$\boxed{a}$ … 3 で割り切れる数の札　$\{\boxed{3},\boxed{3},\boxed{3}\}$　　　　　　… 3 枚

$\boxed{b}$ … 3 で割ると 1 余る数の札 $\{\boxed{1},\boxed{4},\boxed{4},\boxed{4},\boxed{4}\}$　　… 5 枚

$\boxed{c}$ … 3 で割ると 2 余る数の札 $\{\boxed{2},\boxed{2},\boxed{5},\boxed{5},\boxed{5},\boxed{5},\boxed{5}\}$ … 7 枚

に分けて考える．

S が 3 の倍数となるのは，取り出した 3 枚の札が，

$\begin{cases}\text{(i)} & \{\boxed{a},\boxed{a},\boxed{a}\} \text{ のとき，} \\ \text{(ii)} & \{\boxed{b},\boxed{b},\boxed{b}\} \text{ のとき，} \\ \text{(iii)} & \{\boxed{c},\boxed{c},\boxed{c}\} \text{ のとき，} \\ \text{(iv)} & \{\boxed{a},\boxed{b},\boxed{c}\} \text{ のとき}\end{cases}$

のいずれかで，これらは互いに排反であるから，求める確率は，

$$\underbrace{\frac{{}_3C_3}{{}_{15}C_3}}_{\text{(i)}} + \underbrace{\frac{{}_5C_3}{{}_{15}C_3}}_{\text{(ii)}} + \underbrace{\frac{{}_7C_3}{{}_{15}C_3}}_{\text{(iii)}} + \underbrace{\frac{{}_3C_1 \times {}_5C_1 \times {}_7C_1}{{}_{15}C_3}}_{\text{(iv)}} = \frac{151}{455}.$$

[補足]

(1), (2) とも確率計算のところでは，くじ引きの確率のように考えて，

(1) $\underbrace{\dfrac{6}{15}\cdot\dfrac{5}{14}\cdot\dfrac{4}{13}}_{\text{(i)}}+\underbrace{\dfrac{6}{15}\cdot\dfrac{9}{14}\cdot\dfrac{8}{13}\times 3}_{\text{(ii)}}=\dfrac{236}{455}$,

(2) $\underbrace{\dfrac{3}{15}\cdot\dfrac{2}{14}\cdot\dfrac{1}{13}}_{\text{(i)}}+\underbrace{\dfrac{5}{15}\cdot\dfrac{4}{14}\cdot\dfrac{3}{13}}_{\text{(ii)}}+\underbrace{\dfrac{7}{15}\cdot\dfrac{6}{14}\cdot\dfrac{5}{13}}_{\text{(iii)}}+\underbrace{\dfrac{3}{15}\cdot\dfrac{5}{14}\cdot\dfrac{7}{13}\times 3!}_{\text{(iv)}}=\dfrac{151}{455}$

としてもよい.

　なお，(1)の(ii)の「×3」や，(2)の(iv)の「×3!」の部分は，それぞれのグループのカードの出方を考慮したもの.

　(1) (ii)なら，(偶, 奇, 奇), (奇, 偶, 奇), (奇, 奇, 偶) の3通り,

　(2) (iv)なら，(□a, □b, □c), (□a, □c, □b),
　　　　　　　(□b, □a, □c), (□b, □c, □a),
　　　　　　　(□c, □a, □b), (□c, □b, □a) の3!通り.

25.

解法メモ

　まず，操作を絵にしておきましょう.

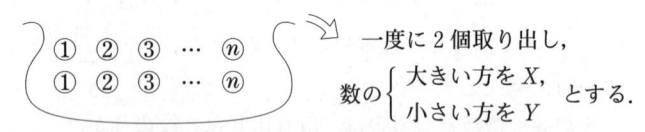

①　②　③　…　ⓝ
①　②　③　…　ⓝ

一度に2個取り出し，数の $\begin{cases}\text{大きい方を }X,\\ \text{小さい方を }Y\end{cases}$ とする.

　問題文中の，$P(X\leq k)$, $P(X=k)$ などは，

　　　　$P(X\leq k)$ … X が k 以下となる確率，

　　　　$P(X=k)$ … X が k に等しくなる確率

などの意味です.

　ところで，年齢が58歳以上の人達の中から，59歳以上の人を除けば，ちょうど58歳の人だけが残りますよね.

　これと同様に考えて，

$$P(X=k) = P(X\leq k) - P(X\leq k-1).$$
　　　　　↑　　　　　↑　　　　　　↑
　　大きい方が　　大きい方が　　大きい方が
　　ちょうどk　　　k以下　　　$(k-1)$以下

$$P(Y=k) = P(Y\geq k) - P(Y\geq k+1).$$
　　　　　↑　　　　　↑　　　　　　↑
　　小さい方が　　小さい方が　　小さい方が
　　ちょうどk　　　k以上　　　$(k+1)$以上

【解答】

$2n$ 個の玉の中から2個の玉を取り出す取り出し方の総数は，全部で ${}_{2n}C_2$ 通りあって，これらが起こることは同様に確からしい．

(1) $X\leq k$ となるのは，k 以下の数が書かれている玉（$2k$ 個ある）から2個を取り出す場合であるから，

$$P(X\leq k)=\frac{{}_{2k}C_2}{{}_{2n}C_2}=\frac{\dfrac{2k(2k-1)}{2}}{\dfrac{2n(2n-1)}{2}}$$

$$=\frac{k(2k-1)}{n(2n-1)} \quad (k=1,\ 2,\ 3,\ \cdots,\ n).$$

$Y\geq k$ となるのは，k 以上の数が書かれている玉（$2n-2k+2$ 個ある）から2個を取り出す場合であるから，

$$P(Y\geq k)=\frac{{}_{2n-2k+2}C_2}{{}_{2n}C_2}=\frac{\dfrac{(2n-2k+2)(2n-2k+1)}{2}}{\dfrac{2n(2n-1)}{2}}$$

$$=\frac{(n-k+1)(2n-2k+1)}{n(2n-1)} \quad (k=1,\ 2,\ 3,\ \cdots,\ n).$$

(2) $k=2,\ 3,\ 4,\ \cdots,\ n$ のとき，

$$P(X=k)=P(X\leq k)-P(X\leq k-1)$$
$$=\frac{k(2k-1)}{n(2n-1)}-\frac{(k-1)(2k-3)}{n(2n-1)}$$
$$=\frac{4k-3}{n(2n-1)}. \qquad \cdots ①$$

ここで，(1)より，

$$P(X=1)=P(X\leq 1)=\frac{1}{n(2n-1)}=\frac{4\cdot 1-3}{n(2n-1)}$$

ゆえ，①を $k=1$ のときに流用してよい．

$$\therefore\ P(X=k) = \frac{4k-3}{n(2n-1)} \quad (k=1,\ 2,\ 3,\ \cdots,\ n).$$

また，$k=1,\ 2,\ 3,\ \cdots,\ n-1$ のとき，
$$P(Y=k) = P(Y \geq k) - P(Y \geq k+1)$$
$$= \frac{(n-k+1)(2n-2k+1)}{n(2n-1)} - \frac{(n-k)(2n-2k-1)}{n(2n-1)}$$
$$= \frac{-4k+4n+1}{n(2n-1)}. \qquad \cdots ②$$

ここで，(1)より，
$$P(Y=n) = P(Y \geq n) = \frac{1}{n(2n-1)} = \frac{-4n+4n+1}{n(2n-1)}$$

ゆえ，②を $k=n$ のときに流用してよい．

$$\therefore\ P(Y=k) = \frac{-4k+4n+1}{n(2n-1)} \quad (k=1,\ 2,\ 3,\ \cdots,\ n).$$

26.

解法メモ

2回，あるいは，$2n$ 回硬貨を投げたときのことを聞かれているのですから，「2回で1セットとみなさい」ということです．

【解答】

硬貨を1回投げたとき，座標 x にあった石の移動は，

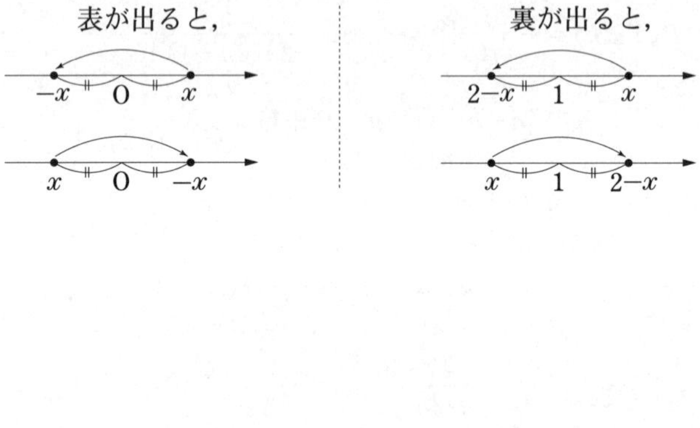

表が出ると，　　　　　　　　　裏が出ると，

(1) 1, 2回目の硬貨の裏表に応じて座標 x にあった石の移動は,

$\begin{cases} \text{(i)} & (1\text{回目},\ 2\text{回目})=(\text{表},\ \text{表})\ \text{と出たとき}, \\ & x \longrightarrow -x \longrightarrow -(-x)=x, \\ \text{(ii)} & (1\text{回目},\ 2\text{回目})=(\text{表},\ \text{裏})\ \text{と出たとき}, \\ & x \longrightarrow -x \longrightarrow 2-(-x)=2+x\neq x, \\ \text{(iii)} & (1\text{回目},\ 2\text{回目})=(\text{裏},\ \text{表})\ \text{と出たとき}, \\ & x \longrightarrow 2-x \longrightarrow -(2-x)=-2+x\neq x, \\ \text{(iv)} & (1\text{回目},\ 2\text{回目})=(\text{裏},\ \text{裏})\ \text{と出たとき}, \\ & x \longrightarrow 2-x \longrightarrow 2-(2-x)=x \end{cases}$

の4通りでこれらは互いに排反である. 確率はいずれも $\left(\dfrac{1}{2}\right)^2$ だから, 求める確率は ((i), (iv)の場合の確率で),

$$\left(\dfrac{1}{2}\right)^2 \times 2 = \dfrac{1}{2}.$$

(2) 最初原点にあった石が, 硬貨を $2n$ 回投げたとき座標 $2n$ の点にあるのは, (1)の(ii)が n 回起こるときだから, 求める確率は,

$$\left\{\left(\dfrac{1}{2}\right)^2\right\}^n = \dfrac{1}{4^n}.$$

(3) n 回中 $\begin{cases} \text{(i)または(iv)が} & a\ \text{回}, \\ \text{(ii)が} & b\ \text{回}, \\ \text{(iii)が} & c\ \text{回} \end{cases}$ 起こったとすると,

$$a+b+c=n \qquad \cdots ①$$

で, 最初原点にあった石は座標

$$0\times a+2\times b+(-2)\times c=2(b-c)$$

にある.

これが $2n-2$ に等しくなるのは,

$$2(b-c)=2n-2.$$
$$\therefore\quad b-c=n-1. \qquad \cdots ②$$

①-②から,

$$a+2c=1.$$

ここで, $a,\ b,\ c$ は0以上の整数だから,

$$(a,\ b,\ c)=(1,\ n-1,\ 0).$$

(i)または(iv)が起こる確率が $\dfrac{1}{2}$, (ii)が起こる確率が $\dfrac{1}{4}$ だから, 求める確率は (反復試行の確率を考えて),

$$_nC_1\left(\frac{1}{2}\right)^1\left(\frac{1}{4}\right)^{n-1}=\frac{n}{2^{2n-1}}.$$

27.

解法メモ

(1) ブロックの高さが m となるのは，最後に裏が出てから，m 回連続して表が出たときです．（無論，高さが n となるのは最初から n 回連続して表が出たときです．）

(2) (1)の結果を用いますが，その方法として，
$$q_m=p_0+p_1+p_2+\cdots+p_m,$$
あるいは，ブロックの高さが m 以下とならないのは $(m+1)$ 以上となる場合だから，
$$q_m=1-p^{m+1}$$
の2通りがあるでしょう．

【解答】

題意の硬貨を投げて，表，裏が出ることを，それぞれ
$$\begin{cases} \bigcirc\ (\text{確率}\ p) \\ \times\ (\text{確率}\ 1-p) \end{cases} \quad (\text{ただし，}0<p<1)$$
と表すことにする．

(1) ブロックの高さについて，これが

(i) m ($m=0,\ 1,\ 2,\ \cdots,\ n-1$) となるのは，

```
      1 2 ··· n-m  n-m+1        n回目
     ┌─┬─┬───┬─┬─┬───┬─┐
     │ │ │···│×│○│···│○│
     └─┴─┴───┴─┴─┴───┴─┘
      └─────┬─────┘ └───┬───┘
       ○,×任意      m回連続で○
```

と出る場合だから，この確率は，
$$p_m=1^{n-m-1}\times(1-p)\times p^m$$
$$=(1-p)p^m.$$

(ii) n となるのは，n 回続けて表が出る場合だから，この確率は
$$p_n=p^n.$$

以上，(i),(ii)から，
$$p_m=\begin{cases} (1-p)p^m & (m=0,\ 1,\ 2,\ \cdots,\ n-1\ \text{のとき}), \\ p^n & (m=n\ \text{のとき}). \end{cases}$$

(2) ブロックの高さについて，これが

(i) m 以下 ($m=0,\ 1,\ 2,\ \cdots,\ n-1$) となる確率は，

$$q_m = p_0 + p_1 + p_2 + \cdots + p_m = \sum_{k=0}^{m} p_k$$
$$= \sum_{k=0}^{m} (1-p) p^k \quad (\because \text{ (1)})$$
$$= (1-p) \cdot \frac{1-p^{m+1}}{1-p} \quad (\because \ 0 < p < 1 \ \text{より, } p \neq 1)$$
$$= 1 - p^{m+1}.$$

(ii) n 以下となるのは自明だから,この確率は,
$$q_n = 1.$$

以上, (i), (ii) から,
$$q_m = \begin{cases} 1 - p^{m+1} & (m = 0, \ 1, \ 2, \ \cdots, \ n-1 \ \text{のとき}), \\ 1 & (m = n \ \text{のとき}). \end{cases}$$

(3) 高い方のブロックの高さについて,これが,

(i) $m \ (m = 0, \ 1, \ 2, \ \cdots, \ n-1)$ となるのは,2 度のうち少なくとも一方の高さが m で,他方の高さが m 以下のときだから,この確率は,

$$r_m = p_m q_m + q_m p_m - p_m^2$$

$\begin{cases} 1 \text{回目 } m, \\ 2 \text{回目 } m \text{ 以下} \end{cases}$ $\begin{cases} 1 \text{回目 } m \text{ 以下}, \\ 2 \text{回目 } m \end{cases}$ 1, 2 回目共に m

$$= (1-p) p^m \cdot (1 - p^{m+1}) \times 2 - \{(1-p) p^m\}^2$$
$$= (1-p) p^m (2 - p^m - p^{m+1}).$$

(ii) n となるのは,2 度のうち少なくとも一方の高さが n で,他方の高さが n 以下のときだから,この確率は,

$$r_n = p_n q_n + q_n p_n - p_n^2$$

$\begin{cases} 1 \text{回目 } n, \\ 2 \text{回目 } n \text{ 以下} \end{cases}$ $\begin{cases} 1 \text{回目 } n \text{ 以下}, \\ 2 \text{回目 } n \end{cases}$ 1, 2 回目共に n

$$= p^n \times 2 - (p^n)^2$$
$$= 2p^n - p^{2n}.$$

以上,(i), (ii) から,
$$r_m = \begin{cases} (1-p) p^m (2 - p^m - p^{m+1}) & (m = 0, \ 1, \ 2, \ \cdots, \ n-1 \ \text{のとき}), \\ 2p^n - p^{2n} & (m = n \ \text{のとき}). \end{cases}$$

[参考]

(2) (i) 「高さが m 以下となる」の余事象「高さが $(m+1)$ 以上になる」のは,

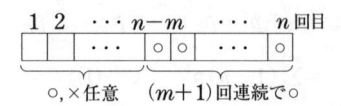

と出る場合であり，この確率は，$1^{n-m-1} \times p^{m+1} = p^{m+1}$ ゆえ，
$$q_m = 1 - p^{m+1} \quad (m = 0, 1, 2, \cdots, n-1 \text{ のとき}).$$

(3)
(ア) $m = 0$ のとき，
$$r_0 = p_0{}^2 = (1-p)^2.$$

(イ) $m = 1, 2, 3, \cdots, n-1$ のとき，
$r_m = (2$ 度のうち，高い方のブロックの高さが m である確率$)$
$= \begin{pmatrix} 2 \text{ 度とも高さが} \\ m \text{ 以下の確率} \end{pmatrix} - \begin{pmatrix} 2 \text{ 度とも高さが} \\ (m-1) \text{ 以下の確率} \end{pmatrix}$
$= q_m{}^2 - q_{m-1}{}^2$
$= (1 - p^{m+1})^2 - (1 - p^m)^2$
$= (1-p)p^m(2 - p^{m+1} - p^m).$

(ウ) $m = n$ のとき，(イ)と同様に考えて，
$r_n = q_n{}^2 - q_{n-1}{}^2$
$= 1^2 - (1 - p^n)^2$
$= 2p^n - p^{2n}.$

28.

解法メモ

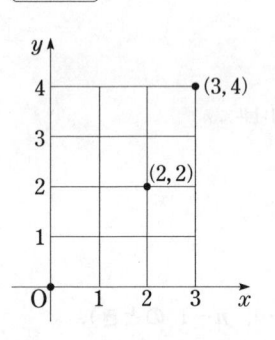

出た目が
$$\begin{cases} 1, 2 \text{ のとき，} & \to \text{ 進む } \left(\text{確率 } \dfrac{2}{6}\right), \\ 3, 4, 5, 6 \text{ のとき，} & \uparrow \text{ 進む } \left(\text{確率 } \dfrac{4}{6}\right). \end{cases}$$

(1) 「$(0, 0)$ から $(3, 4)$ へ」は，
$$\{\to, \to, \to, \uparrow, \uparrow, \uparrow, \uparrow\}$$
の移動をすればよい（順序は任意）．

(2) 「$(0, 0)$ から $(2, 2)$ を経て $(3, 4)$ へ」は，
$$\{\to, \to, \uparrow, \uparrow\} \text{ に続いて } \{\to, \uparrow, \uparrow\}$$
の移動をすればよい（それぞれの $\{\ \}$ の中で，順序は任意）．

【解答】

サイコロを1回振って，座標平面上の点が

$\begin{cases} x \text{軸の正の方向に1進む（以下これを } \rightarrow \text{ と表す）確率は,} \\ \qquad \dfrac{2}{6} = \dfrac{1}{3}, \\ y \text{軸の正の方向に1進む（以下これを } \uparrow \text{ と表す）確率は,} \\ \qquad \dfrac{4}{6} = \dfrac{2}{3} \end{cases}$

である．

(1) 座標平面上の点が $(0, 0)$ から出発して，$(3, 4)$ に到着するのは，サイコロを7回振って，
$$\{\rightarrow, \rightarrow, \rightarrow, \uparrow, \uparrow, \uparrow, \uparrow\} \text{（順序は任意）}$$
の移動をするときで，その確率は，
$$_7C_3 \left(\frac{1}{3}\right)^3 \left(\frac{2}{3}\right)^4 = \frac{\mathbf{560}}{\mathbf{2187}}.$$

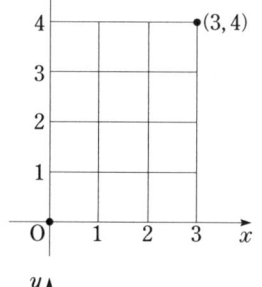

(2) 「$(0, 0)$ から出発して，$(2, 2)$ を通って，$(3, 4)$ に到着する」について考える．

これは，サイコロを7回振って，
$$\{\rightarrow, \rightarrow, \uparrow, \uparrow\} \text{ に続いて } \{\rightarrow, \uparrow, \uparrow\}$$
（それぞれ順序は任意）
の移動をするときで，その確率は，
$$_4C_2 \left(\frac{1}{3}\right)^2 \left(\frac{2}{3}\right)^2 \times {}_3C_1 \left(\frac{1}{3}\right)^1 \left(\frac{2}{3}\right)^2 = \frac{288}{2187}.$$

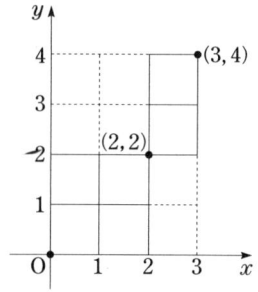

よって，求める確率は，
$$\underbrace{\frac{560}{2187}}_{\text{(1)の確率}} - \frac{288}{2187} = \frac{\mathbf{272}}{\mathbf{2187}}.$$

29.

解法メモ

(1)

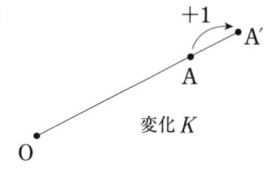

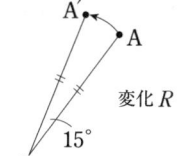

物体 A が点 $(0, n)$ に達するのは，

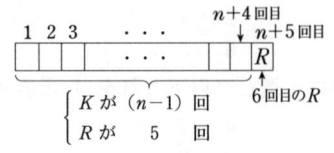

```
| 1 2 3 | ... | | ← n+4回目
|       | ... |R| ← n+5回目
```
$\begin{cases} K \text{ が } (n-1) \text{ 回} \\ R \text{ が } 5 \text{ 回} \end{cases}$　6回目の R

と変化する場合です．

(2)については，$\{P_n\}$ の増減，すなわち，n の値によって
$$P_n < P_{n+1}, \quad P_n = P_{n+1}, \quad P_n > P_{n+1}$$
のいずれになるかを見極めればよろしい．

【解答】

(1) 座標平面上の物体 A をサイコロを1回振る毎に次の2つの移動をさせる．

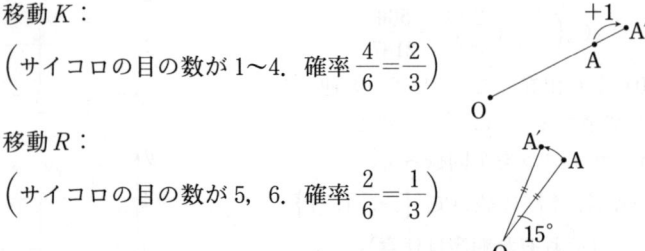

移動 K：
$\left(\text{サイコロの目の数が } 1\sim4. \text{ 確率 } \dfrac{4}{6} = \dfrac{2}{3}\right)$

移動 R：
$\left(\text{サイコロの目の数が } 5, 6. \text{ 確率 } \dfrac{2}{6} = \dfrac{1}{3}\right)$

このとき，物体 A が点 $(0, n)$ に達するのは，

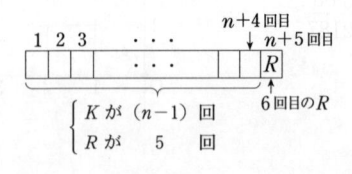

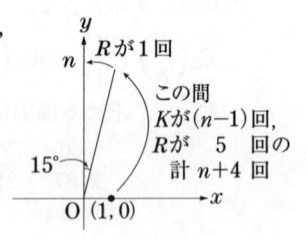

```
| 1 2 3 | ... | | ← n+4回目
|       | ... |R| ← n+5回目
```
$\begin{cases} K \text{ が } (n-1) \text{ 回} \\ R \text{ が } 5 \text{ 回} \end{cases}$　6回目の R

と移動する場合だから，求める確率は，
$$P_n = {}_{n+4}\mathrm{C}_5 \left(\frac{2}{3}\right)^{n-1} \left(\frac{1}{3}\right)^5 \times \frac{1}{3}$$
$$= \frac{(n+4)(n+3)(n+2)(n+1)n}{3^6 \cdot 5!} \left(\frac{2}{3}\right)^{n-1} \quad (n=1, 2, 3, \cdots).$$

(2) (1)の結果から，$n=1, 2, 3, \cdots$ のとき，
$$P_n \leqq P_{n+1}$$
$$\iff \frac{(n+4)(n+3)(n+2)(n+1)n}{3^6 \cdot 5!} \left(\frac{2}{3}\right)^{n-1}$$
$$\leqq \frac{(n+5)(n+4)(n+3)(n+2)(n+1)}{3^6 \cdot 5!} \left(\frac{2}{3}\right)^n$$

$\iff n \leqq (n+5) \cdot \dfrac{2}{3}$

$\iff n \leqq 10$（複号同順）．

すなわち，

$$\begin{cases} 1 \leqq n \leqq 9 \text{ のとき,} & P_n < P_{n+1}, \\ n = 10 \quad \text{のとき,} & P_n = P_{n+1}, \\ 11 \leqq n \quad \text{のとき,} & P_n > P_{n+1}. \end{cases}$$

したがって，P_n を最大にする n の値は，

10, 11.

30.

解法メモ

(1)は，29番の問題の(1)と同じ考え方でいいですネ．

(2)は，まず，ちょうど $2k$ ($k=1, 2, 3, \cdots, n$) 回目に A が優勝する確率（これを例えば p_k とでもおいて）を求めておいて，

$$q_n = \sum_{k=1}^{n} p_k$$

で求めてやればよさそうです．

で，p_k ですが，「ちょうど $2k$ 回目に A が優勝する」ということは，それまで，A も B も優勝しない，すなわち，

$$-1 \leqq (\text{A の勝った回数}) - (\text{B の勝った回数}) \leqq 1$$

ということです．

さて，これをどのように答案上で表現するか．

A の勝った回数と B の勝った回数の「差」に注目すべきなのですから，例えば，優勝が決まらない状況というのは，

(A の勝った回数) − (B の勝った回数)

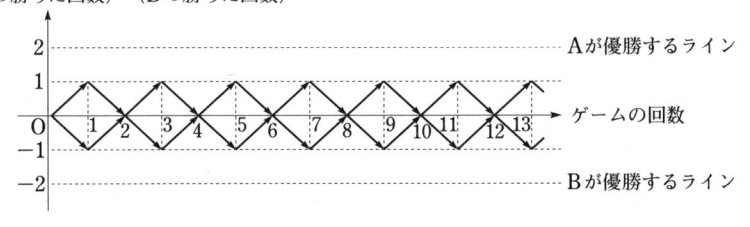

```
 2 ┄┄┄┄┄┄┄┄┄┄┄┄┄┄┄┄┄┄┄ A が優勝するライン
 1
 0   1 2 3 4 5 6 7 8 9 10 11 12 13   ゲームの回数
-1
-2 ┄┄┄┄┄┄┄┄┄┄┄┄┄┄┄┄┄┄┄ B が優勝するライン
```

ですね．

【解答】

Aが勝つこと$\left(\text{確率}\dfrac{2}{3}\right)$をA で，B が勝つこと$\left(\text{確率}\dfrac{1}{3}\right)$をB で表す．

(1) A が優勝するのが

(i) 3回目のゲームのとき，

1	2	3(回目)
A	A	A

A が3連勝する場合で，その確率は，
$$\left(\dfrac{2}{3}\right)^3=\dfrac{8}{27}.$$

(ii) 4回目のゲームのとき，

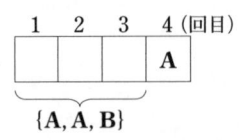

1	2	3	4(回目)
			A

$\underbrace{\qquad\qquad}_{\{\mathbf{A,A,B}\}}$

3回目までに，A が2勝，B が1勝して，4回目に A が勝つ場合で，その確率は，
$${}_3C_2\left(\dfrac{2}{3}\right)^2\left(\dfrac{1}{3}\right)\times\dfrac{2}{3}=\dfrac{8}{27}.$$

(iii) 5回目のゲームのとき，

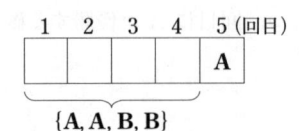

1	2	3	4	5(回目)
				A

$\underbrace{\qquad\qquad\qquad}_{\{\mathbf{A,A,B,B}\}}$

4回目までに，A が2勝，B が2勝して，5回目に A が勝つ場合で，その確率は，
$${}_4C_2\left(\dfrac{2}{3}\right)^2\left(\dfrac{1}{3}\right)^2\times\dfrac{2}{3}=\dfrac{16}{81}.$$

(i), (ii), (iii)は互いに排反で，6回目以降に A が優勝することはないから，求める確率 p は，
$$p=\dfrac{8}{27}+\dfrac{8}{27}+\dfrac{16}{81}=\dfrac{\mathbf{64}}{\mathbf{81}}.$$

(2) ちょうど $2k$ ($k=1, 2, 3, \cdots, n$) 回目で A が優勝するのは，$(2k-2)$ 回目まで A，B の勝ち数の差が2以上離れることはなく（したがって，$(2k-2)$ 回目に A，B の勝ち数が一致しており），$(2k-1)$ 回目，$2k$ 回目と A が連続して2回勝つ場合である．

いま，この確率を p_k とおく．

(Aの勝った回数)−(Bの勝った回数)

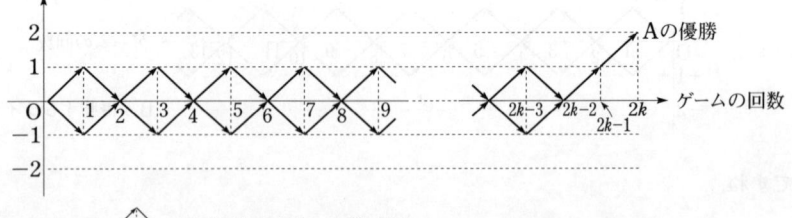

[グラフ：横軸ゲームの回数，縦軸に −2, −1, 0, 1, 2，$2k-3$, $2k-2$, $2k-1$, $2k$ の位置で A の優勝]

ここで，◇の1個分の起こる確率は，

$$\frac{2}{3} \times \frac{1}{3} + \frac{1}{3} \times \frac{2}{3} = \frac{4}{9}$$

であるから,

$$p_k = \left(\frac{4}{9}\right)^{k-1} \times \left(\frac{2}{3}\right)^2 = \left(\frac{4}{9}\right)^k \quad (k=1, 2, 3, \cdots, n).$$

よって,求める「$2n$ 回目までに A の優勝する確率 q_n」は,

$$q_n = \sum_{k=1}^{n} p_k = \sum_{k=1}^{n} \left(\frac{4}{9}\right)^k = \frac{4}{9} \cdot \frac{1 - \left(\frac{4}{9}\right)^n}{1 - \frac{4}{9}}$$

$$= \frac{4}{5} \left\{ 1 - \left(\frac{4}{9}\right)^n \right\}.$$

(3) (1),(2) の結果より (以下,複号同順),

$$p \gtreqless q_n \iff \frac{64}{81} \gtreqless \frac{4}{5}\left\{1 - \left(\frac{4}{9}\right)^n\right\}$$

$$\iff \frac{80}{81} \gtreqless 1 - \left(\frac{4}{9}\right)^n$$

$$\iff \left(\frac{4}{9}\right)^n \gtreqless \frac{1}{81}$$

$$\iff \left(\frac{4}{9}\right)^{n-2} \gtreqless \frac{1}{16}.$$

ここで,n が増えるにしたがって,$\left(\frac{4}{9}\right)^{n-2}$ は減少することと,

$$\left(\frac{4}{9}\right)^{5-2} = \frac{64}{729} > \frac{64}{1024} = \frac{1}{16},$$
$$\left(\frac{4}{9}\right)^{6-2} = \frac{256}{6561} < \frac{256}{4096} = \frac{1}{16}$$

から,

$$\begin{cases} 1 \leqq n \leqq 5 \text{ のとき,} & p > q_n, \\ 6 \leqq n \text{ のとき,} & p < q_n. \end{cases}$$

31.

解法メモ

3人の間の勝ち負けの,この問題のような決め方を巴戦(ともえせん)といいます.

難しいですから,樹形図を書くなり,表を書くなり工夫をしてください.ほとんどそこのところが「命」といえる問題です.

(1) 4回目までの勝者の表を書いてみると，

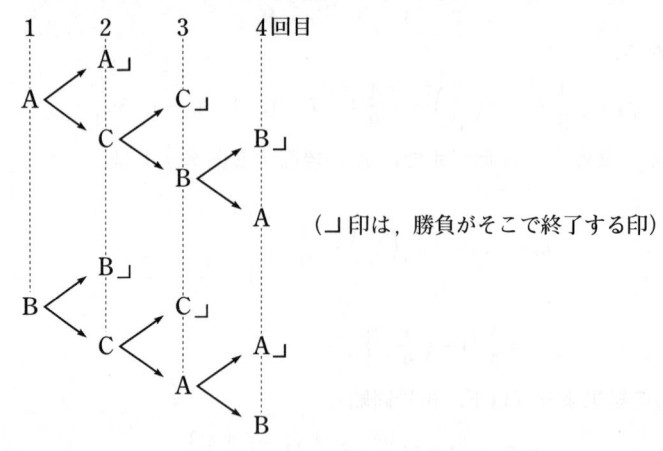

```
    1    2    3    4回目
         A┘
    A <
         C   C┘
             B   B┘
                 A

              （┘印は，勝負がそこで終了する印）

         B┘
    B <
         C   C┘
             A   A┘
                 B
```

【解答】

(1) 4回以内の勝負でAが2連勝するのは，各回の勝者が順に，
$$\begin{cases}(\text{i}) \ A, \ A \ となる場合, \\ (\text{ii}) \ B, \ C, \ A, \ A \ となる場合\end{cases}$$
のいずれかで，これらは互いに排反だから，求める確率は，
$$\left(\frac{1}{2}\right)^2+\left(\frac{1}{2}\right)^4=\frac{5}{16}.$$

(2) 余事象「n 回以内の勝負で誰も2連勝しない」を考える．

これは，各回の勝者が順に，
$$\begin{cases}(\text{i}) \ A, \ C, \ B, \ A, \ C, \ B, \ \cdots\cdots (A, \ C, \ B \ の繰り返し), \\ (\text{ii}) \ B, \ C, \ A, \ B, \ C, \ A, \ \cdots\cdots (B, \ C, \ A \ の繰り返し)\end{cases}$$
となる場合で，これらは互いに排反だから，求める「n 回以内の勝負で，A，B，Cのうち誰かが2連勝する」確率は，
$$1-2\times\left(\frac{1}{2}\right)^n=1-\left(\frac{1}{2}\right)^{n-1} \quad (n=2, \ 3, \ 4, \ \cdots, \ 100).$$

32.

解法メモ

$\{1, 2, 3\}$ の並びは，$3!=6$ 通りあります．

題意の1回の操作でどのように状態変化するかをキレイに一望できる "表" を書いてみます．

$$
\begin{array}{ccccc}
\circlearrowleft (1,2,3) & \leftarrow & \circlearrowleft (3,1,2) & \leftarrow & (2,3,1) \circlearrowright \\
\downarrow\uparrow & & \downarrow\uparrow & & \downarrow\uparrow \\
\circlearrowleft (2,1,3) & \rightarrow & (1,3,2) & \rightarrow & (3,2,1) \circlearrowright \\
& & \circlearrowleft & &
\end{array}
$$

$\left(\text{矢印の変化の確率はすべて} \dfrac{1}{3}\right)$

【解答】

1，2，3 の3枚のカードを横一列に並べる並べ方は
$$3!=6 \text{（通り）}$$
ある．題意の操作によるカードの並びの変化を表にすると，

$$
\begin{array}{ccccc}
\text{ア} & & \text{イ} & & \text{ウ} \\
\circlearrowleft (1,2,3) & \leftarrow & \circlearrowleft (3,1,2) & \leftarrow & (2,3,1) \circlearrowright \\
\downarrow\uparrow & & \downarrow\uparrow & & \downarrow\uparrow \\
\text{エ} & & \text{オ} & & \text{カ} \\
\circlearrowleft (2,1,3) & \rightarrow & (1,3,2) & \rightarrow & (3,2,1) \circlearrowright \\
& & \circlearrowleft & &
\end{array}
$$

$\left(\text{初期状態はア，矢印の変化の確率はすべて} \dfrac{1}{3}\right)$

(1) 5回目に初めてカード3が真中にくる（状態ウ，オ）のは，

$$
\begin{array}{ccccccc}
\text{1回目} & & \text{2回目} & & \text{3回目} & & \text{4回目} \quad \text{5回目} \\
\text{ア} \underset{\frac{2}{3}}{\rightarrow} \{\text{ア}, \text{エ}\} & \underset{\frac{2}{3}}{\rightarrow} & \{\text{ア}, \text{エ}\} & \underset{\frac{2}{3}}{\rightarrow} & \{\text{ア}, \text{エ}\} & \underset{\frac{1}{3}}{\nearrow} \text{ア} \underset{\frac{1}{3}}{\rightarrow} \text{ウ} \\
& & & & & \underset{\frac{1}{3}}{\searrow} \text{エ} \underset{\frac{1}{3}}{\rightarrow} \text{オ}
\end{array}
$$

と変化する場合だから，求める確率は，

$$P(A) = \left(\frac{2}{3}\right)^3 \times \left\{\left(\frac{1}{3}\right)^2 + \left(\frac{1}{3}\right)^2\right\}$$
$$= \frac{\mathbf{16}}{\mathbf{243}}.$$

(2) A かつ B が起こるのは，(1)より

1回目		2回目		3回目		4回目		5回目
ア	$\underset{\frac{2}{3}}{\to}$	{ア, エ}	$\underset{\frac{2}{3}}{\to}$	{ア, エ}	$\underset{\frac{2}{3}}{\to}$	{ア, エ}	$\underset{\frac{1}{3}}{\to}$	エ $\underset{\frac{1}{3}}{\to}$ オ

と変化する場合で，この確率は，

$$P(A \cap B) = \left(\frac{2}{3}\right)^3 \left(\frac{1}{3}\right)^2 = \frac{8}{243}.$$

よって，求める条件付き確率は，

$$P_A(B) = \frac{P(A \cap B)}{P(A)} = \frac{\left(\frac{8}{243}\right)}{\left(\frac{16}{243}\right)}$$

$$= \frac{1}{2}.$$

33.

解法メモ

高々 6 回の移動ですが，…，$2^6 = 64$ パターンもありますから，何か工夫して見易く（間違い難く）して下さい．

例えば，【解答】のような，縦軸にPの位置，横軸に移動回数をとって調べるという手法はどうでしょうか．

(2) そうした上で，下のベン図のイメージで，

$$\frac{乙}{乙 + 丙}$$

の割合を考えればよいのです．

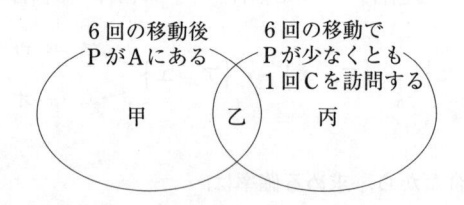

6回の移動後　　　　6回の移動で
PがAにある　　　　Pが少なくとも
　　　　　　　　　 1回Cを訪問する

甲　　乙　　丙

§3 場合の数, 確率   59

【解答】

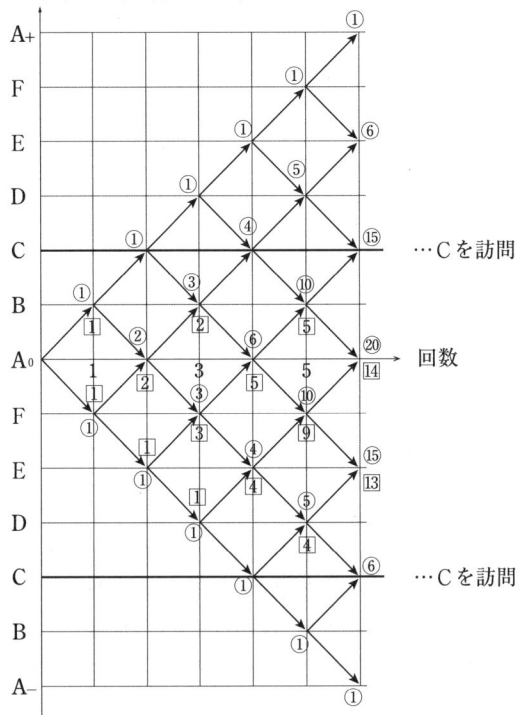

時計まわり（右まわり）

[図：格子状の経路図。縦軸に上から A+, F, E, D, C, B, A₀, F, E, D, C, B, A- と並び、横軸は「回数」。各交点に○囲みの数字と□囲みの数字が記されている。上側のCを訪問する経路と下側のCを訪問する経路が示されている。主な数値：A₀から出発して、1回目 □1,①,□1,①、2回目 ②,□2,②,□2、3回目 ③,□3,③,□3、4回目 ⑥,□5,④、5回目 ⑩,□5,⑩、6回目 ⑳/□14（A₀に戻る場合）、⑮（上のC訪問）、⑥（下のC訪問）など]

… C を訪問

回数

… C を訪問

反時計まわり（左まわり）

$$\left(\begin{array}{l}\longrightarrow \text{ の確率は，すべて } \dfrac{1}{2}, \\ \bigcirc \text{内の数字は，その状態になる場合の数,} \\ \square \text{内の数字は，C を訪問せずにその状態になる場合の数.}\end{array}\right)$$

(1) 上図より，最後に P が A にある経路のパターンの数は，$1+20+1=22$ (通り) だから，求める確率は，

$$22 \times \left(\frac{1}{2}\right)^6 = \frac{11}{32}.$$

(2) P が一度も C を訪問しないで 6 回の移動を終える経路のパターンの数は，$14+13=27$ (通り) だから，少なくとも一度は C を訪問して 6 回の移動を終える経路のパターンの数は，$2^6-27=37$ (通り) である．

また，P が一度も C を訪問せずに最後に A にある経路のパターンの数は，14 通りだから，少なくとも一度は C を訪問して最後に A にある経路のパターンの数は，$22-14=8$ (通り) である．

よって，求める条件付き確率は，
$$\frac{8}{37}.$$

34.

[解法メモ]

100 円玉と 500 円玉が等しく n 枚ずつあるなら，

 （表が出た 100 円玉の枚数）＞（表が出た 500 円玉の枚数）

となる確率 p と

 （表が出た 100 円玉の枚数）＜（表が出た 500 円玉の枚数）

となる確率 q は等しいハズです．

あとは，残りの 500 円玉 1 枚の表・裏を考え併せます．

【解答】

$n+1$ 枚ある 500 円玉のうち特定の 1 枚を A とする

A を除く n 枚の 500 円玉と n 枚の 100 円玉について次の 3 つの事象を考える．

 甲：（表が出た 500 円玉の枚数）＞（表が出た 100 円玉の枚数），
 乙：（表が出た 500 円玉の枚数）＝（表が出た 100 円玉の枚数），
 丙：（表が出た 500 円玉の枚数）＜（表が出た 100 円玉の枚数）．

また，甲，乙，丙の起こる確率をそれぞれ $P(甲)$, $P(乙)$, $P(丙)$ とすると，

$$P(甲)+P(乙)+P(丙)=1 \quad \cdots ①$$

で，条件の対称性から，

$$P(甲)=P(丙) \quad \cdots ②$$

である．

$n+1$ 枚の 500 円玉と n 枚の 100 円玉を投げたとき，

 （表が出た 500 円玉の枚数）＞（表が出た 100 円玉の枚数）

となるのは，

$$\begin{cases} 甲が起こる \\ (A の裏表は任意) \end{cases}, \text{あるいは}, \begin{cases} 乙が起こり \\ A が表となる \end{cases}$$

場合で，これらは互いに排反だから，求める確率は，

$$P(甲)\times 1+P(乙)\times \frac{1}{2}$$

$$=P(甲)+\frac{1}{2}\{1-P(甲)-P(丙)\} \quad (\because \ ①)$$

$$=\frac{1}{2}. \quad (\because \ ②)$$

§4 | 図形の性質

35.

解法メモ

(1) 線分の長さの比が話題になっていますから，

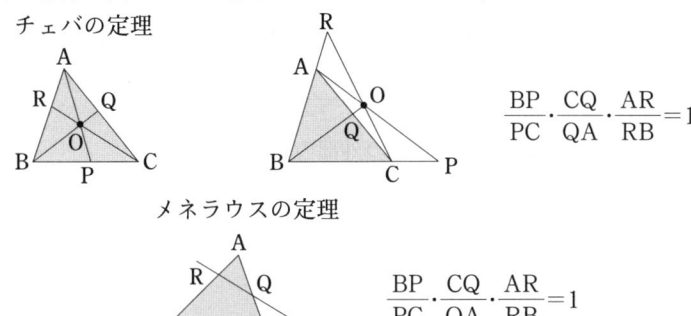

チェバの定理

$$\frac{BP}{PC}\cdot\frac{CQ}{QA}\cdot\frac{AR}{RB}=1$$

メネラウスの定理

$$\frac{BP}{PC}\cdot\frac{CQ}{QA}\cdot\frac{AR}{RB}=1$$

の技が掛からないかと考えます．

【解答】

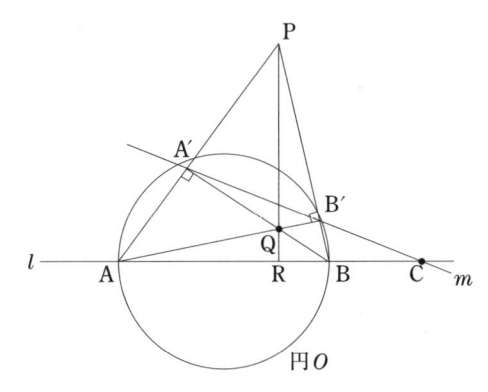

(1) チェバの定理により，

$$\frac{AR}{RB}\times\frac{BB'}{B'P}\times\frac{PA'}{A'A}=1. \qquad \cdots ①$$

メネラウスの定理により，

$$\frac{AC}{CB}\times\frac{BB'}{B'P}\times\frac{PA'}{A'A}=1. \qquad \cdots ②$$

①，②より，

$$\frac{AR}{RB} = \frac{AC}{CB}.$$

(2) ABを直径とする円 O の周上に A′, B′ があるから,
$$\angle AA'B = 90°, \quad \angle AB'B = 90°,$$
すなわち, PA⊥BA′, PB⊥AB′ ゆえ, Q は三角形 PAB の垂心である.
∴ PR⊥AB.
∴ PR⊥l.

(3) (1)で示したことから, AR:RB=AC:CB. よって, R は定点である.

(2)で示したことから, 点 P は点 R を通って線分 AB に垂直な直線上の点である.

また, P の定め方から, P は円 O の外部の点である.

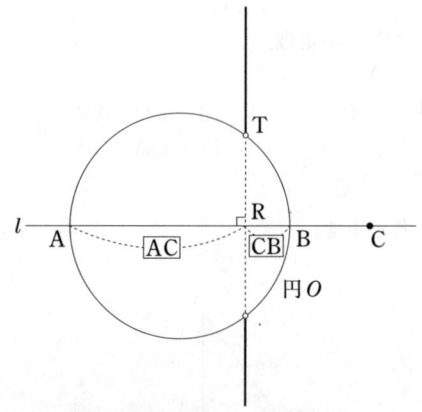

よって, P は図の太線部分にある.

特に, l の上方に P がある場合を考える.

m が連続的に変化するとき, P も連続的に変化する.

m が l に近づくと P は (R から) 無限に遠ざかり, m が円の接線に近づくと P は T にいくらでも近づく.

P が l の下方にある場合も同様.

以上より, 求める P の軌跡は,

線分 AB を AC:CB に内分する点 R を通り l に垂直な直線のうち, 円 O の外部にある部分

である.

36.

解法メモ

まずは用語の確認から．
- 内心　三角形の3つの内角の二等分線の交点．
- 垂心　三角形の3頂点から，その対辺あるいはその延長線に下ろした垂線の交点．

(内接円の中心)

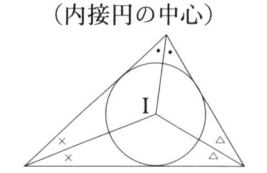

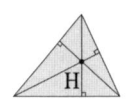

鋭角三角形なら　　直角三角形なら　　鈍角三角形なら
内部にある．　　　その直角の頂点．　外部にある．

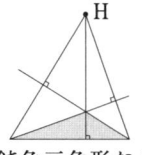

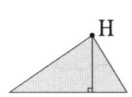

【解答】

三角形 ABC の内角 A，B，C の大きさをそれぞれ 2α，2β，2γ とおくと，
$2\alpha + 2\beta + 2\gamma = 180°$ …① で，円周角の定理により，右図のようになる．

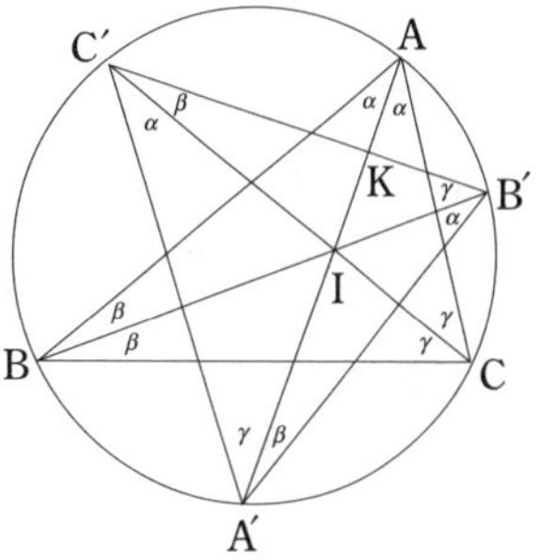

3直線 AA′，BB′，CC′ は三角形 ABC の内角 A，B，C の二等分線ゆえ，三角形 ABC の内心 I で交わる．

よって，これが点 H である．

次に，2直線 AA′，B′C′ の交点を K とする．
三角形 A′C′K の内角を考えて，
$$\angle \text{A}'\text{KC}' = 180° - (\alpha + \beta + \gamma)$$
$$= 90°. \quad (\because \ ①)$$
$$\therefore \ \text{AA}' \perp \text{B}'\text{C}'.$$

同様にして，BB′⊥C′A′，CC′⊥A′B′ が示せるから，H(=I) は三角形 A′B′C′ の垂心と一致する．

37.

解法メモ

問題の図を対称性の良さに留意しながら，正しく書ければ，第一関門通過です．

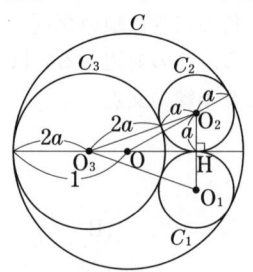

で，半径 R, r ($R > r$) の 2 円が外接する条件は，

(2円の中心間距離) $= R + r$,

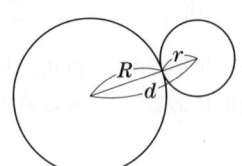

内接する条件は，

(2円の中心間距離) $= R - r$

であることを考え併せて，a にまつわる関係式をこの図から抽出するのです．

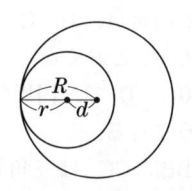

【解答】

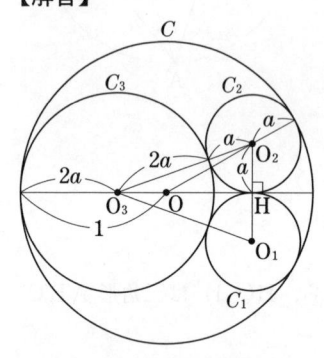

円 C, C_1, C_2, C_3 の中心をそれぞれ O, O_1, O_2, O_3 とし，2 円 C_1, C_2 の接点を H とする．

2 円 C_1, C_2 がそれぞれ円 C_3 に外接するから，

$$O_1O_3 = O_2O_3 = a + 2a$$
$$= 3a. \quad \cdots \text{①}$$

また，2 円 C_1, C_2 がそれぞれ円 C に内接するから，

$$OO_1 = OO_2$$
$$= 1 - a. \quad \cdots \text{②}$$

さらに，円 C_3 が円 C に内接するから

$$OO_3 = 1 - 2a. \quad \cdots \text{③}$$

ここで，

$$OO_1 = OO_2, \quad O_1H = O_2H, \quad OH = OH$$

より，

$$\triangle OO_1H \equiv \triangle OO_2H$$
ゆえ,
$$\angle OHO_1 = \angle OHO_2 = 90°.$$

同様に, $O_3O_1 = O_3O_2$, $O_1H = O_2H$, $OH = OH$ より, $\triangle O_3O_1H \equiv \triangle O_3O_2H$ ゆえ, $\angle O_3HO_1 = \angle O_3HO_2 = 90°$.

直角三角形 O_3O_2H に三平方の定理を用いて,
$$\begin{aligned} O_3H &= \sqrt{O_2O_3{}^2 - O_2H^2} \\ &= \sqrt{(3a)^2 - a^2} \quad (\because ①) \\ &= \sqrt{8a^2} \\ &= 2\sqrt{2}\,a. \quad \cdots ④ \end{aligned}$$

また, 直角三角形 OO_2H に三平方の定理を用いて,
$$\begin{aligned} OH &= \sqrt{OO_2{}^2 - O_2H^2} \\ &= \sqrt{(1-a)^2 - a^2} \quad (\because ②) \\ &= \sqrt{1-2a}. \quad \cdots ⑤ \end{aligned}$$

$OO_3 = O_3H - OH$, および, ③, ④, ⑤ より,
$$1 - 2a = 2\sqrt{2}\,a - \sqrt{1-2a}.$$
$$\therefore \sqrt{1-2a} = (2\sqrt{2} + 2)a - 1.$$
$$\therefore 1 - 2a = (12 + 8\sqrt{2})a^2 - (4\sqrt{2} + 4)a + 1, \quad (2\sqrt{2}+2)a - 1 > 0.$$
$$\therefore (12 + 8\sqrt{2})a^2 = (2 + 4\sqrt{2})a, \quad a > \frac{1}{2(\sqrt{2}+1)}\left(= \frac{\sqrt{2}-1}{2} > 0\right).$$
$$\therefore a = \frac{2 + 4\sqrt{2}}{12 + 8\sqrt{2}} = \frac{1 + 2\sqrt{2}}{6 + 4\sqrt{2}}$$
$$= \frac{-5 + 4\sqrt{2}}{2}. \quad \left(\text{これは, } \frac{\sqrt{2}-1}{2} < a < \frac{1}{2} \text{ をみたしている.}\right)$$

38.

[解法メモ]

　四面体 ABCD の4つの頂点 A, B, C, D から, 等距離にある点 (外接球の中心) を求めようとして, それが求まることを示して下さい.

　うまく座標軸をとって, (本気になって) 2点間距離を調べると, 思う程赤子(やゃこ)しくはありません. "幾何的" にもできるでしょう.

【解答】（その1）

題意の四面体 ABCD の 4 頂点の座標が
$$A(0,\ 0,\ 0),\ B(a,\ 0,\ 0),\ C(b,\ c,\ 0),\ D(d,\ e,\ f)$$
$$(a \neq 0,\ c \neq 0,\ f \neq 0)$$
をみたすように座標空間を定めることができる．

点 $P(x,\ y,\ z)$ について，
$$PA = PB = PC = PD \quad \cdots (*)$$
$$\iff x^2 + y^2 + z^2 = (x-a)^2 + y^2 + z^2$$
$$= (x-b)^2 + (y-c)^2 + z^2$$
$$= (x-d)^2 + (y-e)^2 + (z-f)^2$$
$$\iff \begin{cases} -2ax + a^2 = 0, & \cdots ① \\ -2bx - 2cy + b^2 + c^2 = 0, & \cdots ② \\ -2dx - 2ey - 2fz + d^2 + e^2 + f^2 = 0 & \cdots ③ \end{cases}$$
である．

ここで，

　　　4つの頂点 A，B，C，D を通る球面が存在する
$\iff$ $(*)$ をみたす P が存在する
$\iff$ ①，②，③ をみたす $x,\ y,\ z$ が存在する

だから，これを示せばよい．

$a \neq 0$，および，① から，
$$x = \frac{a}{2}. \quad \cdots ①'$$

これを ② へ代入して，
$$-ab - 2cy + b^2 + c^2 = 0.$$

これと，$c \neq 0$ から，
$$y = \frac{-ab + b^2 + c^2}{2c}. \quad \cdots ②'$$

①′，②′ を ③ へ代入して，
$$-ad + \frac{abe - b^2 e - c^2 e}{c} - 2fz + d^2 + e^2 + f^2 = 0.$$

これと $f \neq 0$ から，
$$z = \frac{-acd + abe - b^2 e - c^2 e + cd^2 + ce^2 + cf^2}{2cf}.$$

以上より，①，②，③ をみたす $(x,\ y,\ z)$ は唯一組存在する．
したがって，題意の球面は存在する．

(その2)

三角形 ABC の外心 O を通り平面 ABC に垂直な直線を l とする．
l 上の O 以外の任意の点 P に対して，
$$OA=OB=OC,$$
$$\angle POA=\angle POB=\angle POC=90°$$
だから，
$$\triangle POA\equiv\triangle POB\equiv\triangle POC.$$
$$\therefore\quad PA=PB=PC.$$
(P=O のときも言える．)

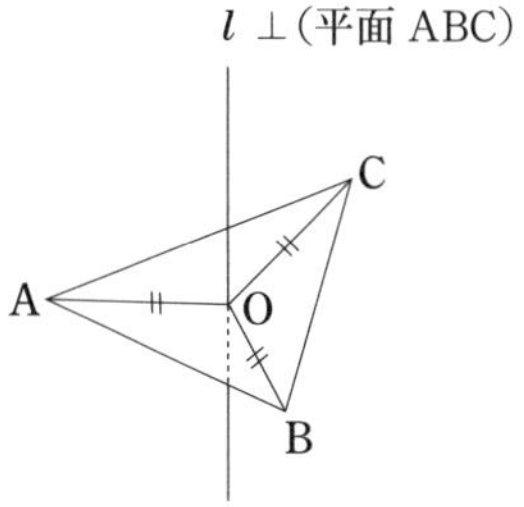

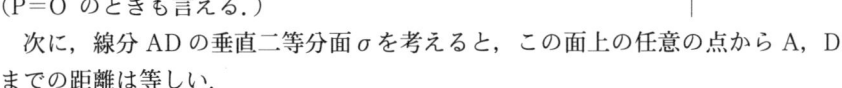

次に，線分 AD の垂直二等分面 σ を考えると，この面上の任意の点から A，D までの距離は等しい．

また，$\sigma \not\parallel l$ である．

$\begin{pmatrix}\because\ \sigma \parallel l\ \text{とすると}\ AD\perp l\ \text{となって，D が平面 ABC 上}\\ \text{にあることになり，四面体 ABCD が存在しなくなる．}\end{pmatrix}$

よって，σ と l は交点をもち，この交点を P とすれば
$$PD=PA=PB=PC$$
をみたし，P を中心とする 4 点 A，B，C，D のすべてを通る球面が存在する． ∎

39.

解法メモ

"昔からよく知られたキレイな立体図形"ですので，その"キレイさ"を覚えてしまって下さい．

【解答】

題意の立方体の頂点を（図1）のように定める．

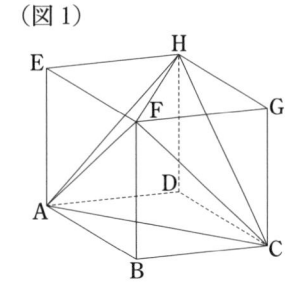

(1) 四面体 ABCF の体積は，
$$\frac{1}{3}\cdot\triangle ABC\cdot BF=\frac{1}{3}\cdot\left(\frac{1}{2}\cdot 1\cdot 1\right)\cdot 1=\frac{1}{6}.$$

3 つの四面体 ADCH，EFHA，FGHC の体積も $\frac{1}{6}$ だから，求める正四面体 ACFH の体積は，

$$1 - \frac{1}{6} \times 4 = \frac{1}{3}.$$

(2) 対角線 EG, FH の交点を I, 対角線 BG, FC の交点を J とすると, 2 つの三角形 CHF, BEG の交線は (図 2) の線分 IJ である.

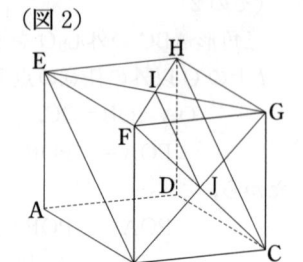

図形の対称性により, 2 つの四面体 ACFH, BDEG の他の面の交わりも同様だから, 題意の共通部分は (図 3) の一辺の長さが $IJ\left(=\frac{\sqrt{2}}{2}\right)$ の正八面体 IJKLMN である.

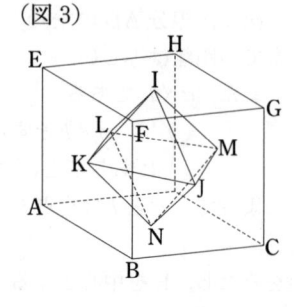

よって, 求める共通部分の体積は,

$$\frac{1}{3} \cdot \square JKLM \cdot \frac{IN}{2} \times 2$$
$$= \frac{1}{3} \cdot \left(\frac{\sqrt{2}}{2}\right)^2 \cdot \frac{1}{2} \times 2 \quad (\because \quad IN = EA = 1)$$
$$= \frac{1}{6}.$$

(図 2)

(図 3)

§5 | 整数

40.

解法メモ

$$2x^2+(4-7a)x+a(3a-2)=2\left(x-\frac{a}{2}\right)\{x-(3a-2)\}$$

と因数分解できることには気付きましたか.

　$\alpha<\beta$ のとき, $\alpha<x<\beta$ をみたす整数 x がちょうど3つであるためには,

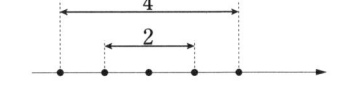

$$2<\beta-\alpha\leqq 4$$

が必要です.

【解答】

$$2x^2+(4-7a)x+a(3a-2)<0 \quad\cdots(*)$$

から,

$$(2x-a)\{x-(3a-2)\}<0.$$

$$\begin{cases}
\text{(i)} \ 3a-2<\dfrac{a}{2}, \ \text{すなわち,} \ (0<)a<\dfrac{4}{5} \ \text{のとき,}\\
\qquad (*) \ \cdots \ 3a-2<x<\dfrac{a}{2},\\
\text{(ii)} \ 3a-2=\dfrac{a}{2}, \ \text{すなわち,} \ a=\dfrac{4}{5} \ \text{のとき,}\\
\qquad (*) \ \cdots \ \text{解なし,}\\
\text{(iii)} \ \dfrac{a}{2}<3a-2, \ \text{すなわち,} \ \dfrac{4}{5}<a \ \text{のとき,}\\
\qquad (*) \ \cdots \ \dfrac{a}{2}<x<3a-2.
\end{cases}$$

また, $\alpha<\beta$ のとき, $\alpha<x<\beta$ をみたす整数 x がちょうど3つあるためには,

$$2<\beta-\alpha\leqq 4 \quad\cdots(\☆)$$

が必要である.

(i) $\underset{①}{0<a<\dfrac{4}{5}}$ のとき，(☆)から，$2<\dfrac{a}{2}-(3a-2)\leqq 4$.

$$\therefore\ -\dfrac{4}{5}\leqq a<0.$$

これは①に反する．

(iii) $\underset{②}{\dfrac{4}{5}<a}$ のとき，(☆)から，$2<(3a-2)-\dfrac{a}{2}\leqq 4$.

$$\therefore\ \dfrac{8}{5}<a\leqq\dfrac{12}{5}.\ (これは②をみたしている.)$$

このとき，$\dfrac{4}{5}<\dfrac{a}{2}\leqq\dfrac{6}{5}$ ゆえ，求める条件は，

(ア) $\dfrac{4}{5}<\dfrac{a}{2}<1$，すなわち，$\underset{③}{\dfrac{8}{5}<a<2}$ のとき，

$$3<3a-2\leqq 4.$$
$$\therefore\ \dfrac{5}{3}<a\leqq 2.$$

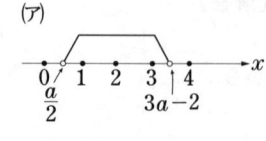

これと③から，

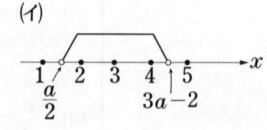

$$\dfrac{5}{3}<a<2.$$

(イ) $1\leqq\dfrac{a}{2}\leqq\dfrac{6}{5}$，すなわち，$\underset{④}{2\leqq a\leqq\dfrac{12}{5}}$ のとき，

$$4<3a-2\leqq 5.$$
$$\therefore\ 2<a\leqq\dfrac{7}{3}.\ (これは④をみたしている.)$$

以上から，求める a の値の範囲は，

$$\dfrac{5}{3}<a<2,\ 2<a\leqq\dfrac{7}{3}.$$

[参考]（その1）

(iii)のとき，(*)の3つの整数解を，
 $m,\ m+1,\ m+2$
とすると，

$$\begin{cases} m-1\leqq\dfrac{a}{2}<m, \\ m+2<3a-2\leqq m+3. \end{cases}\quad \therefore\ \begin{cases} 2m-2\leqq a<2m, \\ \dfrac{m+4}{3}<a\leqq\dfrac{m+5}{3}. \end{cases}$$

よって，
$$\begin{cases} 2m-2 \leq \dfrac{m+5}{3}, \\ \dfrac{m+4}{3} < 2m, \end{cases} \quad \text{すなわち, } \dfrac{4}{5} < m \leq \dfrac{11}{5}$$

が必要.

$$\therefore \quad m = 1, \ 2.$$

$m=1$ のとき，$\begin{cases} 0 \leq a < 2, \\ \dfrac{5}{3} < a \leq 2. \end{cases}$ $\therefore \ \dfrac{5}{3} < a < 2.$

$m=2$ のとき，$\begin{cases} 2 \leq a < 4, \\ 2 < a \leq \dfrac{7}{3}. \end{cases}$ $\therefore \ 2 < a \leq \dfrac{7}{3}.$

[参考]（その 2）

解答作成のときに役に立つとは言いませんが，この問題を"視覚化"してみると，…

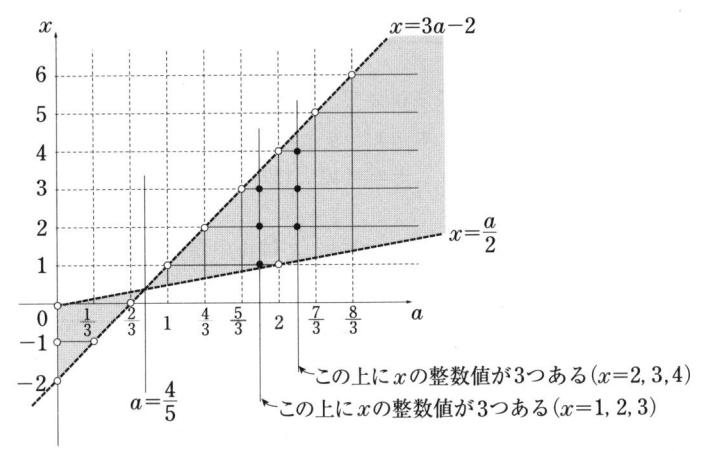

この上に x の整数値が 3 つある $(x = 2, 3, 4)$
この上に x の整数値が 3 つある $(x = 1, 2, 3)$

41.

解法メモ

三角形 ABC の 3 つの内角の大きさと 3 辺の長さについて，
$$\angle A > \angle B > \angle C \iff BC > CA > AB$$
の関係がありますから，本問の三角形の最大角 $120°$ の対辺の長さは z です．

したがって，余弦定理を用いれば，
$$z^2 = x^2 + y^2 - 2xy\cos 120°$$
$$= x^2 + y^2 + xy \qquad \cdots ㋐$$
の関係があります．

(1), (2), (3) のいずれも，$x+y-z$ の値が与えられていて，㋐と併せて 2 本で，未知数 x, y, z が 3 つ．

方程式が 1 本足りないのを x, y, z の整数条件でおぎないます．

【解答】

与条件から，

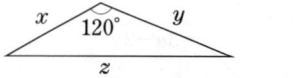

x, y, z は正の整数で

$$x < y < z. \qquad \cdots ①$$

よって，$120°$ の対辺の長さは z で，余弦定理から，
$$z^2 = x^2 + y^2 - 2xy\cos 120°$$
$$= x^2 + y^2 + xy. \qquad \cdots ②$$

ここで，
$$x+y-z=k \ (k\text{ は正の整数})$$

のとき，
$$z = x+y-k. \qquad \cdots ③$$

これと①から，
$$x < y < x+y-k.$$
$$\therefore \ x < y, \ 0 < x-k.$$
$$\therefore \ k < x < y. \qquad \cdots ④$$

また，③を②へ代入して，
$$(x+y-k)^2 = x^2 + y^2 + xy.$$
$$\therefore \ xy - 2kx - 2ky + k^2 = 0.$$
$$\therefore \ (x-2k)(y-2k) = 3k^2. \qquad \cdots ⑤$$

ここで，$x-2k<0$ とすると $y-2k<0$ で，④と併せて
$$k < x < y < 2k.$$
$$\therefore \ -k < x-2k < 0, \ -k < y-2k < 0.$$

$$\therefore \quad 0<(x-2k)(y-2k)<k^2.$$
これは⑤に不適.
よって, $x-2k>0$, したがって,
$$0<x-2k<y-2k. \qquad \cdots ⑥$$

(1) $x+y-z=2$, すなわち, $k=2$ のとき, ⑤, ⑥ から,
$$(x-4)(y-4)=12, \quad 0<x-4<y-4,$$
かつ, $x-4$, $y-4$ は共に整数だから,
$$(x-4, y-4)=(1, 12), (2, 6), (3, 4).$$
$$\therefore \quad (x, y)=(5, 16), (6, 10), (7, 8).$$
これと ③ $\cdots z=x+y-2$ から, 求める x, y, z の組は,
$$(\boldsymbol{x, y, z})=(\boldsymbol{5, 16, 19}), (\boldsymbol{6, 10, 14}), (\boldsymbol{7, 8, 13}).$$

(2) $x+y-z=3$, すなわち, $k=3$ のとき, ⑤, ⑥ から,
$$(x-6)(y-6)=27, \quad 0<x-6<y-6,$$
かつ, $x-6$, $y-6$ は共に整数だから,
$$(x-6, y-6)=(1, 27), (3, 9).$$
$$\therefore \quad (x, y)=(7, 33), (9, 15).$$
これと ③ $\cdots z=x+y-3$ から, 求める x, y, z の組は,
$$(\boldsymbol{x, y, z})=(\boldsymbol{7, 33, 37}), (\boldsymbol{9, 15, 21}).$$

(3) $x+y-z=2^a\cdot 3^b$, すなわち, $k=2^a\cdot 3^b$ のとき, ⑤, ⑥ から,
$$\left.\begin{array}{l}(x-2^{a+1}\cdot 3^b)(y-2^{a+1}\cdot 3^b)=2^{2a}\cdot 3^{2b+1}, \\ 0<x-2^{a+1}\cdot 3^b<y-2^{a+1}\cdot 3^b, \\ \text{かつ,}\ x-2^{a+1}\cdot 3^b,\ y-2^{a+1}\cdot 3^b\ \text{は共に整数である.}\end{array}\right\} \quad \cdots(*)$$

ここで, $2^{2a}\cdot 3^{2b+1}=(2^a\cdot 3^b)^2\cdot 3$ は平方数ではないので, $(*)$ をみたす正の整数 $x-2^{a+1}\cdot 3^b$, $y-2^{a+1}\cdot 3^b$ の組の個数は, $2^{2a}\cdot 3^{2b+1}$ の正の約数の個数の半分に等しく,
$$\frac{(2a+1)(2b+1+1)}{2}=\boldsymbol{(2a+1)(b+1)}\ \text{(個)}.$$

[参考] (その1)

(i) X, Y が整数で, $XY=K$, $X>0$, $Y>0$ をみたすとき, X, Y の組の個数は, K の正の約数の個数に等しい.

(例) $K=6$ なら, K の正の約数は, 1, 2, 3, 6 の 4 個で,
$(X, Y)=(1, 6), (2, 3), (3, 2), (6, 1)$ の 4 組.

$K=36$ なら, K の正の約数は, 1, 2, 3, 4, 6, 9, 12, 18, 36 の 9 個で,

$(X, Y)=(1, 36), (2, 18), (3, 12), (4, 9), (6, 6),$
$(9, 4), (12, 3), (18, 2), (36, 1)$ の9組.

(ii) X, Y が整数で, $XY=K, 0<X<Y$ をみたすとき, X, Y の組の個数は

(ア) K が平方数でなければ, K の正の約数の個数の半分に等しい.
（例）$K=6$ なら,
$$(X, Y)=(1, 6), (2, 3) \text{ の } \frac{4}{2}=2 \text{ (組)}.$$

(イ) K が平方数なら,「(K の正の約数の個数)-1」の半分に等しい.
（例）$K=36$ なら
$(X, Y)=(1, 36), (2, 18), (3, 12), (4, 9)$ の
$$\frac{9-1}{2}=4 \text{ (組)}.$$

[参考]（その2）

整数 $K=p^a \cdot q^b \cdot r^c \cdots$ $\begin{pmatrix} p, q, r, \cdots \text{ は異なる素数}, \\ a, b, c, \cdots \text{ は正の整数} \end{pmatrix}$

の正の約数は,

$$p^l \cdot q^m \cdot r^n \cdots \begin{pmatrix} l, m, n, \cdots \text{ は整数で}, \\ 0 \le l \le a, 0 \le m \le b, 0 \le n \le c, \cdots \end{pmatrix}$$

の形で表され, その個数は,
$$(a+1)(b+1)(c+1)\cdots \text{ 個}$$
です.

42.

解法メモ

(1) $$30!=30 \cdot 29 \cdot 28 \cdots 3 \cdot 2 \cdot 1$$
の中に, 素因数 2 がいくつ入っているかという問題.

2 の倍数の中には, 素因数 2 が少なくとも 1 個,
$4(=2^2)$ の倍数の中には, 素因数 2 が少なくとも 2 個,
$8(=2^3)$ の倍数の中には, 素因数 2 が少なくとも 3 個,
$16(=2^4)$ の倍数の中には, 素因数 2 が少なくとも 4 個,
$32(=2^5)$ の倍数 … あっ,「30」まででしたね.

(2) $30!$ が（整数範囲で）$10(=2 \times 5)$ で何回割り切れるかという問題だとわかりましたか？

(3) 少しムズ．30! を 10 で割れるだけ割った後の一の位の数字を聞いているのです．

【解答】

実数 x に対して，x を超えない最大の整数を $[x]$ で表すことにする．

(1) 1 から 30 までの自然数のうち，

2 の倍数は，

$\quad$ 2, 4, 6, …, 30 の $\left[\dfrac{30}{2}\right]=15$（個），

2^2 の倍数は，

$\quad$ 4, 8, 12, …, 28 の $\left[\dfrac{30}{2^2}\right]=7$（個），

2^3 の倍数は，

$\quad$ 8, 16, 24 $\quad$ の $\left[\dfrac{30}{2^3}\right]=3$（個），

2^4 の倍数は，

$\quad$ 16 $\quad\quad\quad\quad\quad$ の $\left[\dfrac{30}{2^4}\right]=1$（個），

2^m（$m\geqq 5$）の倍数は，存在しない．

よって，30! を素因数分解したときの 2 の指数は，

$$1\times\left\{\left[\dfrac{30}{2}\right]-\left[\dfrac{30}{2^2}\right]\right\}+2\times\left\{\left[\dfrac{30}{2^2}\right]-\left[\dfrac{30}{2^3}\right]\right\}$$
$$+3\times\left\{\left[\dfrac{30}{2^3}\right]-\left[\dfrac{30}{2^4}\right]\right\}+4\times\left[\dfrac{30}{2^4}\right]$$
$$=\left[\dfrac{30}{2}\right]+\left[\dfrac{30}{2^2}\right]+\left[\dfrac{30}{2^3}\right]+\left[\dfrac{30}{2^4}\right]$$
$$=15+7+3+1=26$$

であるから，

$$30!=2^{26}\times(奇数).$$

したがって，2^k が 30! を割り切るような最大の自然数 k は，

26．

(2) 1 から 30 までの自然数のうち，

5 の倍数は，

$\quad$ 5, 10, 15, …, 30 の $\left[\dfrac{30}{5}\right]=6$（個），

5^2 の倍数は，

$\quad$ 25 $\quad\quad\quad\quad\quad$ の $\left[\dfrac{30}{5^2}\right]=1$（個），

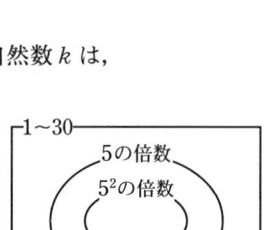

5^n ($n \geq 3$) の倍数は存在しない．

よって，30! を素因数分解したときの 5 の指数は，
$$1 \times \left\{ \left[\frac{30}{5}\right] - \left[\frac{30}{5^2}\right] \right\} + 2 \times \left[\frac{30}{5^2}\right] = \left[\frac{30}{5}\right] + \left[\frac{30}{5^2}\right]$$
$$= 6 + 1 = 7$$

であるから，(1) の結果と併せて，
$$30! = 2^{26} \times 5^7 \times (5\text{ 以外の奇数因子})$$
$$= 10^7 \times 2^{19} \times \underline{\underline{(5\text{ 以外の奇数因子})}}.$$

したがって，30! を一の位から順に左に見ていくとき，最初に 0 でない数字が現れるまでに，連続して **7 個**の 0 が並ぶ．

(3) (2) における〰〰の部分の一の位の数字を求めればよい．

(1)，(2) と同様にして，30! を素因数分解したときの 5 以外の奇数の素因数の指数を調べると，

「3」の指数について，
$$\left[\frac{30}{3}\right] + \left[\frac{30}{3^2}\right] + \left[\frac{30}{3^3}\right] = 10 + 3 + 1 = 14,$$

「7」の指数について，
$$\left[\frac{30}{7}\right] = 4,$$

「11」，「13」の指数について，
$$\left[\frac{30}{11}\right] = \left[\frac{30}{13}\right] = 2,$$

「17」，「19」，「23」，「29」の指数について，
$$\left[\frac{30}{17}\right] = \left[\frac{30}{19}\right] = \left[\frac{30}{23}\right] = \left[\frac{30}{29}\right] = 1$$

であるから，
$$30! = 10^7 \times \underline{\underline{2^{19} \times 3^{14} \times 7^4 \times 11^2 \times 13^2 \times 17 \times 19 \times 23 \times 29}}.$$

ここで，2^{19}，3^{14}，7^4，11^2，13^2 の一の位は，それぞれ 8，9，1，1，9 であるから，〰〰の部分の一の位は，8 である．

したがって，(2) において，最初に現れる 0 でない数字は，**8** である．

[補足]

$n = 1, 2, 3, \cdots$ として，

2^n の一の位は順に 2，4，8，6 の繰り返し，

3^n の一の位は順に 3，9，7，1 の繰り返し，

7^n の一の位は順に 7，9，3，1 の繰り返し

である．

[参考] ガウスの記号
$[x]$ … x を超えない最大の整数（x 以下の最大整数）．

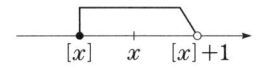

$[x] \leq x < [x]+1$, すなわち, $x-1 < [x] \leq x$.

$y=[x]$ のグラフは,

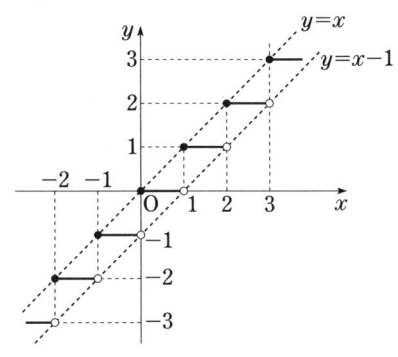

43.

解法メモ

(1) 3 の倍数でない奇数 n をどう表すかがポイントだということは OK ですね．
　「3 の倍数であるなし」と
　「奇数, 偶数」, すなわち, 「2 の倍数であるなし」
が話題になっているのですから, 3 と 2 の最小公倍数 6 で割った余りで分類して,
$$n = 6m + r \quad (r = 0, 1, 2, 3, 4, 5).$$
このうち, 3 の倍数でない奇数は,
$$n = 6m+1, \ 6m+5$$
と書けます（ただし, m は 0 以上の整数）．

【解答】

(1) 自然数 n が 3 の倍数でない奇数のとき,
$$n = 6m+1, \ 6m+5 \ (m \text{ は 0 以上の整数})$$
と書けて,

$$\begin{cases} (\mathcal{T}) & n=6m+1 \text{ のとき,} \\ & \qquad n^2=(6m+1)^2=36m^2+12m+1 \\ & \qquad\quad\, =12(3m^2+m)+1, \\ (\mathcal{A}) & n=6m+5 \text{ のとき,} \\ & \qquad n^2=(6m+5)^2=36m^2+60m+25 \\ & \qquad\quad\, =12(3m^2+5m+2)+1. \end{cases}$$

いずれにせよ,n^2 を 12 で割った余りは,**1**.

(2) n は整数 m を用いて,
$$n=6m+r \quad (r=0,\ 1,\ 2,\ 3,\ 4,\ 5)$$
と書けるから,
$$n^3=(6m+r)^3=(6m)^3+3(6m)^2r+3(6m)r^2+r^3$$
$$=6(36m^3+18m^2r+3mr^2)+r^3.$$

よって,n^3 を 6 で割った余りは,r^3 を 6 で割った余りに等しく,これは r に等しい.(下の表参照)

r	0	1	2	3	4	5
r^3	0	1	8	27	64	125
r^3 を 6 で割った余り	0	1	2	3	4	5

したがって,n^3 を 6 で割った余りは,n を 6 で割った余りに等しい.

[(2)の別解]

「n^3 を 6 で割った余りと,n を 6 で割った余りが等しい」

$\iff$ 「n^3-n が 6 の倍数」

$\iff$ 「$(n-1)n(n+1)$ が 6 の倍数」.

ここで,$(n-1)n(n+1)$ は隣接する 3 つの整数の積である($n-1$, n, $n+1$ のうち,少なくとも 1 つは偶数で,1 つは必ず 3 の倍数である)から,これは 6 の倍数である.

よって,n^3 を 6 で割った余りは,n を 6 で割った余りに等しい.

44.

解法メモ

(1), (2)いずれも或る整数が3で割り切れるか否かについて考えるのだから，正の整数 n を3で割った余りによって
$$3m,\ 3m+1,\ 3m+2\ (m\text{は整数})$$
の3つに分類してみます．

ただし，(2)では，底 n については上のように分類しますが，指数 n は触りません．

また，(2)では，二項定理
$$(a+b)^n = \sum_{r=0}^{n}{}_n\mathrm{C}_r a^{n-r}b^r$$
$$= {}_n\mathrm{C}_0 a^n + {}_n\mathrm{C}_1 a^{n-1}b + {}_n\mathrm{C}_2 a^{n-2}b^2 + \cdots + {}_n\mathrm{C}_n b^n$$
を利用します．

【解答】

(1) (i) $n=3m$（m は正の整数）のとき，
$$n^3+1 = (3m)^3+1$$
$$= 3\cdot 9m^3+1$$
より，これは3で割り切れない（余り1）．

(ii) $n=3m+1$（m は0以上の整数）のとき，
$$n^3+1 = (3m+1)^3+1$$
$$= 3(9m^3+9m^2+3m)+2$$
より，これは3で割り切れない（余り2）．

(iii) $n=3m+2$（m は0以上の整数）のとき，
$$n^3+1 = (3m+2)^3+1$$
$$= 3(9m^3+18m^2+12m+3)$$
より，これは3で割り切れる．

以上より，求める n は3で割ると2余る数，すなわち，
$$n=3m+2\ (m\text{ は 0 以上の整数})\text{ と表せる整数．}$$

(2) (i) $n=3m$（m は正の整数）のとき，
$$n^n+1 = (3m)^n+1$$
$$= 3\cdot 3^{n-1}m^n+1$$
より，これは3で割り切れない（余り1）．

(ii) $n=3m+1$（m は0以上の整数）のとき，
$$n^n+1 = (3m+1)^n+1$$
$$= \sum_{k=0}^{n}{}_n\mathrm{C}_k(3m)^k\cdot 1^{n-k}+1$$

$$= \sum_{k=1}^{n} {}_nC_k (3m)^k + 1 + 1$$
$$= 3\sum_{k=1}^{n} {}_nC_k \cdot 3^{k-1} \cdot m^k + 2.$$

ここで, $k=1, 2, 3, \cdots, n$ に対して, ${}_nC_k \cdot 3^{k-1} \cdot m^k$ は整数だから, n^n+1 は 3 で割り切れない（余り 2）.

(iii) $n=3m+2$ (m は 0 以上の整数) のとき,
$$n^n+1 = (3m+2)^n+1$$
$$= \sum_{k=0}^{n} {}_nC_k (3m)^k \cdot 2^{n-k} + 1$$
$$= \sum_{k=1}^{n} {}_nC_k (3m)^k \cdot 2^{n-k} + 2^n + 1.$$

ここで,
$$2^n+1 = (3-1)^n+1$$
$$= \sum_{k=0}^{n} {}_nC_k \cdot 3^k (-1)^{n-k} + 1$$
$$= \sum_{k=1}^{n} {}_nC_k \cdot 3^k (-1)^{n-k} + (-1)^n + 1$$

だから,
$$n^n+1 = 3\sum_{k=1}^{n} {}_nC_k \cdot 3^{k-1} \cdot m^k \cdot 2^{n-k} + 3\sum_{k=1}^{n} {}_nC_k \cdot 3^{k-1}(-1)^{n-k} + (-1)^n + 1.$$

ここで, $k=1, 2, 3, \cdots, n$ に対して,
$${}_nC_k \cdot 3^{k-1} \cdot m^k \cdot 2^{n-k}, \quad {}_nC_k \cdot 3^{k-1}(-1)^{n-k}$$

は共に整数だから,

「n^n+1 が 3 で割り切れる」 $\iff$ 「$(-1)^n+1$ が 3 で割り切れる」
$\iff$ 「$n=3m+2$ が奇数」
$\iff$ 「$n=3m+2$, かつ, m が奇数」.

よって,
$$n=3(2l-1)+2$$
$$=6l-1 \quad (l \text{ は正の整数})$$

のときに限り, n^n+1 は 3 で割り切れる.

以上, (i), (ii), (iii) より, 求める n は 6 で割ると 5 余る数, すなわち,
$$\boldsymbol{n=6l-1} \quad (l \text{ は正の整数})$$

と表せる整数.

[参考]

$n=3m-1, 3m, 3m+1$ の 3 つに分類してもよい.

45.

解法メモ

(1), (2), (3) すべて「背理法」で示します.

(2) α が有理数だとすると,
$$\alpha = \frac{n}{m} \quad (m, n \text{ は互いに素な整数で, } m \geq 1)$$
とおけますが, ここで
「m, n は互いに素な整数」
とは,
「m, n に 1 以外の正の公約数がない」
ということです.

【解答】

方程式 $x^3 - 3x - 1 = 0$ の解が α だから,
$$\alpha^3 - 3\alpha - 1 = 0. \quad \cdots ①$$

(1) ①より,
$$\alpha(\alpha^2 - 3) = 1. \quad \cdots ②$$
α が整数だとすると, $\alpha^2 - 3$ も整数だから, ②より,
$$\alpha = \pm 1.$$
ところが, これはいずれも①の解ではない (ことは明らか).
よって, 不合理.
したがって, α は整数ではない.

(2) α が有理数だとすると,
$$\alpha = \frac{n}{m} \quad \underline{(m, n \text{ は互いに素な整数で, } m \geq 1)}_{③}$$
とおけて, ①より,
$$\left(\frac{n}{m}\right)^3 - 3\left(\frac{n}{m}\right) - 1 = 0. \quad \therefore \quad n^3 - 3m^2 n - m^3 = 0.$$
$$\therefore \quad n^3 = (3n + m)m^2.$$
右辺は m の倍数だから, 左辺も m の倍数. これと③より,
$$m = 1.$$
したがって, α は整数となるが, これは(1)で示したことから, 不適.
以上より, α は有理数ではない.

(3) α が
$$\alpha = p + q\sqrt{3} \quad (p, q \text{ は有理数})$$
の形に書けたとすると, ①より,

$$(p+q\sqrt{3})^3-3(p+q\sqrt{3})-1=0.$$

整理して,
$$\underbrace{(p^3+9pq^2-3p-1)}_{\text{有理数}}+\underbrace{3q(p^2+q^2-1)}_{\text{有理数}}\underbrace{\sqrt{3}}_{\text{無理数}}=0.$$

$$\therefore \begin{cases} p^3+9pq^2-3p-1=0, & \cdots ④ \\ q(p^2+q^2-1)=0. & \cdots ⑤ \end{cases}$$

$q=0$ とすると, ⑤は成り立つ. このとき④は
$$p^3-3p-1=0.$$
これは, 与方程式が有理数解 p をもつことを示し, (2)より, 不適.
$$\therefore q \neq 0.$$
よって, ⑤ より,
$$p^2+q^2-1=0. \quad \therefore \quad q^2=1-p^2.$$
これと④ から,
$$p^3+9p(1-p^2)-3p-1=0. \quad \therefore \quad -8p^3+6p-1=0.$$
$$\therefore (-2p)^3-3(-2p)-1=0.$$
これは, 与方程式が有理数解 $-2p$ をもつことを示し, (2)より, 不適.

以上より, α は, $p+q\sqrt{3}$ (p, q は有理数) の形で表せない.

[**参考**] 〈(1)だけなら, …〉

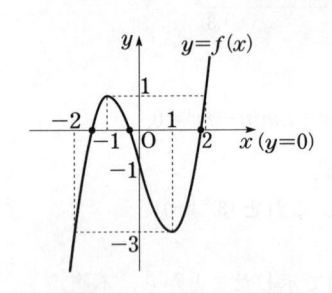

x	$\cdots$	-1	$\cdots$	1	$\cdots$
$f'(x)$	$+$	0	$-$	0	$+$
$f(x)$	↗	1	↘	-3	↗

$f(x)=x^3-3x-1$ とおくと,
$$f'(x)=3x^2-3=3(x+1)(x-1),$$
$$f(-2)=-3<0,$$
$$f(0)=-1<0,$$
$$f(2)=1>0.$$

左図より, 明らかに方程式 $f(x)=0$ の解はいずれも整数ではない.

46.

解法メモ

(1) 「$\log_2 3 = \dfrac{m}{n}$ と表せるとすると … 不合理」を示します．

(2) 2つの実数 α, β $(\alpha > \beta)$ の小数部分が等しいとき，$\alpha - \beta$ は自然数となります．

$$
\begin{array}{r}
\alpha = \square . \blacksquare \\
-)\ \beta = \bigcirc . \blacksquare \\ \hline
\alpha - \beta = \square - \bigcirc
\end{array}
$$

←等しい小数部分
←自然数

で，「$p\log_2 3 - q\log_2 3 = k$（自然数）と表せるとすると … 不合理」を示します．

【解答】

(1) $\log_2 3 = \dfrac{m}{n}$ をみたす自然数 m, n が存在すると仮定すると，
$$2^{\frac{m}{n}} = 3.$$
両辺を n 乗して，
$$2^m = 3^n.$$
ここで，m, n は自然数だから，この左辺は偶数，右辺は奇数となるので不合理．

よって，$\log_2 3 = \dfrac{m}{n}$ をみたす自然数 m, n は存在しない．

(2) 異なる自然数 p, q に対して，$p\log_2 3$ と $q\log_2 3$ の小数部分が等しいと仮定する．

$p > q$ のとき，$p\log_2 3 - q\log_2 3$ は整数で，$\log_2 3 > 0$ だから，
$$p\log_2 3 - q\log_2 3 = k$$
をみたす自然数 k が存在する．
$$\therefore \quad \log_2 3 = \dfrac{k}{p-q} \quad (k, p-q \text{ は自然数}).$$
これは(1)で示したことに反する．

$p < q$ のときも上と同様に不合理となることを示せる．

よって，p, q が異なる自然数のとき，$p\log_2 3$ と $q\log_2 3$ の小数部分は等しくない．

[参考]

(1)は背理法を用いずとも，次のように示すことができます．

2と3は異なる素数だから，任意の自然数 m, n に対して，
$$2^m \neq 3^n.$$
$$\therefore\ 2^{\frac{m}{n}} \neq 3.$$
$$\therefore\ \log_2 3 \neq \frac{m}{n}.$$

よって，いかなる自然数 m, n に対しても $\log_2 3 \neq \frac{m}{n}$ であるから，$\log_2 3 = \frac{m}{n}$ をみたす自然数は存在しない．

47.

解法メモ

(1) 加法定理から，
$$\begin{cases} \cos(\alpha+\beta) = \cos\alpha\cos\beta - \sin\alpha\sin\beta, & \cdots ㋐ \\ \cos(\alpha-\beta) = \cos\alpha\cos\beta + \sin\alpha\sin\beta. & \cdots ㋑ \end{cases}$$

㋐＋㋑から，
$$\cos(\alpha+\beta) + \cos(\alpha-\beta) = 2\cos\alpha\cos\beta.$$

ここで，$\alpha = nx$, $\beta = x$ とすれば…

(2) (1)で示した等式を，「$(n-1)$ 倍角と n 倍角の cos を用いて $(n+1)$ 倍角の cos を出す等式」と見て，数学的帰納法で示します．

(3) 「$\dfrac{\theta}{\pi}$ が有理数であるとすると … 不合理」(背理法) でゆきましょう．

[参考]

数学的帰納法のいくつかのパターンについては124〜127で再度学習してもらいます．

【解答】

(1) 加法定理から，
$$\begin{cases} \cos(nx+x) = \cos nx \cos x - \sin nx \sin x, \\ \cos(nx-x) = \cos nx \cos x + \sin nx \sin x. \end{cases}$$

辺々加えて，
$$\cos(n+1)x + \cos(n-1)x = 2\cos nx \cos x.$$
$$\therefore\ \cos(n+1)x = 2\cos nx \cos x - \cos(n-1)x. \qquad \cdots ①$$

(2) すべての自然数 n に対して,

「$\cos n\theta$ は $\dfrac{m}{3^n}$(m は 3 を約数に持たない整数)の形に表せる」 …(*)

が正しいことを数学的帰納法により示す.

(I) $\begin{cases} \cos 1\theta = \dfrac{-1}{3^1}, \\ \cos 2\theta = 2\cos^2\theta - 1 = 2\left(-\dfrac{1}{3}\right)^2 - 1 = \dfrac{-7}{3^2} \end{cases}$

より,$n=1$,2 のとき,(*)は正しい.

(II) $n=k$,$k+1$ のとき,(*)が正しいとする.すなわち,

$$\cos k\theta = \dfrac{m_k}{3^k},\ \cos(k+1)\theta = \dfrac{m_{k+1}}{3^{k+1}}$$

(m_k,m_{k+1} はいずれも 3 を約数に持たない整数.) …②

の形に表せると仮定すると,①から,

$$\cos(k+2)\theta = 2\cos(k+1)\theta \cdot \cos\theta - \cos k\theta$$
$$= 2 \cdot \dfrac{m_{k+1}}{3^{k+1}} \cdot \left(-\dfrac{1}{3}\right) - \dfrac{m_k}{3^k}$$
$$= \dfrac{-2m_{k+1} - 9m_k}{3^{k+2}}.$$

ここで,②から,$-2m_{k+1}-9m_k$ は整数で,$-2m_{k+1}-9m_k$ は 3 を約数に持たないから,$n=k+2$ のときも(*)は正しい.

以上,(I),(II)から,すべての自然数 n に対して,(*)は正しい.

(3) $\dfrac{\theta}{\pi}$ が有理数であるとすると,

$$\dfrac{\theta}{\pi} = \dfrac{l}{n} \quad (l,\ n \text{ は互いに素な整数で},\ n>0)$$

と表せて,このとき,

$$\cos n\theta = \cos l\pi = \pm 1$$

となるが,これは(2)で示したことに反する.

よって,$\dfrac{\theta}{\pi}$ は有理数ではなく,無理数である.

§6 いろいろな式

48.

解法メモ

(1) $f(x)=x^n$ とおくと，
$$f(x)=(x-k)(x-k-1)Q(x)+ax+b$$
　　　　（$Q(x)$ は x の整式．a, b は x によらない定数）

と表せて，$f(k)$, $f(k+1)$ を計算すると，…

(2) 「〜が存在しないこと」の証明が直接的には難しそうなら，「〜が存在するとすると不合理」を示そうとしてみてはいかが．

[参考]

「$p \Rightarrow q$（p ならば q である）」を示すには，

$\begin{cases} \cdot 直接法「p \Rightarrow p' \Rightarrow p'' \Rightarrow \cdots \Rightarrow q」を示す， \\ \cdot 間接法 \begin{cases} \cdot 背理法「p かつ \bar{q} とすると不合理（p でありかつ q でないとすると矛盾が発生）」を示す， \\ \cdot 対偶法「\bar{q} \Rightarrow \bar{p}（q でないならば p でない）」を示す \end{cases} \end{cases}$

などの方法があります．

【解答】

(1) 　　$x^n = (x-k)(x-k-1)Q(x)+ax+b$
　　　（$Q(x)$ は x の整式．a, b は x によらない定数）

とおける．

ここで，$x=k$, $k+1$ を代入して，

$\begin{cases} k^n = ak+b, \\ (k+1)^n = a(k+1)+b. \end{cases}$ 　　　…①

a, b について解いて，

$\begin{cases} a = (k+1)^n - k^n, \\ b = (k+1)k^n - k(k+1)^n. \end{cases}$ 　　　…②

ここで，n, k は自然数だから，a, b は共に整数である．

(2) a と b を共に割り切る素数 p が存在すると仮定すると，

$\begin{cases} a = pA, \\ b = pB \end{cases}$ 　　（A, B は整数）

と表せて，①から，

$$k^n = pAk + pB$$

$$= p(Ak+B).$$

よって，k^n が素数 p の倍数だから，k は p の倍数となる．

したがって，$k+1$ は p の倍数とはならないから， …(*)

②から，a は p の倍数ではなく，仮定に反する．

以上より，a と b を共に割り切る素数は存在しない．

[(*)の参考]

「隣接する 2 つの整数 m, $m+1$ は互いに素である」

（証明）m, $m+1$ を共に割り切る素数 p が存在すると仮定すると，

$$\begin{cases} m = pA, \\ m+1 = pB \end{cases} \quad (A, B \text{ は整数})$$

と表せる．

辺々引いて，

$$1 = p(B-A).$$

ここで，p は素数，$B-A$ は整数ゆえ，これは不合理．

よって，隣接する 2 つの整数 m, $m+1$ は互いに素である．

49.

[解法メモ]

(2) 有理数係数の多項式 $P(x)$ を有理数係数の多項式 $x^3 - 2$ で割れば，商も余りも有理数係数の多項式になります．

一旦，$P(x) = (x^3 - 2)Q(x) + ax^2 + bx + c$

$\begin{pmatrix} Q(x) \text{ は有理数係数の多項式．} \\ a, b, c \text{ は } x \text{ によらない有理数の定数} \end{pmatrix}$

と置いておいて，その後 $a = b = c = 0$ を示せば，$P(x)$ は $x^3 - 2$ で割り切れることを示したことになります．

【解答】

(1) $\sqrt[3]{2}$ が有理数であるとする．$\sqrt[3]{2} > 0$ だから，

$$\sqrt[3]{2} = \frac{n}{m} \quad (m, n \text{ は互いに素な自然数}) \quad \text{①}$$

と表せる．このとき，

$$2 = \left(\frac{n}{m}\right)^3.$$

$$\therefore \quad 2m^3 = n^3.$$

この左辺は 2 の倍数だから，右辺も 2 の倍数．

よって,
$$n = 2N \ (N\text{は自然数})$$
と表せる. このとき,
$$2m^3 = (2N)^3.$$
$$\therefore \ m^3 = 4N^3.$$
この右辺は2の倍数だから, 左辺も2の倍数.

よって, m も2の倍数.

したがって, m, n が共に2の倍数となって①に矛盾する.

よって, $\sqrt[3]{2}$ は有理数ではなく無理数である.

(2) $P(x)$ は有理数を係数とする x の多項式だから,
$$P(x) = (x^3 - 2)Q(x) + ax^2 + bx + c$$
$$\begin{pmatrix} Q(x) \text{ は有理数を係数とする } x \text{ の多項式.} \\ a, b, c \text{ は } x \text{ によらない有理数の定数} \end{pmatrix} \quad \cdots ②$$
と表せる.

$\alpha = \sqrt[3]{2}$ とすると,
$$P(\alpha) = (\alpha^3 - 2)Q(\alpha) + a\alpha^2 + b\alpha + c.$$
ここで, $\alpha^3 = 2$, $P(\alpha) = 0$ から,
$$a\alpha^2 + b\alpha + c = 0. \quad \cdots ③$$
③×α から,
$$a\alpha^3 + b\alpha^2 + c\alpha = 0.$$
$$\therefore \ \underline{b\alpha^2 + c\alpha + 2a = 0}_{④}. \quad (\because \ \alpha^3 = 2.)$$
③×b − ④×a から,
$$(b^2 - ac)\alpha + bc - 2a^2 = 0.$$
ここで, $b^2 - ac \neq 0$ とすると,
$$\alpha = \frac{2a^2 - bc}{b^2 - ac}.$$
②より, この右辺は有理数となって, (1)で示した「$\alpha = \sqrt[3]{2}$ は無理数である」に反する.

よって, $b^2 - ac = 0$.
$$\therefore \ 2a^2 - bc = 0.$$
$$\therefore \ b^3 = abc = 2a^3. \quad \cdots ⑤$$
ここで, $a \neq 0$ とすると,
$$\left(\frac{b}{a}\right)^3 = 2, \ \text{すなわち}, \ \frac{b}{a} = \sqrt[3]{2}.$$
②より, この左辺は有理数となって, これも不合理.

§6 いろいろな式   89

よって, $a=0$.
$$\therefore\ b=0.\quad (\because\ ⑤)$$
$$\therefore\ c=0.\quad (\because\ ③)$$
以上より,
$$P(x)=(x^3-2)Q(x),$$
すなわち, $P(x)$ は x^3-2 で割り切れる.

50.

解法メモ

$(x^{2010}+2x+9)\div(x+1)^2$ を筆算でやる訳にもいかず…

(その1)

$t=x+1$ とおくと, $x=t-1$ で,
$$x^{2010}=(t-1)^{2010}$$
$$=\sum_{k=0}^{2010}{}_{2010}\mathrm{C}_k\, t^{2010-k}\cdot(-1)^k\quad (二項定理)$$
と書けて, $k=0,\ 1,\ 2,\ \cdots,\ 2008$ までは t の指数が 2 以上なので, $t^2=(x+1)^2$ で割り切れますから, 割り切れずに残るのは, $k=2009,\ 2010$ の分の
$${}_{2010}\mathrm{C}_{2009}\,t\cdot(-1)^{2009}+{}_{2010}\mathrm{C}_{2010}\,(-1)^{2010}$$
だけです.

(その2)

一般に, 自然数 n に対して,
$$\begin{cases} x^{2n}+1=(x+1)Q_1(x)+2, \\ x^{2n-1}+1=(x+1)Q_2(x) \end{cases}\quad (Q_1(x),\ Q_2(x)\ は整式)$$
と書けることを使う巧妙な方法も紹介しておきます.

【解答】(その1)

$t=x+1$ とおくと, $x=t-1$ で,
$$x^{2010}+2x+9$$
$$=(t-1)^{2010}+2(t-1)+9$$
$$=\sum_{k=0}^{2010}{}_{2010}\mathrm{C}_k\, t^{2010-k}\cdot(-1)^k+2t+7\quad (\because\ 二項定理)$$
$$=\sum_{k=0}^{2008}{}_{2010}\mathrm{C}_k\, t^{2010-k}\cdot(-1)^k+{}_{2010}\mathrm{C}_{2009}\,t^1\cdot(-1)^{2009}+{}_{2010}\mathrm{C}_{2010}\,t^0\cdot(-1)^{2010}+2t+7$$
$$=\sum_{k=0}^{2008}{}_{2010}\mathrm{C}_k\, t^{2010-k}\cdot(-1)^k-2008t+8.$$
ここで, $k=0,\ 1,\ 2,\ \cdots,\ 2008$ のとき $2010-k\geqq 2$ ゆえ,
$\sum_{k=0}^{2008}{}_{2010}\mathrm{C}_k\, t^{2010-k}\cdot(-1)^k$ は $t^2=(x+1)^2$ で割り切れる.

よって，
$$x^{2010}+2x+9=(x+1)^2Q(x)-2008(x+1)+8$$
$$=(x+1)^2Q(x)-2008x-2000 \quad (Q(x) は x の多項式)$$
と表せるから，求める余りは，
$$-2008x-2000.$$

(その2)

$f(x)=x^m+1$ (m は正の整数)とおくと，$f(-1)=(-1)^m+1$.
これと因数定理，剰余の定理から，
$$f(x)=\begin{cases}(x+1)Q_1(x)+2 & (m が偶数のとき), \\ (x+1)Q_2(x) & (m が奇数のとき)\end{cases} \quad \cdots(*)$$
$$(Q_1(x), Q_2(x) は x の多項式)$$
と表せる.

$$x^{2010}+1$$
$$=(x+1)(x^{2009}-x^{2008}+x^{2007}-x^{2006}+\cdots+x^3-x^2+x-1)+2$$
$$=(x+1)\Big[\{(x^{2009}+1)+(x^{2007}+1)+\cdots+(x^3+1)+(x+1)\}$$
$$-\{(x^{2008}+1)+(x^{2006}+1)+\cdots+(x^2+1)\}-2\Big]+2.$$
<u>1004個の( )</u>

ここで，(*)より，

$x^{2009}+1, x^{2007}+1, \cdots, x^3+1, x+1$ はすべて $x+1$ で割り切れ，
$x^{2008}+1, x^{2006}+1, \cdots, x^2+1$ はすべて $x+1$ で割ると2余る

から，
$$x^{2010}+1$$
$$=(x+1)\Big[(x+1)Q_1(x)-\{(x+1)Q_2(x)+2\times1004\}-2\Big]+2$$
$$=(x+1)^2 Q(x)-(x+1)(2\times1004+2)+2$$
$$(Q_1(x), Q_2(x), Q(x) は x の多項式)$$
$$=(x+1)^2 Q(x)-2010x-2008.$$
$$\therefore \quad x^{2010}+2x+9=(x+1)^2Q(x)-2008x-2000.$$

よって，求める余りは，
$$-2008x-2000.$$

[参考]

剰余の定理 … x の整式（多項式）$f(x)$ について，
　　($f(x)$ を $(x-\alpha)$ で割った余り)$=f(\alpha)$.

51.

[解法メモ] (2)は(1)の一般形ですから((2)の n を 3 とした場合が(1)), (2)が先にできれば, その後, (1)は自明としてもよろしい.

【解答】

(1) $$P(x)=(x-1)(x-2)(x-3)Q(x)+ax^2+bx+c$$
($Q(x)$ は x の整式で, a, b, c は定数)

とおけて, 与条件および剰余の定理により,

$$\begin{cases} P(1)=a+b+c=1, \\ P(2)=4a+2b+c=2, \\ P(3)=9a+3b+c=3. \end{cases}$$

これらを解いて,

$$a=0,\ b=1,\ c=0.$$

よって, 求める余りは, $\boldsymbol{x}$.

(2) $$P(x)=(x-1)(x-2)(x-3)\cdots(x-n)S(x)+R(x)$$
($S(x)$, $R(x)$ は x の整式で, $R(x)$ は高々 $(n-1)$ 次) ……①

とおけて, 与条件および剰余の定理により,

$$P(k)=R(k)=k \quad (k=1,\ 2,\ 3,\ \cdots,\ n).$$

$$\therefore\ R(k)-k=0 \quad (k=1,\ 2,\ 3,\ \cdots,\ n).$$

これと因数定理により,

$$R(x)-x=(x-1)(x-2)(x-3)\cdots(x-n)T(x)$$
($T(x)$ は x の整式)

と書けるが, ①より, $R(x)$ の次数は高々 $(n-1)$ 次であるから,

$$T(x)\equiv 0\ (恒等的に\ 0).$$

$$\therefore\ R(x)-x=0.\quad \therefore\ R(x)=x.$$

よって, 求める余りは, $\boldsymbol{x}$.

52.

解法メモ

(1) 「何か要領のよいやり方があるハズだ」と考えているより，素朴に $f(f(x))-x$（4次式）を $f(x)-x$（2次式）で割ってしまった方が速いかも知れません．

(2) (1)より，
$$f(f(x))-x=\{f(x)-x\}Q(x) \quad (Q(x)\text{ は }x\text{ の2次式})$$
となるらしい．

これに，$p \neq q$, $f(p)=q$, $f(q)=p$ を絡めて…

【解答】

(1) （その1）〈素朴に〉

$f(x)=ax(1-x)=-ax^2+ax$ より，
$$\begin{aligned}
f(f(x))-x &= -a\{f(x)\}^2+af(x)-x \\
&= -a(-ax^2+ax)^2+a(-ax^2+ax)-x \\
&= -a^3x^4+2a^3x^3-(a^3+a^2)x^2+(a^2-1)x.
\end{aligned}$$

これを，$f(x)-x=-ax^2+(a-1)x$ で割って，

$$\begin{array}{r}
a^2 \quad -a^2-a \quad a+1 \\
-a \quad a-1 \quad 0 \,\overline{)\, -a^3 \quad 2a^3 \quad -a^3-a^2 \quad a^2-1 \quad 0} \\
\underline{-a^3 \quad a^3-a^2 \quad 0 } \\
a^3+a^2 \quad -a^3-a^2 \quad a^2-1 \\
\underline{a^3+a^2 \quad -a^3+a \quad 0 } \\
-a^2-a \quad a^2-1 \quad 0 \\
\underline{-a^2-a \quad a^2-1 \quad 0} \\
0
\end{array}$$

$$\therefore\ f(f(x))-x=\{f(x)-x\}\{a^2x^2-(a^2+a)x+a+1\}. \qquad \cdots ①$$

よって，$f(f(x))-x$ は $f(x)-x$ で割り切れる．

（その2）〈少し要領よく〉

$f(x)=ax(1-x)=-ax^2+ax$ より，
$$\begin{aligned}
f(f(x))-x &= -a\{f(x)\}^2+af(x)-x \\
&= -a\{f(x)-x\}\{f(x)+x\}-ax^2+a\{f(x)-x\}+ax-x \\
&= -a\{f(x)-x\}\{f(x)+x\}+a\{f(x)-x\}+f(x)-x \\
&= \{f(x)-x\}\{-af(x)-ax+a+1\}.
\end{aligned}$$

よって，$f(f(x))-x$ は，$f(x)-x$ で割り切れる．

(2) ①で，$x=p, q$ とおくと
$$\begin{cases} f(f(p))-p = \{f(p)-p\}\{a^2p^2-(a^2+a)p+a+1\}, \\ f(f(q))-q = \{f(q)-q\}\{a^2q^2-(a^2+a)q+a+1\}. \end{cases}$$
よって，
$$f(p)=q, \ f(q)=p, \ p \neq q$$
$$\left(\begin{array}{l} \text{すなわち，} f(f(p))=f(q)=p, \ f(p)-p=q-p \neq 0, \\ \qquad\qquad f(f(q))=f(p)=q, \ f(q)-q=p-q \neq 0 \end{array}\right)$$
をみたす実数 p, q が存在する条件は，
$$\begin{cases} a^2p^2-(a^2+a)p+a+1=0, \\ a^2q^2-(a^2+a)q+a+1=0 \end{cases} \quad (p \neq q)$$
をみたす実数 p, q が存在すること，すなわち，x の 2 次方程式
$$a^2x^2-(a^2+a)x+a+1=0 \qquad \cdots ②$$
が異なる 2 つの実数解 p, q をもつことであるから，
$$(②\text{の判別式}) > 0.$$
$$\therefore \ (a^2+a)^2-4a^2(a+1) > 0.$$
$$\therefore \ a^4-2a^3-3a^2 > 0. \quad \therefore \ a^2(a+1)(a-3) > 0.$$
$a \neq 0$ ゆえ，
$$\boldsymbol{a < -1 \ \text{または} \ 3 < a.}$$

53.

解法メモ

x の整式 $f(x)$ の決定の問題です．

$f(x)$ の次数を n 次 $(n \geq 1)$ とすると，すなわち，
$$f(x) = \sum_{k=0}^{n} a_k x^k \quad (a_n \neq 0)$$
と書けるとすると，
$$f(x^2) = \sum_{k=0}^{n} a_k (x^2)^k \text{ は } 2n \text{ 次式で，}$$
$$f(x+1) = \sum_{k=0}^{n} a_k (x+1)^k \text{ は } n \text{ 次式です．}$$
ただし，$f(x)$ が 0 次式または 0 のとき，すなわち，
$$f(x) = c \quad (c \text{ は定数})$$
のときは，$\begin{cases} f(x^2) = c, \\ f(x+1) = c \end{cases}$ はいずれも 0 次式または 0 です．

【解答】
$$f(x^2) = x^3 f(x+1) - 2x^4 + 2x^2. \qquad \cdots ①$$

(1) ①で $x=0, -1, 1$ として,
$$\begin{cases} f(0) = 0, \\ f(1) = -f(0), \\ f(1) = f(2). \end{cases}$$
$$\therefore \ \boldsymbol{f(0) = f(1) = f(2) = 0.} \qquad \cdots ②$$

(2) $f(x) = c$ (c は定数) とすると, ①より,
$$c = cx^3 - 2x^4 + 2x^2.$$
これは x についての恒等式ではない.

さらに②と因数定理から, $f(x)$ は $x(x-1)(x-2)$ で割り切れる.

よって, $f(x)$ の次数を n とすると, $n \geqq 3$ で,
$$\begin{cases} f(x^2) \text{ の次数は, } 2n \text{ 次,} \\ x^3 f(x+1) \text{ の次数は, } n+3 \text{ 次} \end{cases}$$
となる.

ここで, $n \geqq 3$ ゆえ, $n+3 \geqq 6 > 4$ だから, ①の両辺の次数を比較して,
$$2n = n+3.$$
$$\therefore \ \boldsymbol{n = 3.}$$

(3) (2)の結果と, ②より, 因数定理を用いて,
$$f(x) = ax(x-1)(x-2) \quad (a \neq 0)$$
と書ける. これを ① へ代入して,
$$ax^2(x^2-1)(x^2-2) = x^3 \cdot a(x+1)x(x-1) - 2x^4 + 2x^2.$$
$$\therefore \ ax^6 - 3ax^4 + 2ax^2 = ax^6 - (a+2)x^4 + 2x^2.$$
これが x についての恒等式だから, 両辺の係数を比較して,
$$\begin{cases} -3a = -(a+2), \\ 2a = 2. \end{cases} \quad \therefore \ a = 1.$$

よって, 求める $f(x)$ は,
$$\boldsymbol{f(x) = x(x-1)(x-2).}$$
$$= \boldsymbol{x^3 - 3x^2 + 2x.}$$

[参考]

因数定理 $\cdots x$ の整式 (多項式) $f(x)$ について,
$$f(x) \text{ が } (x-\alpha) \text{ で割り切れる} \iff f(\alpha) = 0.$$

54.

解法メモ

(2) 2次方程式 $g(x)=0$ が異なる2解 α, β をもつとき，因数定理により
$$g(x)=(x-\alpha)(x-\beta)$$
と書けて，α, β が $f(x)=0$ の解でもあるのだから，これまた因数定理により，
$$f(x)=(x-\alpha)(x-\beta)(x-\gamma)$$
と書けます．したがって，…

【解答】

(1) x の2次方程式 $g(x)=0$，すなわち，
$$x^2+cx+1=0$$
が重解をもつとき，（判別式）$=0$ より，
$$c^2-4=0. \quad \therefore \quad \boldsymbol{c=\pm 2}.$$

(2) (1)でなければ，$g(x)=0$ の2解を α, β $(\alpha \neq \beta)$ とおけて，
$$\alpha\beta = 1. \quad \text{①}$$
また，因数定理により，
$$g(x)=(x-\alpha)(x-\beta)$$
と書ける．

α, β が3次方程式 $f(x)=0$ の解でもあることから，因数定理により，
$$f(x)=(x-\alpha)(x-\beta)(x-\gamma)$$
と書ける．

定数項を比較して（あるいは，解と係数の関係から），
$$\alpha\beta\gamma=-1.$$
これと①より，
$$\gamma=-1.$$
以上より，$f(x)$ は $g(x)$ で割り切れて，$x=-1$ は $f(x)=0$ の解（の1つ）である．

(3) 方程式 $g(x)=0$ が異なる2解をもつとすると，(2)で示したことから，
$$f(x)=(x+1)(x^2+cx+1).$$
$$\therefore \quad x^3+ax^2+bx+1=x^3+(c+1)x^2+(c+1)x+1.$$
両辺の係数を比較して，
$$a=b=c+1.$$
したがって，$a \neq b$ なら，$g(x)=0$ は重解をもち，(1)より，$c=\pm 2$．
$c=2$ とすると，$g(x)=(x+1)^2$ ゆえ，$g(x)=0$ の解は，$x=-1$ で，こ

れが $f(x)=0$ の解でもあるから, $f(-1)=0$.
$$\therefore \quad a-b=0.$$
これは, $a \neq b$ に反する.

以上より, $g(x)=0$ は重解をもち, $c=-2$.

55.

解法メモ

「任意の奇数 n」から「数学的帰納法」をイメージしてしまうと大変だと思います.

ここでは, (A)から, よりやさしい（使いやすい）a, b, c の間の関係を引き出してみてください.

【解答】

$a+b+c \neq 0$, $abc \neq 0$ の下で,

$$\text{(A)} \quad \frac{1}{a}+\frac{1}{b}+\frac{1}{c}=\frac{1}{a+b+c}$$

$$\iff \frac{ab+bc+ca}{abc}=\frac{1}{a+b+c}$$

$$\iff (a+b+c)(ab+bc+ca)=abc$$

$$\iff (b+c)a^2+(b+c)^2 a+bc(b+c)=0$$

$$\iff (b+c)\{a^2+(b+c)a+bc\}=0$$

$$\iff (b+c)(a+b)(c+a)=0$$

$$\iff b+c=0 \text{ または } a+b=0 \text{ または } c+a=0.$$

$b+c=0$ のとき, $c=-b$ ゆえ,

$$\frac{1}{a^n}+\frac{1}{b^n}+\frac{1}{c^n}=\frac{1}{a^n}+\frac{1}{b^n}+\frac{1}{(-b)^n}$$

$$=\frac{1}{a^n}+\frac{1}{b^n}-\frac{1}{b^n} \quad (\because \; n \text{ は奇数})$$

$$=\frac{1}{a^n}$$

$$=\frac{1}{(a+b+c)^n}. \quad (\because \; b+c=0)$$

$a+b=0$ のときも, $c+a=0$ のときも, 上と同様にして, (B)が示される.

以上より, n が奇数のとき, (A)$\implies$(B)が示された.

56.

[解法メモ]

3つの数の大小がいっぺんに判ったりしません．

まず，$0<a<b$ をみたす楽に計算できそうな数，例えば $a=1$，$b=4$ を代入して，3つの数の大小を見てみましょう．

$a=1$，$b=4$ のとき，
$$\frac{a+2b}{3}=3, \quad \sqrt{ab}=2, \quad \sqrt[3]{\frac{b(a^2+ab+b^2)}{3}}=\sqrt[3]{28}.$$

ここで，$3=\sqrt[3]{27}$，$2=\sqrt[3]{8}$ ゆえ（$a=1$，$b=4$ なら），
$$\sqrt{ab} < \frac{a+2b}{3} < \sqrt[3]{\frac{b(a^2+ab+b^2)}{3}}.$$

【解答】

$$\left(\frac{a+2b}{3}\right)^2 - (\sqrt{ab})^2$$
$$= \frac{a^2+4ab+4b^2}{9} - ab = \frac{a^2-5ab+4b^2}{9}$$
$$= \frac{1}{9}(a-b)(a-4b)$$
$$> 0. \quad (\because\ 0<a<b\ \text{より}, \ a<b<4b.)$$
$$\therefore\ \left(\frac{a+2b}{3}\right)^2 > (\sqrt{ab})^2.$$

$0<a<b$ より，$\dfrac{a+2b}{3}$，$\sqrt{ab}$ はいずれも正の数だから，
$$\frac{a+2b}{3} > \sqrt{ab}. \qquad \cdots ①$$

次に，
$$\left\{\sqrt[3]{\frac{b(a^2+ab+b^2)}{3}}\right\}^3 - \left(\frac{a+2b}{3}\right)^3$$
$$= \frac{b(a^2+ab+b^2)}{3} - \frac{(a+2b)^3}{27} = \frac{b^3-3b^2a+3ba^2-a^3}{27}$$
$$= \frac{1}{27}(b-a)^3$$
$$> 0. \quad (\because\ 0<a<b.)$$

$$\therefore \quad \left\{\sqrt[3]{\frac{b(a^2+ab+b^2)}{3}}\right\}^3 > \left(\frac{a+2b}{3}\right)^3.$$

$$\therefore \quad \sqrt[3]{\frac{b(a^2+ab+b^2)}{3}} > \frac{a+2b}{3}. \qquad \cdots ②$$

①, ②より,

$$\sqrt[3]{\frac{b(a^2+ab+b^2)}{3}} > \frac{a+2b}{3} > \sqrt{ab}.$$

[参考]

①については,

$$\frac{a+2b}{3} - \frac{a+b}{2} = \frac{b-a}{6} > 0 \quad (\because \ a<b).$$

$$\therefore \quad \frac{a+2b}{3} > \underline{\frac{a+b}{2} \geqq \sqrt{ab}} \quad (\because \ a>0, \ b>0)$$

(相加平均)≧(相乗平均)

としてもよい.

57.

解法メモ

$X \geqq Y$ を示すには,

$$X - Y = \cdots = \text{⬚} \geqq 0$$

を示したり, $Y > 0$ が明らかなら,

$$\frac{X}{Y} = \cdots = \text{⬚} \geqq 1$$

を示したりする方法が第一選択でしょうが, …
これは（その2）で.

【解答】（その1）

$$m = \frac{a}{b}, \quad M = \frac{c}{d}$$

とおくと, 与条件

$$(m=)\frac{a}{b} \leqq \frac{c}{d}(=M), \quad b>0, \ d>0$$

から,

$$\begin{cases} mb = a \leqq Mb, & \cdots ① \\ md \leqq c = Md. & \cdots ② \end{cases}$$

①×2+② から,
$$m(2b+d) \leq 2a+c \leq M(2b+d).$$
ここで, $2b+d>0$ ゆえ,
$$m \leq \frac{2a+c}{2b+d} \leq M.$$
$$\therefore \quad \frac{a}{b} \leq \frac{2a+c}{2b+d} \leq \frac{c}{d}.$$

(その 2)

$\frac{a}{b} \leq \frac{c}{d}$, $b>0$, $d>0$ から, $ad \leq bc$. …㋐

よって,
$$\frac{2a+c}{2b+d} - \frac{a}{b} = \frac{(2a+c)b - a(2b+d)}{(2b+d)b}$$
$$= \frac{bc - ad}{(2b+d)b}$$
$$\geq 0 \quad (\because \; ㋐, \; b>0, \; d>0).$$
$$\therefore \quad \frac{a}{b} \leq \frac{2a+c}{2b+d}. \qquad \text{…㋑}$$

また,
$$\frac{c}{d} - \frac{2a+c}{2b+d} = \frac{c(2b+d) - (2a+c)d}{d(2b+d)}$$
$$= \frac{2(bc-ad)}{d(2b+d)}$$
$$\geq 0 \quad (\because \; ㋐, \; b>0, \; d>0).$$
$$\therefore \quad \frac{2a+c}{2b+d} \leq \frac{c}{d}. \qquad \text{…㋒}$$

以上, ㋑, ㋒より,
$$\frac{a}{b} \leq \frac{2a+c}{2b+d} \leq \frac{c}{d}.$$

[**参考**](その 1)

濃度 $\frac{a}{b}$ の食塩水と濃度 $\frac{c}{d}$ の食塩水をどんな割合で混ぜても, できる食塩水の濃度は $\frac{a}{b}$ と $\frac{c}{d}$ の間に入るハズということですネ.

[**参考**](その 2)

2 通りの解答から明らかなように, $a>0$, $c>0$ の条件は実は不要です.

58.

解法メモ

(1)は，$\left(\sqrt{a+b}\right)^2$ と $\left(\sqrt{a}+\sqrt{b}\right)^2$ の大小を調べるだけです．

(2)は，$k>0$ が必要なのは明白で，このとき，
$$\sqrt{a}+\sqrt{b} \leqq k\sqrt{a+b} \iff \left(\sqrt{a}+\sqrt{b}\right)^2 \leqq k^2\left(\sqrt{a+b}\right)^2$$
$$\iff a+2\sqrt{ab}+b \leqq k^2(a+b)$$
$$\iff (k^2-1)a-2\sqrt{ab}+(k^2-1)b \geqq 0.$$

ここで，「両辺を $b\,(>0)$ で割って，$\sqrt{\dfrac{a}{b}}=t$ とおく」という技が掛かります!!
$$(k^2-1)t^2-2t+k^2-1 \geqq 0.$$

ホラ，1つの文字の2次不等式の問題になりました．

尚，(1)で示したことから $\sqrt{a}+\sqrt{b}>\sqrt{a+b}$ なので，$\sqrt{a}+\sqrt{b} \leqq k\sqrt{a+b}$ となるには $k>1$ であることが必要ですが，下の【解答】では(1)の設問の無い(2)だけの出題の場合のことも考えて論述しました．

【解答】

(1) $a>0,\ b>0$ より，
$$\left(\sqrt{a}+\sqrt{b}\right)^2-\left(\sqrt{a+b}\right)^2=\left(a+2\sqrt{ab}+b\right)-(a+b)$$
$$=2\sqrt{ab}>0.$$
$\therefore\ \left(\sqrt{a}+\sqrt{b}\right)^2 > \left(\sqrt{a+b}\right)^2.$ $\therefore\ \sqrt{a}+\sqrt{b}>\sqrt{a+b}.$

(2) (その1)

明らかに $k>0$ が必要で，このとき，$a>0,\ b>0$ より，
$$\sqrt{a}+\sqrt{b} \leqq k\sqrt{a+b} \iff \left(\sqrt{a}+\sqrt{b}\right)^2 \leqq k^2\left(\sqrt{a+b}\right)^2$$
$$\iff a+2\sqrt{ab}+b \leqq k^2(a+b)$$
$$\iff (k^2-1)a-2\sqrt{ab}+(k^2-1)b \geqq 0$$
$$\iff (k^2-1)\cdot\dfrac{a}{b}-2\sqrt{\dfrac{a}{b}}+k^2-1 \geqq 0. \quad\cdots(*)$$

ここで，$t=\sqrt{\dfrac{a}{b}}$ とおくと，$a>0,\ b>0$ より $t>0$ で，
$$(*) \iff (k^2-1)t^2-2t+k^2-1 \geqq 0.$$

いま，$f(t)=(k^2-1)t^2-2t+k^2-1$ とおくとき，任意の正の数 t に対して，$f(t) \geqq 0$ となるための $k\,(>0)$ の条件を調べればよい．

0 < k < 1 のとき,　　　　　　　　　k = 1 のとき,

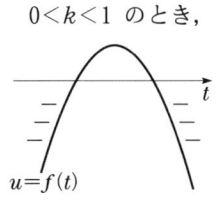

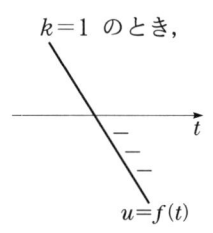

となって不適.

$k > 1$ のとき,$u = f(t)$ の軸の位置について,
$$t = \frac{1}{k^2 - 1} > 0.$$
したがって,k の条件は,
$$(f(t) = 0 \text{ の判別式}) \leq 0$$
である.

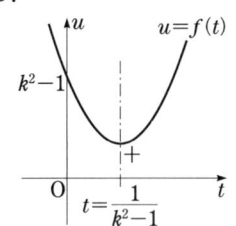

∴ $1 - (k^2 - 1)^2 \leq 0$.
∴ $k^2(2 - k^2) \leq 0$.
ここで,$k > 1$ ゆえ,
$$k \geq \sqrt{2}.$$
よって,求める k の最小値は,
$$\boldsymbol{\sqrt{2}}.$$

(その 2)
$$\sqrt{a} + \sqrt{b} \leq k\sqrt{a+b} \iff \frac{\sqrt{a}}{\sqrt{a+b}} + \frac{\sqrt{b}}{\sqrt{a+b}} \leq k. \quad \cdots ①$$
ここで,
$$\left(\frac{\sqrt{a}}{\sqrt{a+b}}\right)^2 + \left(\frac{\sqrt{b}}{\sqrt{a+b}}\right)^2 = 1,\ \frac{\sqrt{a}}{\sqrt{a+b}} > 0,\ \frac{\sqrt{b}}{\sqrt{a+b}} > 0$$
ゆえ,
$$\frac{\sqrt{a}}{\sqrt{a+b}} = \sin\theta,\ \frac{\sqrt{b}}{\sqrt{a+b}} = \cos\theta$$
$$\left(0 < \theta < \frac{\pi}{2}\right) \quad \cdots ②$$
とおけるから,
$$① \iff \sin\theta + \cos\theta \leq k$$
$$\iff \sqrt{2}\left(\frac{1}{\sqrt{2}}\sin\theta + \frac{1}{\sqrt{2}}\cos\theta\right) \leq k$$

$$\iff \sqrt{2}\sin\left(\theta+\frac{\pi}{4}\right)\leq k.$$

さらに，②から，$\frac{\pi}{4}<\theta+\frac{\pi}{4}<\frac{3}{4}\pi$ ゆえ，左辺の値域は

$$\sqrt{2}\cdot\frac{1}{\sqrt{2}}<\sqrt{2}\sin\left(\theta+\frac{\pi}{4}\right)\leq\sqrt{2}\cdot 1$$

だから，求める k の最小値は，$\sqrt{2}$．

(その3)〈(相加平均)≧(相乗平均) が使えて…〉

明らかに $k>0$ が必要で，$a>0$，$b>0$ より，

$$\sqrt{a}+\sqrt{b}\leq k\sqrt{a+b} \iff a+b+2\sqrt{ab}\leq k^2(a+b)$$

$$\iff 1+\frac{\sqrt{ab}}{\left(\frac{a+b}{2}\right)}\leq k^2. \quad\cdots\text{⑦}$$

ここで，相加平均，相乗平均の大小関係から，

$$\frac{a+b}{2}\geq\sqrt{ab}, \quad\text{すなわち，}\quad \frac{\sqrt{ab}}{\left(\frac{a+b}{2}\right)}\leq 1$$

(等号成立は $a=b$ のとき)

ゆえ，

$$1+\frac{\sqrt{ab}}{\left(\frac{a+b}{2}\right)}\leq 2 \quad\text{(等号成立は $a=b$ のとき)．}$$

よって，求める k の最小値は $\sqrt{2}$．

(その4)〈必要条件で絞って，あとで十分性の check の方針で…〉

$a=b=1$ のとき成り立つことが必要だから，

$$\sqrt{1}+\sqrt{1}\leq k\sqrt{1+1}.$$
$$\therefore\ k\geq\sqrt{2}.$$

$k=\sqrt{2}$ のとき，

$$\left(k\sqrt{a+b}\right)^2-\left(\sqrt{a}+\sqrt{b}\right)^2$$
$$=\left(\sqrt{2}\sqrt{a+b}\right)^2-\left(\sqrt{a}+\sqrt{b}\right)^2$$
$$=2(a+b)-\left(a+2\sqrt{ab}+b\right)$$
$$=a-2\sqrt{ab}+b=\left(\sqrt{a}-\sqrt{b}\right)^2$$
$$\geq 0 \quad\text{(等号成立は $a=b$ のとき)}$$

より，

$$(\sqrt{2}\sqrt{a+b})^2 \geq (\sqrt{a}+\sqrt{b})^2.$$

したがって，
$$\sqrt{a}+\sqrt{b} \leq \sqrt{2}\sqrt{a+b}$$
は任意の正の数 a, b に対して成り立つ．

よって，求める k の最小値は $\sqrt{2}$．

59.

[解法メモ]

本問の a がもし 1 だと，…
$$x^2+y^2+z^2-xy-yz-zx = \frac{1}{2}(2x^2+2y^2+2z^2-2xy-2yz-2zx)$$
$$= \frac{1}{2}\{(x-y)^2+(y-z)^2+(z-x)^2\}$$
$$\geq 0 \quad (\text{等号成立は, } x=y=z \text{ のとき})$$

という良く知られた不等式になります．

よって，$a \geq 1$ なら，文句無く与えられた不等式は正しい．

では，$a<1$ なら，…どうでしょうか．

また，地道に順に平方完成していく（その 2）も紹介しておきます．

【解答】(その 1)
$$ax^2+y^2+az^2-xy-yz-zx \geq 0 \qquad \cdots (*)$$
が任意の実数 x, y, z に対して常に成り立つためには，
$$x=y=z=1$$
で成り立つことが必要で，
$$a+1+a-1-1-1 \geq 0,$$
すなわち，$a \geq 1$ (必要)．

逆にこのとき，
$$ax^2+y^2+az^2-xy-yz-zx$$
$$= x^2+y^2+z^2-xy-yz-zx+(a-1)(x^2+z^2)$$
$$= \frac{1}{2}\{(x-y)^2+(y-z)^2+(z-x)^2\}+(a-1)(x^2+z^2)$$
$$\geq 0 \quad (\because \ x, y, z \text{ は実数で, } a \geq 1)$$

となって十分．

以上より，求める a の値の範囲は，
$$a \geq 1.$$

(その2)

$$ax^2+y^2+az^2-xy-yz-zx \geq 0$$
$$\iff y^2-(x+z)y+ax^2+az^2-xz \geq 0$$
$$\iff \left(y-\frac{x+z}{2}\right)^2+\left(a-\frac{1}{4}\right)(x^2+z^2)-\frac{3}{2}xz \geq 0. \quad \cdots ①$$

ここで，任意の実数 x, z に対して，$\left(y-\dfrac{x+z}{2}\right)^2$ は0以上のすべての実数値をとって変われるから，任意の実数 x, y, z に対して，①が成り立つ条件は，

$$\left(a-\frac{1}{4}\right)(x^2+z^2)-\frac{3}{2}xz \geq 0 \quad \cdots ②$$

が任意の実数 x, z に対して成り立つことである．

今，$a \leq \dfrac{1}{4}$ のとき，$x>0, z>0$ をみたす x, z に対して②が成り立たないから，$a > \dfrac{1}{4}$ が必要である．

このとき，

$$② \iff \left(a-\frac{1}{4}\right)\left\{x-\frac{3z}{4a-1}\right\}^2+\frac{2(2a+1)(a-1)}{4a-1}z^2 \geq 0. \quad \cdots ③$$

ここで，任意の実数 z に対して，$\left(a-\dfrac{1}{4}\right)\left\{x-\dfrac{3z}{4a-1}\right\}^2$ は，0以上のすべての実数値をとって変われるから，任意の実数 x に対して③が成り立つ条件は，

$$\frac{2(2a+1)(a-1)}{4a-1}z^2 \geq 0$$

が任意の実数 z に対して成り立つこと，すなわち，

$$\frac{2(2a+1)(a-1)}{4a-1} \geq 0$$

が成り立つことである．

これと $a>\dfrac{1}{4}$ から，$a \geq 1$．

以上より，求める a の値の範囲は，

$$a \geq 1.$$

60.

解法メモ

なかなか simple で楽しくて，しかも，有力な考え方（原理）です．

(1) 一辺の長さ1の正三角形の内部に，どのように2点をとっても，この2点間距離が1以下であり，1となるのは，2点を2頂点にとるときに限るのは，自明として良いでしょうか….

頂点を中心とする半径1の円の内部または周内にこの正三角形は納まりますものね．

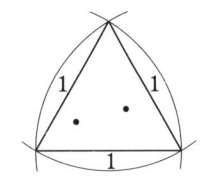

(2)

3で割り切れる整数のグループ	3で割ると1余る整数のグループ	3で割ると2余る整数のグループ

の3つのグループに4つの相異なる整数 m_1, m_2, m_3, m_4 を入れようとすると….

【解答】

(1) 正三角形を右図のように，各辺の中点を結んで，一辺の長さ1の小正三角形4個に分割する．

このとき，「鳩の巣原理」により，5点のうち少なくとも2点はある1つの小正三角形の周または内部に入り，しかも，その小三角形の頂点ではない．このような2点は明らかに，距離が1より小である．

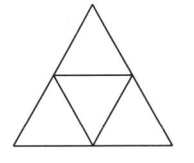

(2) 任意の整数は，3で割った余りによって，次の3つのグループ
$$\{3k\}, \{3k+1\}, \{3k+2\} \quad (k は整数)$$
に分類できる．

したがって，「鳩の巣原理」により，相異なる4つの整数 m_1, m_2, m_3, m_4 の少なくとも2つは同一グループに属し，その差は，
$$(3k+r)-(3k'+r)=3(k-k') \quad (k, k' は整数. \ r=0, 1, 2)$$
から3の倍数である．

§7 | 図形と方程式，不等式

61.

解法メモ

「似た式は足したり引いたりしてみるものだ」という"言い伝え"があったような気がします．で，

①+②から，$y+x = x^2+y^2+2k$. …㋐

∴ $x+y = (x+y)^2 - 2xy + 2k$. …㋑

①-②から，$y-x = x^2-y^2$.

∴ $(x-y)(x+y+1) = 0$. …㋒

㋒が特にキレイで，$\underbrace{x=y}_{㋒_1}$ or $\underbrace{x+y=-1}_{㋒_2}$ として㋑と連立すれば…（その1）．

あるいは，㋐から，$\left(x-\dfrac{1}{2}\right)^2 + \left(y-\dfrac{1}{2}\right)^2 = \dfrac{1}{2} - 2k$ …㋓を導くと，xy平面上の（㋒$_1$ or ㋒$_2$）と㋓の共有点の個数を調べる気になるやも知れません（その2）．

オマケに「yを消去する」解法も示しておきます（その3）．

【解答】

$$\begin{cases} y = x^2 + k, & \cdots① \\ x = y^2 + k. & \cdots② \end{cases}$$

（その1）

①-②から，$y-x = (x+y)(x-y)$.

∴ $(x-y)(x+y+1) = 0$. …③

①+②から，$y+x = x^2+y^2+2k$

$= (x+y)^2 - 2xy + 2k$. …④

ここで，

①かつ② $\iff$ ③かつ④．

(i) $x=y$ のとき，③は正しい．

このとき，④から，$2x = 2x^2 + 2k$.

∴ $x^2 - x + k = 0$. …⑤

ここで，（⑤の判別式）$= 1-4k$ ゆえ，「$x=y$, ①, ②」をみたす実数解の組 (x, y) は，

$$\begin{cases} k<\dfrac{1}{4} \text{ のとき, } (x,\ y)=\left(\dfrac{1\pm\sqrt{1-4k}}{2},\ \dfrac{1\pm\sqrt{1-4k}}{2}\right) \text{ (複号同順) の 2 組,} \\ k=\dfrac{1}{4} \text{ のとき, } (x,\ y)=\left(\dfrac{1}{2},\ \dfrac{1}{2}\right) \text{ の 1 組,} \\ k>\dfrac{1}{4} \text{ のとき, ⑤は実数解を持たないから, 0 組.} \end{cases}$$

(ii) $x \neq y$ のとき, ③から,
$$x+y=-1. \qquad \cdots ⑥$$
これを④へ代入して, $-1=(-1)^2-2xy+2k.$
$$\therefore \quad xy=1+k. \qquad \cdots ⑦$$
⑥, ⑦から, $x,\ y$ は t の 2 次方程式
$$t^2+t+1+k=0 \qquad \cdots ⑧$$
の 2 解で, (⑧の判別式)$=1-4(1+k)=-3-4k$ ゆえ, 「$x \neq y$, ①, ②」をみたす実数解の組 $(x,\ y)$ は,

$$\begin{cases} k<-\dfrac{3}{4} \text{ のとき,} \\ \quad (x,\ y)=\left(\dfrac{-1\pm\sqrt{-3-4k}}{2},\ \dfrac{-1\mp\sqrt{-3-4k}}{2}\right) \text{ (複号同順) の 2 組,} \\ k=-\dfrac{3}{4} \text{ のとき, ⑧は重解を持つので 0 組,} \\ k>-\dfrac{3}{4} \text{ のとき, ⑧は実数解を持たないので 0 組.} \end{cases}$$

以上, (i), (ii)から, 求める連立方程式①, ②の実数解の組の個数は,

$$\begin{cases} \boldsymbol{k<-\dfrac{3}{4}} \text{ のとき, 4 組,} \\ \boldsymbol{-\dfrac{3}{4}\leqq k<\dfrac{1}{4}} \text{ のとき, 2 組,} \\ \boldsymbol{k=\dfrac{1}{4}} \text{ のとき, 1 組,} \\ \boldsymbol{\dfrac{1}{4}<k} \text{ のとき, 0 組.} \end{cases}$$

[参考]

xy 平面上の 2 つの放物線の位置関係ととらえてみると，次のように見えます.

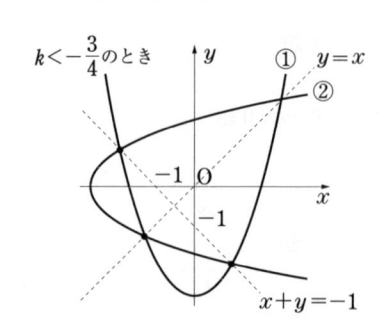

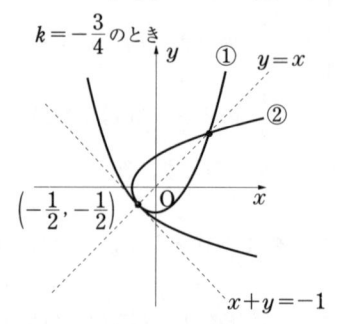

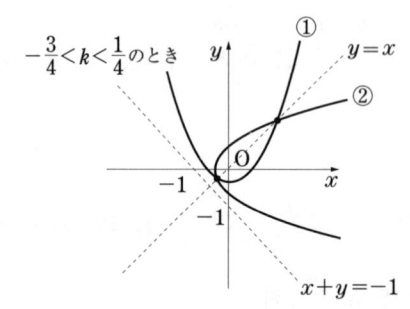

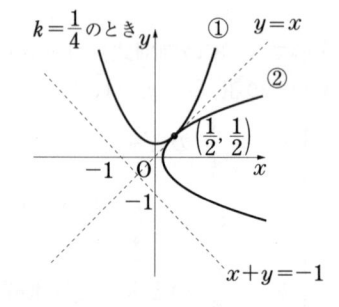

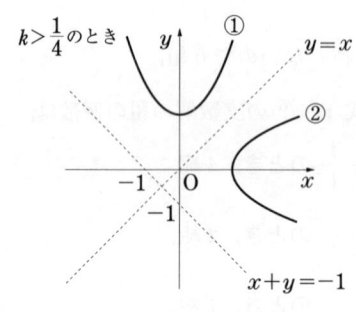

$k < -\dfrac{3}{4}$ のとき

$k = -\dfrac{3}{4}$ のとき

$-\dfrac{3}{4} < k < \dfrac{1}{4}$ のとき

$k = \dfrac{1}{4}$ のとき

$k > \dfrac{1}{4}$ のとき

(その 2)

①－② から，$y - x = (x+y)(x-y)$.

$\therefore (x-y)(x+y+1) = 0$.

$\therefore y = x$ or $x + y + 1 = 0$. …㋐

①＋② から，$y + x = x^2 + y^2 + 2k$.

$\therefore \left(x - \dfrac{1}{2}\right)^2 + \left(y - \dfrac{1}{2}\right)^2 = \dfrac{1}{2} - 2k$. …㋑

ここで，① かつ ② ⟺ ㋐ かつ ㋑.

よって，求める実数解の組 (x, y) の個数は，xy 平面上の図形㋐, ㋑の共有点の個数に等しい.

(i) $\dfrac{1}{2} - 2k < 0$，すなわち，$k > \dfrac{1}{4}$ のとき，図形㋑は空集合なので，0 個.

(ii) $\dfrac{1}{2} - 2k = 0$，すなわち，$k = \dfrac{1}{4}$ のとき，図形㋑は 1 点 $\left(\dfrac{1}{2}, \dfrac{1}{2}\right)$ で，これは図形㋐のうちの直線 $y = x$ 上にあるので，1 個.

(iii) $\dfrac{1}{2} - 2k > 0$，すなわち，$k < \dfrac{1}{4}$ のとき，図形㋑は点 $\left(\dfrac{1}{2}, \dfrac{1}{2}\right)$ を中心とする半径 $\sqrt{\dfrac{1}{2} - 2k}$ の円を表す.

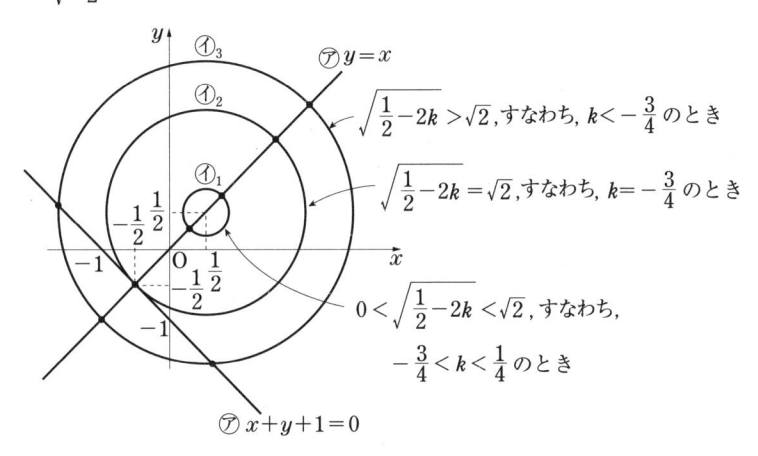

上図より，

$$\begin{cases} k < -\dfrac{3}{4} \text{ のとき，} & 4 \text{ 組,} \\ -\dfrac{3}{4} \leqq k < \dfrac{1}{4} \text{ のとき，} & 2 \text{ 組.} \end{cases}$$

以上，(i), (ii), (iii) から，求める連立方程式①, ②の実数解の組の個数は，

$$\begin{cases} k < -\dfrac{3}{4} \text{ のとき，} & 4 \text{ 組,} \\ -\dfrac{3}{4} \leqq k < \dfrac{1}{4} \text{ のとき，} & 2 \text{ 組,} \\ k = \dfrac{1}{4} \text{ のとき，} & 1 \text{ 組,} \\ \dfrac{1}{4} < k \text{ のとき，} & 0 \text{ 組.} \end{cases}$$

(その3)

①,②から，yを消去して，
$$x=(x^2+k)^2+k.$$
∴ $k^2+(2x^2+1)k+(x^2-x)(x^2+x+1)=0.$
∴ $\{k-(-x^2+x)\}\{k-(-x^2-x-1)\}=0.$
∴ $k=-x^2+x$ or $k=-x^2-x-1.$

一組の (x, k) に対して，①により y は唯一つに定まるから，求める実数解の組 (x, y) の個数は，xu 平面上の $u=-x^2+x$ or $u=-x^2-x-1$ のグラフと $u=k$ のグラフの共有点の数に一致する．

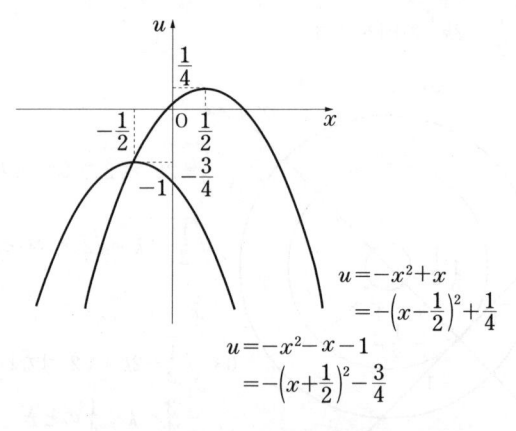

$u=-x^2+x = -\left(x-\frac{1}{2}\right)^2+\frac{1}{4}$

$u=-x^2-x-1 = -\left(x+\frac{1}{2}\right)^2-\frac{3}{4}$

上図より，求める連立方程式①,②の実数解の組の個数は，
$$\begin{cases} \dfrac{1}{4}<k & \text{のとき，0 組,} \\[4pt] k=\dfrac{1}{4} & \text{のとき，1 組,} \\[4pt] -\dfrac{3}{4}\leqq k<\dfrac{1}{4} & \text{のとき，2 組,} \\[4pt] k<-\dfrac{3}{4} & \text{のとき，4 組.} \end{cases}$$

62.

解法メモ

(1)が示されれば l の傾きを（例えば m とでも）設定できて，「距離の和が 1」の条件を"式化"することができるでしょう．

【解答】

(1) $l /\!/ (y\text{軸})$ とすると，$l:x=k$ （k は定数）と表せて，

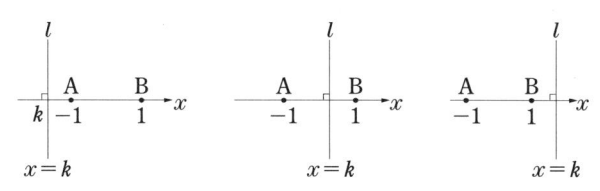

いずれにせよ，

$$(\text{A と } l \text{ の距離}) + (\text{B と } l \text{ の距離}) \geqq 2$$

となって，与条件に反する．

よって，$l \not{/\!/} (y\text{軸})$ である．

(2) (その 1)

l が線分 AB と交わるとき，その交点の座標を

$$(a, 0) \quad \underline{(-1 \leqq a \leqq 1)}_{①}$$

とおき，l の傾きを m とすると，

$$l: y = m(x-a), \text{ すなわち，} mx - y - ma = 0.$$

距離の条件から，

$$\frac{|m \cdot 1 - 0 - ma|}{\sqrt{m^2 + (-1)^2}} + \frac{|m(-1) - 0 - ma|}{\sqrt{m^2 + (-1)^2}} = 1.$$

$$\therefore \ |m(1-a)| + |m(1+a)| = \sqrt{m^2 + 1}.$$

これと①から，

$$|m|(1-a) + |m|(1+a) = \sqrt{m^2 + 1}.$$

$$\therefore \ 2|m| = \sqrt{m^2 + 1}.$$

$$\therefore \ 4m^2 = m^2 + 1.$$

$$\therefore \ m^2 = \frac{1}{3}.$$

$$\therefore \ m = \pm \frac{1}{\sqrt{3}}.$$

(その 2)

l と線分 AB の交点を C，l と線分 AB のなす角を θ （$0° < \theta < 90°$）とする．

また，A，B から l に下ろした垂線の足をそれぞれ H，K とする．

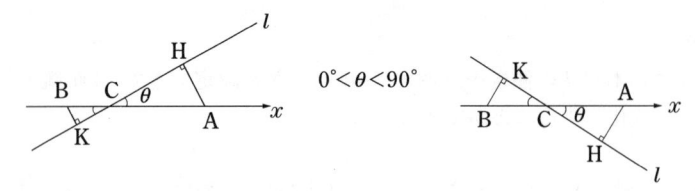

距離の条件から，
$$1 = AH + BK$$
$$= AC\sin\theta + BC\sin\theta$$
$$= (AC + BC)\sin\theta$$
$$= 2\sin\theta.$$
$$\therefore \quad \sin\theta = \frac{1}{2}. \quad \therefore \quad \theta = 30°.$$

よって，l の傾きは
$$\pm \tan 30° = \pm \frac{1}{\sqrt{3}}.$$

(3) (その1)

(1)で示したことから，
$$l : y = ax + b, \quad すなわち， ax - y + b = 0$$
と表せる．

距離の条件から，
$$\frac{|a\cdot 1 - 0 + b|}{\sqrt{a^2 + (-1)^2}} + \frac{|a(-1) - 0 + b|}{\sqrt{a^2 + (-1)^2}} = 1.$$
$$\frac{|a+b| + |-a+b|}{\sqrt{a^2+1}} = 1. \quad \cdots ②$$

ここで，l が線分 AB と交わらないから，2点 A(1, 0)，B(−1, 0) は直線 $l : y = ax + b$ に関して同じ側にあるので，
「$0 < a\cdot 1 + b$，かつ，$0 < a\cdot(-1) + b$」，
または，
「$0 > a\cdot 1 + b$，かつ，$0 > a\cdot(-1) + b$」．

(i) $a + b > 0$，$-a + b > 0$ のとき，②から，
$$\frac{(a+b) + (-a+b)}{\sqrt{a^2+1}} = 1.$$
$$\therefore \quad \frac{b}{\sqrt{a^2+1}} = \frac{1}{2}. \quad (このとき，b > 0)$$

(ii) $a + b < 0$，$-a + b < 0$ のとき，②から，

$$\frac{-(a+b)-(-a+b)}{\sqrt{a^2+1}}=1.$$

$$\therefore \quad \frac{b}{\sqrt{a^2+1}}=-\frac{1}{2}. \quad (このとき, b<0)$$

(i), (ii)いずれにせよ l と原点との距離は,

$$\frac{|a\cdot 0-0+b|}{\sqrt{a^2+(-1)^2}}=\frac{|b|}{\sqrt{a^2+1}}$$

$$=\frac{1}{2}.$$

(その2)

(1)で示したことと, l が線分 AB と交わらないことから, A, B, O から l に下ろした垂線の足をそれぞれ H, K, L とすると, 四角形 AHKB は台形である.

線分 AK と線分 OL の交点を M とすると,

OL＝OM＋ML

$= \frac{1}{2}$BK$+\frac{1}{2}$AH

$= \frac{1}{2}$(AH＋BK)

$= \frac{1}{2}$　($\because$ 距離の条件).

[参考]

(2), (3)でほとんど無意識レベルで「点と直線の距離公式」を使いましたが, その証明をせよという出題もありました.

その証明については, 教科書でおさらいしておいて下さい.

---

xy 平面において, 点 (x_0, y_0) と直線 $ax+by+c=0$ の距離は

$$\frac{|ax_0+by_0+c|}{\sqrt{a^2+b^2}}$$

である. これを証明せよ.　　　　　　　　　　　　　　　　　　　（大阪大）

63.

解法メモ

例によって，正しく読み，正しく書くことから，始めます．

次に C や l の方程式を表現するために，いくつかのパラメータを設定しなければいけないことに気が付きます．

例えば，C の頂点の座標や，C と l の接点の x 座標，あるいは l の傾き等々．

で，このパラメータ達が相互に関係しながら変化していくときの，C と l の接点の x 座標の最大，最小の状況を聞いているのです．

【解答】

C の頂点を (p, q) とすると，これが円 $x^2+(y-2)^2=1$ 上にあることから，
$$p^2+(q-2)^2=1 \quad \cdots ①$$
が成り立ち，
$$C: y=(x-p)^2+q. \quad \cdots ②$$

また，原点を通る直線 l の傾きを $m\ (m>0)$ とすると，
$$l: y=mx \quad \cdots ③$$
と書けて，C と l が接する条件は，②，③から y を消去してできる x の2次方程式 $(x-p)^2+q=mx$，すなわち，
$$x^2-(2p+m)x+p^2+q=0 \quad \cdots ④$$
が重解をもつことで，(④の判別式)$=0$ より，
$$(2p+m)^2-4(p^2+q)=0. \quad \cdots ⑤$$

このとき，C と l の接点の x 座標を $x_0\ (x_0>0)$ とすると，x_0 は④の重解で，
$$x_0=\frac{2p+m}{2}.$$

$\therefore\ x_0{}^2 = \frac{1}{4}(2p+m)^2$
$\qquad = p^2+q \quad (\because ⑤)$
$\qquad = 1-(q-2)^2+q \quad (\because ①)$
$\qquad = -q^2+5q-3$
$\qquad = -\left(q-\dfrac{5}{2}\right)^2+\dfrac{13}{4}.$

ここで，上図より，明らかに $1 \leqq q \leqq 3$ であるから，

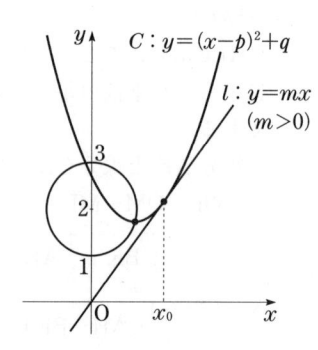

$$u=\frac{13}{4}\begin{pmatrix}q=\frac{5}{2},\\p=\pm\frac{\sqrt{3}}{2}\ (\because \text{①})\end{pmatrix}$$

$q=3$ $u=-\left(q-\frac{5}{2}\right)^2+\frac{13}{4}$

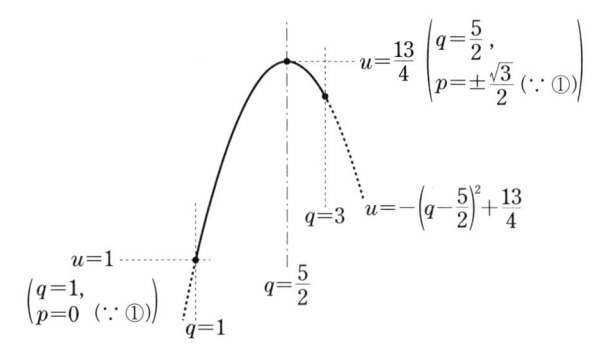

$u=1$
$\begin{pmatrix}q=1,\\p=0\ (\because \text{①})\end{pmatrix}$
$q=\frac{5}{2}$
$q=1$

上図より,
$$1\le x_0^2\le\frac{13}{4}.$$

$x_0>0$ ゆえ,
$$1\le x_0\le\frac{\sqrt{13}}{2}.$$

以上より, C と l の接点の x 座標は, C の頂点が

$$\begin{cases} \left(\pm\dfrac{\sqrt{3}}{2},\ \dfrac{5}{2}\right) \text{ のとき, 最大値 } \dfrac{\sqrt{13}}{2} \text{ をとり,}\\ (0,\ 1) \text{ のとき, 最小値 } 1 \text{ をとる.} \end{cases}$$

[参考]

②より, $y'=2(x-p)$ だから, C の $x=x_0$ における接線 l の方程式を
$$y=2(x_0-p)(x-x_0)+(x_0-p)^2+q$$
として, これが原点を通る条件から,
$$0=2(x_0-p)(0-x_0)+(x_0-p)^2+q,$$
すなわち,
$$x_0^2=p^2+q$$
としてもよい.

64.

解法メモ

$x-y<0$, かつ, $x+y<2$ の表す領域は簡単で, 右上図の網目部分（境界含まず）になります.

これ, かつ, $ax+by<1$ が三角形の内部を表せばよいのです.

ところで, 座標平面は, 右下図のように, 直線 $ax+by=1$ $(a^2+b^2\neq 0)$ によって, 2つの半平面に分けられます.

一方は $ax+by>1$ の表す領域, 他方は $ax+by<1$ の表す領域です.

したがって, 本問の場合は, 点 $(1,1)$ が $ax+by<1$ の領域に入っていなければなりません（必要条件）.

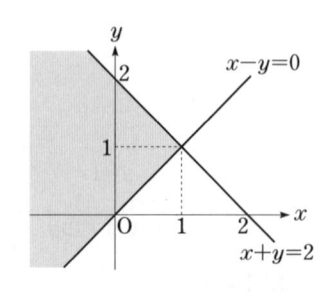

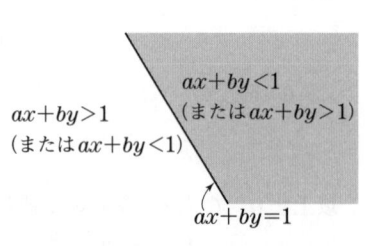

【解答】

$x-y<0$, かつ, $x+y<2$, かつ, $ax+by<1$ の表す領域が三角形の内部になる条件は,

$\begin{cases} \text{(i)} \ \text{直線} \ \underline{ax+by=1}_{①} \ \text{が直線} \ \underline{x-y=0}_{②} \ \text{や直線} \ \underline{x+y=2}_{③} \ \text{と} \ x<1 \\ \quad \text{の範囲で交わり,} \\ \text{(ii)} \ \text{点} \ (1,1) \ \text{が} \ ax+by<1 \ \text{の表す領域内にある} \end{cases}$

ことである.

(ii)より,

$$a+b<1. \qquad \cdots ④$$

(i)について, ①, ② から y を消去して, $(a+b)x=1$.

よって, $a+b\neq 0$ で, $x=\dfrac{1}{a+b}<1$.

∴ $a+b<(a+b)^2$. ∴ $(a+b)(a+b-1)>0$.

これと, ④より,

$$a+b<0. \qquad \cdots ⑤$$

①, ③ から y を消去して, $(a-b)x=1-2b$.

$a=b$ とすると, $a=b=\dfrac{1}{2}$ となって, ④に反する.

∴ $a\neq b$.

$$\therefore \quad x = \frac{1-2b}{a-b} < 1.$$
$$\therefore \quad (a-b)(1-2b) < (a-b)^2.$$
$$\therefore \quad (a-b)(a+b-1) > 0.$$

これと，④より，
$$a-b<0. \quad \cdots ⑥$$

以上より，求める a, b の条件は，⑤かつ⑥，すなわち，
$$a<b<-a$$
で，これをみたす点 (a, b) の集合は，右図の網目部分（ただし，境界は含まない）．

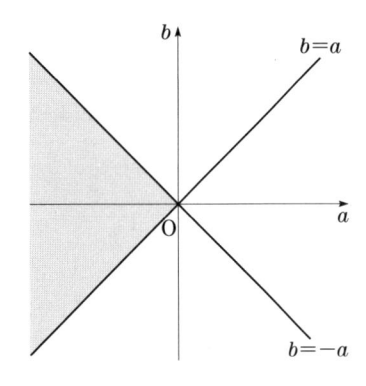

65.

解法メモ

$q = \log_a p$ のグラフについて，

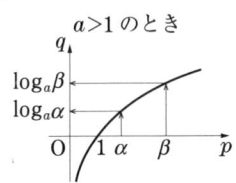

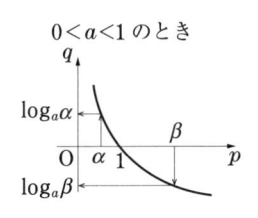

$a>1$ のとき

$0<a<1$ のとき

$\alpha<\beta \iff \log_a \alpha < \log_a \beta$

$\alpha<\beta \iff \log_a \alpha > \log_a \beta$

本問では底について，$2>1$ なので，真数の大小関係と対数の大小関係は一致します．

【解答】

$$\log_2(2y+1) - 1 \leq \log_2 x \leq 2 + \log_2 y \leq \log_2 x + \log_2(4-2x). \quad \cdots (*)$$

(1) （真数）>0 の条件から，
$$2y+1>0, \quad x>0, \quad y>0, \quad 4-2x>0.$$
$$\therefore \quad 0<x<2, \quad y>0. \quad \cdots ①$$

この下で，
$$(*) \iff \begin{cases} \log_2(2y+1) \leq \log_2 2x, \\ \log_2 x \leq \log_2 4y, \\ \log_2 4y \leq \log_2 x(4-2x). \end{cases}$$

底について，$2>1$ ゆえ，

$(*) \iff \begin{cases} 2y+1 \leq 2x, \\ x \leq 4y, \\ 4y \leq x(4-2x) \end{cases}$

$\iff \begin{cases} y \leq x - \dfrac{1}{2}, & \cdots ② \\ y \geq \dfrac{1}{4}x, & \cdots ③ \\ y \leq -\dfrac{1}{2}x(x-2). & \cdots ④ \end{cases}$

①, ②, ③, ④ から，求める領域 D は，図の網掛け部分で境界を含む.

(2) $y - sx = k$ とおくと，
$$y = sx + k. \quad \cdots ⑤$$

xy 平面上の直線⑤が(1)で求めた領域 D と共有点をもつときの k の最大値が $f(s)$ である.

ここで，放物線 $y = -\dfrac{1}{2}x(x-2)$ の $\mathrm{B}\left(1, \dfrac{1}{2}\right)$ における接線の傾きは 0, $\mathrm{C}\left(\dfrac{3}{2}, \dfrac{3}{8}\right)$ における接線の傾きは $-\dfrac{1}{2}$ である.

(i) $1 \leq s$ のとき，直線⑤が $\mathrm{A}\left(\dfrac{2}{3}, \dfrac{1}{6}\right)$ を通るとき k は最大となるから，
$$f(s) = \dfrac{1}{6} - s \cdot \dfrac{2}{3} = \dfrac{1}{6} - \dfrac{2}{3}s.$$

(ii) $0 \leq s < 1$ のとき，直線⑤が $\mathrm{B}\left(1, \dfrac{1}{2}\right)$ を通るとき k は最大となるから，
$$f(s) = \dfrac{1}{2} - s \cdot 1 = \dfrac{1}{2} - s.$$

(iii) $-\dfrac{1}{2} \leq s < 0$ のとき，直線⑤が放物線 $y = -\dfrac{1}{2}x(x-2)$ と弧 BC 上で接するとき k は最大となる．このとき，$-\dfrac{1}{2}x(x-2) = sx + k$，すなわち，
$$x^2 - 2(1-s)x + 2k = 0 \quad \cdots ⑥$$
は重解をもつから，(⑥の判別式)$= 0$.

$\therefore \ (1-s)^2 - 2k = 0. \quad \therefore \ k = \dfrac{1}{2}(1-s)^2.$

$$\therefore \quad f(s) = \frac{1}{2}(1-s)^2.$$

$$\begin{pmatrix} \text{このとき，⑥の重解 } x=1-s \text{ について，} \\ 1 < 1-s \leqq \frac{3}{2} \\ \text{ゆえ，接点は確かに弧 BC 上にある．} \end{pmatrix}$$

(iv) $s < -\dfrac{1}{2}$ のとき，直線⑤が $C\left(\dfrac{3}{2}, \dfrac{3}{8}\right)$ を通るとき k は最大となるから，

$$f(s) = \frac{3}{8} - s \cdot \frac{3}{2} = \frac{3}{8} - \frac{3}{2}s.$$

以上，(i)〜(iv)から，求める最大値は，

$$f(s) = \begin{cases} \dfrac{1}{6} - \dfrac{2}{3}s & (1 \leqq s \quad \text{のとき}), \\ \dfrac{1}{2} - s & (0 \leqq s < 1 \quad \text{のとき}), \\ \dfrac{1}{2}(1-s)^2 & \left(-\dfrac{1}{2} \leqq s < 0 \quad \text{のとき}\right), \\ \dfrac{3}{8} - \dfrac{3}{2}s & \left(s < -\dfrac{1}{2} \quad \text{のとき}\right). \end{cases}$$

66.

解法メモ

独立に動く変数が x, y の2つあって，しかも2次の項 xy までありますから，目がまわります．

変数が複数あるときは，一方を（例えば y を）条件をみたす範囲内で固定しておいて，他方のみを動かして変化をみます．

$y=k$（k は $-1 \leq k \leq 1$ をみたす定数）とすると，

$$（与式）= \underline{-a(k+1)x-bk+1}$$
$$\text{x の高々1次の式}$$

で，$-(k+1) \leq 0$ だから，もし $a \geq 0$ なら，このグラフは右上図のようになります．

よって，$x=1$ で最小となって，

$$（与式）\geq -a(k+1)-bk+1$$
$$= -(a+b)k-a+1.$$

さらに，k を変化させるとき，もし $a+b \geq 0$ なら，このグラフは右下図のようになります．

よって，$k(=y)=1$ で最小となって，

$$（与式）\geq -(a+b)-a+1$$
$$= -2a-b+1.$$

与条件から，これが正の値になればよいのです．

「2変数関数」が表向きのテーマですが，内容は，「場合分けを展開していく力をみる」ですね．

【解答】

$$-1 \leq x \leq 1, \quad -1 \leq y \leq 1. \qquad \cdots ①$$
$$z = 1-ax-by-axy$$

とおく．

$y=k$（①より，k は $-1 \leq k \leq 1$ $\cdots$②）と固定すると，

$$z = 1-ax-bk-akx = -a(k+1)x-bk+1$$

で，②より，$-(k+1) \leq 0$ だから，

(i) $a \geq 0$ のとき，z は x に関して減少関数または定数関数となる．したがって，①より $x=1$ のとき，z は最小となる．

$$\therefore \ z \geq -a(k+1)-bk+1$$
$$= -(a+b)k-a+1. \qquad \cdots ③$$

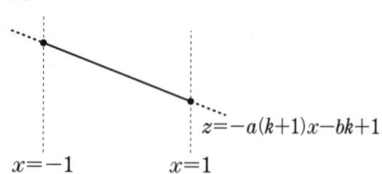

ここで, k を②の範囲で動かす.

(ア) $a+b \geqq 0$ のとき, ③の右辺は k に関して減少関数または定数関数となる. したがって, ②より, $k=1$ のとき, これは最小となる.
$$\therefore \quad z \geqq -(a+b) - a + 1$$
$$= -2a - b + 1.$$

これが正となる条件は,
$$-2a - b + 1 > 0, \text{ すなわち, } b < -2a + 1.$$

(イ) $a+b < 0$ のとき, ③の右辺は k に関して増加関数となる. したがって, ②より, $k=-1$ のとき, これは最小となる.
$$\therefore \quad z \geqq (a+b) - a + 1$$
$$= b + 1.$$

これが正となる条件は,
$$b + 1 > 0, \text{ すなわち, } b > -1.$$

(ii) $a < 0$ のとき, z は x に関して増加関数または定数関数となる. したがって, ①より, $x=-1$ のとき, z は最小となる.
$$\therefore \quad z \geqq a(k+1) - bk + 1$$
$$= (a-b)k + a + 1. \qquad \cdots ④$$

ここで, k を②の範囲で動かす.

(ウ) $a-b \geqq 0$ のとき, ④の右辺は k に関して増加関数または定数関数となる. したがって, ②より, $k=-1$ のとき, これは最小となる.
$$\therefore \quad z \geqq -(a-b) + a + 1$$
$$= b + 1.$$

これが正となる条件は,
$$b + 1 > 0, \text{ すなわち, } b > -1.$$

(エ) $a-b < 0$ のとき, ④の右辺は k に関して減少関数となる. したがって, ②より, $k=1$ のとき, これは最小となる.
$$\therefore \quad z \geqq (a-b) + a + 1$$
$$= 2a - b + 1.$$

これが正となる条件は,
$$2a - b + 1 > 0, \text{ すなわち, } b < 2a + 1.$$

以上まとめて，求める a, b の条件は，

$$\begin{cases} \text{(ア)} & a \geq 0,\ a+b \geq 0,\ b < -2a+1, \\ \text{(イ)} & a \geq 0,\ a+b < 0,\ b > -1, \\ \text{(ウ)} & a < 0,\ a-b \geq 0,\ b > -1, \\ \text{(エ)} & a < 0,\ a-b < 0,\ b < 2a+1 \end{cases}$$

で，これをみたす点 (a, b) の範囲は，右図の斜線部分（ただし，周上の点は含まない）．

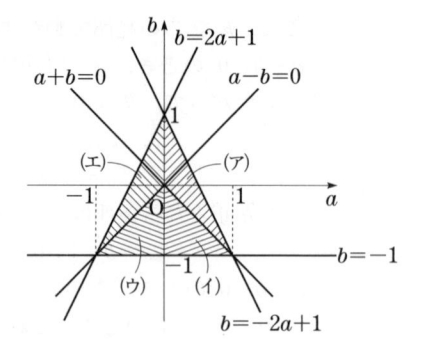

67.

解法メモ

放物線 $y = x^2$ 上に，直線 $y = ax+1$ に関して対称な位置にある異なる2点 P, Q が存在するような「絵」を書いてみるところから始まります．

この絵が書けるためには，$P(\alpha, \alpha^2)$, $Q(\beta, \beta^2)$ を結ぶ線分の垂直二等分線が直線 $y = ax+1$ になっているということで，…

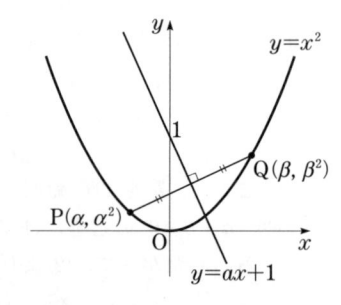

【解答】

上図のように，放物線 $y = x^2$ 上の異なる2点 P, Q の座標を，それぞれ $P(\alpha, \alpha^2)$, $Q(\beta, \beta^2)$ $(\alpha \neq \beta)$ とすると，与条件から，

$$\begin{cases} \text{線分 PQ の中点}\left(\dfrac{\alpha+\beta}{2}, \dfrac{\alpha^2+\beta^2}{2}\right) \text{が直線 } y = ax+1 \text{ 上にあり}, & \cdots \text{①} \\ \text{線分 PQ が直線 } y = ax+1 \text{ と直交する．} & \cdots \text{②} \end{cases}$$

① より，

$$\frac{\alpha^2+\beta^2}{2} = a \cdot \frac{\alpha+\beta}{2} + 1.$$

$$\therefore\ (\alpha+\beta)^2 - 2\alpha\beta = a(\alpha+\beta) + 2. \qquad \cdots \text{①}'$$

② より，

$$\frac{\beta^2-\alpha^2}{\beta-\alpha} \cdot a = -1. \qquad \therefore\ (\alpha+\beta)a = -1.$$

$$\therefore\ \alpha+\beta = \frac{-1}{a}. \qquad \cdots \text{②}'$$

これを①′へ代入して，
$$\left(\frac{-1}{a}\right)^2 - 2\alpha\beta = a \cdot \frac{-1}{a} + 2.$$
$$\therefore \quad \alpha\beta = \frac{1}{2a^2} - \frac{1}{2}. \qquad \cdots ③$$

よって，与条件をみたすP，Qが存在する条件は，②′，③をみたす異なる2つの実数 α，β が存在することで，これは，t の2次方程式
$$t^2 + \frac{1}{a}t + \frac{1}{2a^2} - \frac{1}{2} = 0 \qquad \cdots ④$$
が異なる2つの実数解をもつことである．
$$\therefore \quad (\text{④の判別式}) > 0.$$
$$\therefore \quad \left(\frac{1}{a}\right)^2 - 4 \cdot 1 \cdot \left(\frac{1}{2a^2} - \frac{1}{2}\right) > 0. \qquad \therefore \quad a^2 > \frac{1}{2}.$$
$$\therefore \quad a < -\frac{1}{\sqrt{2}}, \quad \frac{1}{\sqrt{2}} < a.$$

68.

解法メモ

$\overrightarrow{OQ} = t\overrightarrow{OP}$ とおくと，
$$\begin{pmatrix} X \\ Y \end{pmatrix} = t\begin{pmatrix} x \\ y \end{pmatrix}$$
より，
$$\begin{cases} X = tx, & \cdots ㋐ \\ Y = ty & \cdots ㋑ \end{cases}$$
と書けますし，P(x, y) は l 上にあるから，
$$3x + 4y = 5. \qquad \cdots ㋒$$
また，OP・OQ = 1 から，
$$\sqrt{x^2 + y^2}\sqrt{X^2 + Y^2} = 1. \qquad \cdots ㋓$$

以上，登場人物 x，y，X，Y，t（5つ）に対して，方程式が㋐，㋑，㋒，㋓の4本分立ちました．

未知数またはパラメータを1つ消去するのに方程式を1本消費しますから，x，y，t を消去するのに方程式は3本消費され，結局，残る1本は最早 X，Y のみの式となって，これが(2)で求められている Q(X, Y) の軌跡の式なのです．

【解答】

(1) O と l との距離 OH は，
$$\frac{|3\cdot 0+4\cdot 0-5|}{\sqrt{3^2+4^2}}=1$$
だから，OP≧1. したがって，
$$OQ=\frac{1}{OP}\leq 1. \quad (\because\ OP\cdot OQ=1)$$ 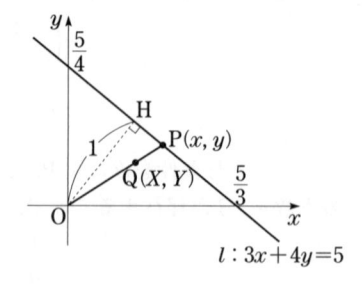
よって，P の l 上での位置によらず，Q は線分 OP 上にとれて，
$$\overrightarrow{OQ}=t\overrightarrow{OP} \quad (0<t\leq 1)$$
すなわち，
$$\begin{pmatrix}X\\Y\end{pmatrix}=t\begin{pmatrix}x\\y\end{pmatrix}. \quad \text{よって，} \begin{cases}X=tx,\\Y=ty.\end{cases} \quad \text{したがって，} \begin{cases}x=\dfrac{X}{t}, & \cdots\text{①}\\ y=\dfrac{Y}{t}, & \cdots\text{②}\end{cases}$$

と書ける．また，OP·OQ＝1 より，
$$\sqrt{x^2+y^2}\sqrt{X^2+Y^2}=1.$$
これに①，②を代入して，
$$\frac{X^2+Y^2}{t}=1. \quad (\because\ t>0.)$$
$$\therefore\ t=X^2+Y^2.$$
これと①，②から，
$$x=\frac{X}{X^2+Y^2}, \quad y=\frac{Y}{X^2+Y^2}. \quad \cdots\text{③}$$

(2) $P(x,y)$ は $l:3x+4y=5$ 上にあるから，③より，
$$\frac{3X}{X^2+Y^2}+\frac{4Y}{X^2+Y^2}=5. \quad \cdots\text{④}$$
$$\therefore\ 3X+4Y=5(X^2+Y^2), \quad X^2+Y^2\neq 0.$$
$$\therefore\ \left(X-\frac{3}{10}\right)^2+\left(Y-\frac{2}{5}\right)^2=\left(\frac{1}{2}\right)^2, \quad X^2+Y^2\neq 0.$$

よって，求める Q(X, Y) の軌跡は，

$\left(\dfrac{3}{10}, \dfrac{2}{5}\right)$ を中心とする半径 $\dfrac{1}{2}$ の円

（ただし，原点 (0, 0) を除く）．

[補足]

④の分母を払うとき，

$\dfrac{b}{a} = c \;\substack{\longrightarrow \\ \longleftarrow\!\!\!\!\times}\; b = ac$

に注意！正しくは，

$\dfrac{b}{a} = c \iff b = ac, \; \underwavy{a \neq 0}.$

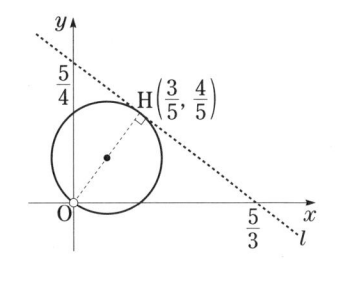

69.

[解法メモ]

円 $x^2 + y^2 = r^2$ の周上の点 (x_0, y_0) における接線の方程式は，

$$x_0 x + y_0 y = r^2.$$

（ただし，$x_0^2 + y_0^2 = r^2$．）

因みに，

円 $(x-a)^2 + (y-b)^2 = r^2$ の周上の点 (x_0, y_0) における接線の方程式は，

$(x_0 - a)(x-a) + (y_0 - b)(y-b) = r^2.$

（ただし，$(x_0 - a)^2 + (y_0 - b)^2 = r^2$．）

【解答】

(1) T(α, β) とおくと，

$$\alpha^2 + \beta^2 = r^2 \quad \cdots ①$$

で，T における円 C の接線

$$l : \alpha x + \beta y = r^2$$

が P(r, t) を通ることから，

$$r\alpha + t\beta = r^2. \quad \cdots ②$$

②，および，$t \neq 0$ から，

$$\beta = \dfrac{r^2 - r\alpha}{t}. \quad \cdots ③$$

これを①へ代入して整理すると，

$$(r^2 + t^2)\alpha^2 - 2r^3 \alpha + r^2(r^2 - t^2) = 0.$$

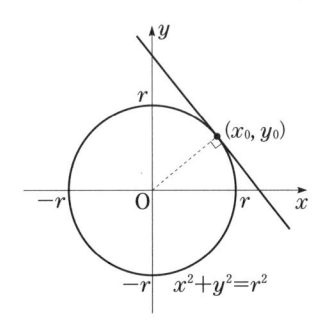

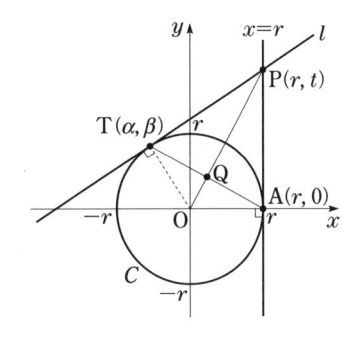

$$\therefore \ \{(r^2+t^2)\alpha - r(r^2-t^2)\}(\alpha-r)=0. \qquad \therefore \ \alpha = \frac{r(r^2-t^2)}{r^2+t^2},\ r.$$

与条件より, l と直線 PA は異なるから, $\alpha \neq r$.

$$\therefore \ \alpha = \frac{r(r^2-t^2)}{r^2+t^2}\ (\neq r).$$

$\left(\because\ \dfrac{r(r^2-t^2)}{r^2+t^2}=r\ \text{とすると},\ rt^2=0\ \text{となって, 条件}\ r>0,\ t\neq 0\ \text{に反する.}\right)$

これと③より,

$$\beta = \frac{1}{t}(r^2-r\alpha) = \frac{r}{t}\left\{r - \frac{r(r^2-t^2)}{r^2+t^2}\right\} = \frac{2r^2 t}{r^2+t^2}.$$

よって, 求める接点 T の座標は,

$$\mathrm{T}\left(\frac{r(r^2-t^2)}{r^2+t^2},\ \frac{2r^2 t}{r^2+t^2}\right).$$

(2) $\triangle\mathrm{POT} \equiv \triangle\mathrm{POA}$ より,

$$\triangle\mathrm{PQT} \equiv \triangle\mathrm{PQA}. \qquad \therefore\ \angle\mathrm{PQT}=\angle\mathrm{PQA}=90°.$$

$$\therefore\ \triangle\mathrm{POT} \backsim \triangle\mathrm{TOQ}. \qquad \therefore\ \frac{\mathrm{OT}}{\mathrm{OP}} = \frac{\mathrm{OQ}}{\mathrm{OT}}.$$

$$\therefore\ \mathrm{OP}\cdot\mathrm{OQ} = \mathrm{OT}^2 = r^2. \qquad \cdots ④$$

ここで, $\mathrm{Q}(X,\ Y)$ とおくと, O, Q, P がこの順に同一直線上にあるから, $\overrightarrow{\mathrm{OQ}}=k\overrightarrow{\mathrm{OP}}$, すなわち,

$$\begin{pmatrix}X\\Y\end{pmatrix} = k\begin{pmatrix}r\\t\end{pmatrix} \quad (0<k<1).$$

これと④から,

$$\sqrt{r^2+t^2}\sqrt{k^2(r^2+t^2)} = r^2.$$
$$\therefore\ k(r^2+t^2) = r^2. \quad (\because\ k>0.)$$
$$\therefore\ k = \frac{r^2}{r^2+t^2}. \qquad \therefore\ \begin{pmatrix}X\\Y\end{pmatrix} = \frac{r^2}{r^2+t^2}\begin{pmatrix}r\\t\end{pmatrix}.$$

与条件より, $t>0$ ゆえ,

$$X>0,\ Y>0 \quad \cdots ⑤$$

で,

$$\begin{cases} tX = rY, & \cdots ⑥ \\ (r^2+t^2)X = r^3. & \cdots ⑦ \end{cases}$$

⑥より,

$$t = \frac{rY}{X}.$$

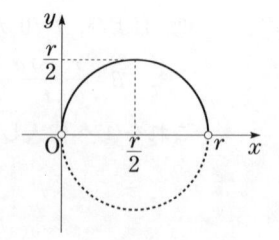

これを⑦へ代入して,

$$\left(r^2+\frac{r^2Y^2}{X^2}\right)X=r^3. \qquad \therefore \quad X^2+Y^2=rX.$$
$$\therefore \quad \left(X-\frac{r}{2}\right)^2+Y^2=\left(\frac{r}{2}\right)^2.$$

これと⑤より，Qの軌跡は，

$\left(\dfrac{r}{2},\ 0\right)$ を中心とする半径 $\dfrac{r}{2}$ の円

のうち，第1象限内の部分．（前頁図）

[参考]
　常に，∠OQA=90° となるから，Qは，
線分OAを直径とする円の周上にある．（右図）

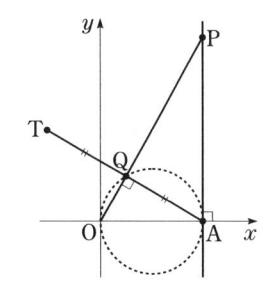

70.

解法メモ

2本の方程式を連立して，交点Pの座標を m を用いて次のように表すことはできますが，…

$$P(X,\ Y)=\left(\frac{m+2}{1+m^2},\ \frac{m^2+2m}{1+m^2}\right). \qquad \cdots ㋐$$

こうしてしまうと，これから m を消去して X と Y の直接の関係式にすることが面倒なことになります．やってやれないことはないけれど…．([**参考**]（その1）を参照．)

㋐の形にまで持っていく前にうまく m を消去します．

【解答】
$P(X,\ Y)$ とおくと，
$$\begin{cases} mX-Y=0, & \cdots ① \\ X+mY-m-2=0. & \cdots ② \end{cases}$$

(i) $X=0$ のとき，①から $Y=0$．
　　このとき，②から，$m=-2$（存在する）．

(ii) $X\neq 0$ のとき，①から，$m=\dfrac{Y}{X}$．

これと②から，$X+\dfrac{Y^2}{X}-\dfrac{Y}{X}-2=0$．

$$\therefore \quad X^2+Y^2-Y-2X=0.$$
$$\therefore \quad (X-1)^2+\left(Y-\frac{1}{2}\right)^2=\left(\frac{\sqrt{5}}{2}\right)^2.$$

以上より，求める P の軌跡は，

円 $(x-1)^2 + \left(y-\dfrac{1}{2}\right)^2 = \left(\dfrac{\sqrt{5}}{2}\right)^2$.

ただし，点 $(0, 1)$ を除く．

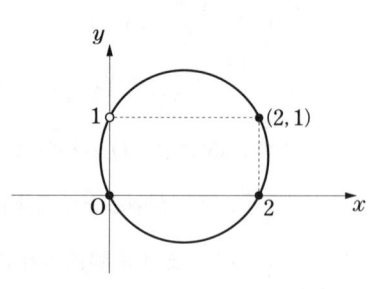

[参考]（その 1）

①，②を解いて，
$$X = \dfrac{m+2}{1+m^2}, \quad Y = \dfrac{m^2+2m}{1+m^2}.$$

（その 1-1）

ここで，$m = \tan\theta \underbrace{\left(-\dfrac{\pi}{2} < \theta < \dfrac{\pi}{2}\right)}_{\text{⑦}}$ とおくと，

$$X = \dfrac{\tan\theta + 2}{1+\tan^2\theta} = (\tan\theta + 2)\cos^2\theta = 2\cos^2\theta + \sin\theta\cos\theta$$

$$= \cos 2\theta + 1 + \dfrac{1}{2}\sin 2\theta$$

$$= \dfrac{\sqrt{5}}{2}\left(\dfrac{2}{\sqrt{5}}\cos 2\theta + \dfrac{1}{\sqrt{5}}\sin 2\theta\right) + 1$$

$$= \dfrac{\sqrt{5}}{2}\cos(2\theta - \alpha) + 1, \quad \left(\text{ただし，} \cos\alpha = \dfrac{2}{\sqrt{5}}, \sin\alpha = \dfrac{1}{\sqrt{5}}.\right)$$

$$Y = 1 + \dfrac{2m-1}{1+m^2} = 1 + \dfrac{2\tan\theta - 1}{1+\tan^2\theta} = 1 + (2\tan\theta - 1)\cos^2\theta$$

$$= 2\sin\theta\cos\theta + \sin^2\theta$$

$$= \sin 2\theta + \dfrac{1}{2}(1 - \cos 2\theta)$$

$$= \dfrac{\sqrt{5}}{2}\left(\dfrac{2}{\sqrt{5}}\sin 2\theta - \dfrac{1}{\sqrt{5}}\cos 2\theta\right) + \dfrac{1}{2}$$

$$= \dfrac{\sqrt{5}}{2}\sin(2\theta - \alpha) + \dfrac{1}{2}.$$

$$\therefore\ \overrightarrow{\mathrm{OP}}=\begin{pmatrix}X\\Y\end{pmatrix}=\begin{pmatrix}1\\\dfrac{1}{2}\end{pmatrix}+\dfrac{\sqrt{5}}{2}\begin{pmatrix}\cos(2\theta-\alpha)\\\sin(2\theta-\alpha)\end{pmatrix}.$$

$$(-\pi-\alpha<2\theta-\alpha<\pi-\alpha\ (\because\ ㋐))$$

よって,求める $P(X,\ Y)$ の軌跡は,点 $\left(1,\ \dfrac{1}{2}\right)$ を中心とする半径 $\dfrac{\sqrt{5}}{2}$ の円.
(ただし,中心から見て,x 軸の正の向きから $\pm\pi-\alpha$ だけまわった方向の点を除く.)

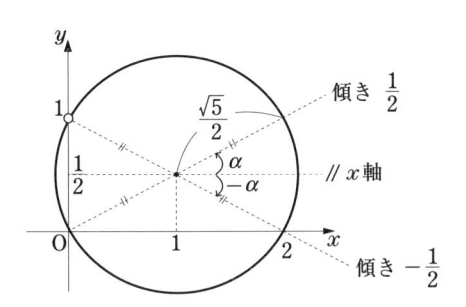

（図：中心 $(1,\ 1/2)$、半径 $\sqrt{5}/2$ の円。傾き $1/2$、傾き $-1/2$ の直線、角 α、$-\alpha$）

(その 1-2)

$$\begin{cases}X=\dfrac{m}{1+m^2}+2\cdot\dfrac{1}{1+m^2},\\ Y-1=\dfrac{2m-1}{1+m^2}\\ \qquad=2\cdot\dfrac{m}{1+m^2}-\dfrac{1}{1+m^2}.\end{cases}$$

これを $\dfrac{m}{1+m^2}$ と $\dfrac{1}{1+m^2}$ について解いて,

$$\dfrac{m}{1+m^2}=\dfrac{X+2Y-2}{5},\ \underline{\dfrac{1}{1+m^2}=\dfrac{2X-Y+1}{5}}_{㋑}\ (\neq 0).$$

よって,$m=\dfrac{\left(\dfrac{m}{1+m^2}\right)}{\left(\dfrac{1}{1+m^2}\right)}=\dfrac{X+2Y-2}{2X-Y+1}.$

これを㋑に代入して整理して,

$$X^2+Y^2-2X-Y=0,\ 2X-Y+1\neq 0.\ （以下,略）$$

[参考] (その 2)

直線 $l_1: mx-y=0$ は,

$$\text{O}(0, 0) \text{ を通り, 方向ベクトル } \vec{l_1}=\begin{pmatrix} 1 \\ m \end{pmatrix} \text{ の直線.}$$

(したがって, O を通る直線のうち, y 軸（直線 $x=0$）のみ表せない.)

直線 $l_2: x+my-m-2=0$, すなわち, $(x-2)+m(y-1)=0$ は,

$$\text{A}(2, 1) \text{ を通り, 方向ベクトル } \vec{l_2}=\begin{pmatrix} m \\ -1 \end{pmatrix} \text{ の直線.}$$

(したがって, A を通る直線のうち, 直線 $y=1$ のみ表せない.)

さらに, $\vec{l_1} \cdot \vec{l_2} = 0$ ゆえ, $l_1 \perp l_2$ である.

以上より, l_1, l_2 の交点 P の軌跡は, 線分 OA を直径とする円である. (ただし, 2直線 $x=0$, $y=1$ の交点 $(0, 1)$ を除く.)

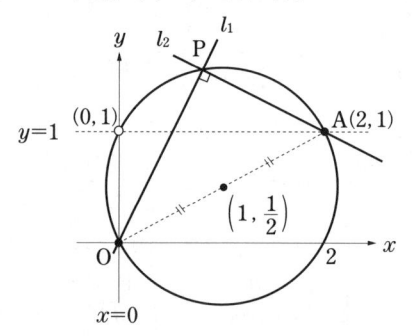

71.

解法メモ

(2)は,

$$((1) \text{で求めた } \alpha^2+\beta^2 \text{ を } p, q \text{ で表した式}) \leq 1$$

だけでは足りませんよ.

例えば $(p, q) = (0, 1)$ は, $\alpha^2+\beta^2 \leq 1$ をみたしますが, このとき, 与方程式 $x^2+px+q=0$, すなわち, $x^2+1=0$ は実数解を持たなくなってしまいます.

【解答】

実数係数の2次方程式 $x^2+px+q=0$ が2つの実数解 α, β を持つとき, (判別式)≥ 0 より,

$$p^2-4q \geq 0. \qquad \cdots ①$$

解と係数の関係より,

$$\begin{cases} \alpha+\beta = -p, \\ \alpha\beta = q \end{cases} \qquad \cdots ②$$

(1) ②より，
$$\alpha^2+\beta^2=(\alpha+\beta)^2-2\alpha\beta$$
$$=\boldsymbol{p^2-2q}.$$

(2) ①より，
$$q\leqq\frac{1}{4}p^2. \qquad \cdots ①'$$

このとき，点 (α, β) が原点を中心とする半径1の円の内部または周上にある条件は，$\alpha^2+\beta^2\leqq 1$ であるから，(1)より，
$$p^2-2q\leqq 1.$$
$$\therefore\quad q\geqq\frac{1}{2}p^2-\frac{1}{2}. \qquad \cdots ③$$

よって，求める p, q の条件は ①′ かつ ③ で，点 (p, q) の範囲は，右図の網目部分（境界を含む）．

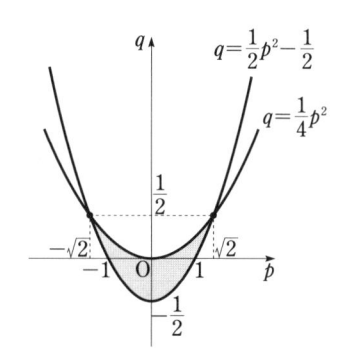

72.

[解法メモ]

$$l_t : y=(2t-1)x-2t^2+2t \qquad \cdots (*)$$

ですから，t が $0\leqq t\leqq 1$ の範囲を動くと，それに伴って l_t は，xy 平面上を自動車のフロントガラスのワイパーのように動いていきます．（ちょっと違うかな?!）

さて，その領域のとらえ方ですが…

(その1)

「直線 l_t が或る点 (X, Y) を通る」
$\iff$ 「$Y=(2t-1)X-2t^2+2t$，すなわち，
$\underline{2t^2-2(X+1)t+X+Y=0}_{\text{⑦}}$ をみたす t $\underline{(0\leqq t\leqq 1)}_{\text{④}}$ が存在する」

と考えて，t の2次方程式 ⑦ が ④ の範囲の実数解を持つための X, Y の条件を求める．（その条件が，l_t が通る点であるための条件そのもの．）

(その2)

$$(*) \iff y=-2\left(t-\frac{x+1}{2}\right)^2+\frac{x^2+1}{2}$$

とみて，直線 l_t 達と直線 $x=k$ の交点の y 座標

$$y=-2\left(t-\frac{k+1}{2}\right)^2+\frac{k^2+1}{2}$$

の取り得る値の範囲を調べる.

これは普通, k によって決まる範囲となっていて,
$$(k \text{ の関数}) \leq y \leq (k \text{ の関数}).$$
この式の k を x に変えたものが, l_t が通る範囲です.

【解答】

(1) 2点 (t, t), $(t-1, 1-t)$ を通る直線 l_t の方程式は,
$$y = \frac{t-(1-t)}{t-(t-1)}(x-t)+t,$$
すなわち,
$$\boldsymbol{y = (2t-1)x - 2t^2 + 2t}. \qquad \cdots \text{①}$$

(2) (その1)
$$\text{①} \iff t^2 - (x+1)t + \frac{x+y}{2} = 0.$$
この左辺を $f(t)$ とおくと,
$$f(t) = \left(t - \frac{x+1}{2}\right)^2 - \frac{x^2 - 2y + 1}{4}.$$

ここで,

「直線 l_t $(0 \leq t \leq 1)$ の少なくとも 1 本が或る点 (x, y) を通る」
$\iff$ 「$f(t) = 0$ $(0 \leq t \leq 1)$ をみたす t が存在する」

である. この条件は,

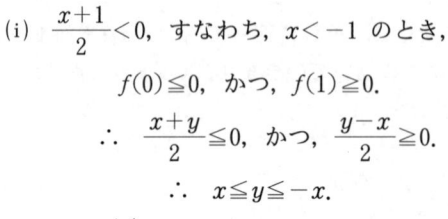

(i) $\dfrac{x+1}{2} < 0$, すなわち, $x < -1$ のとき,
$$f(0) \leq 0, \text{ かつ, } f(1) \geq 0.$$
$$\therefore \quad \frac{x+y}{2} \leq 0, \text{ かつ, } \frac{y-x}{2} \geq 0.$$
$$\therefore \quad x \leq y \leq -x.$$

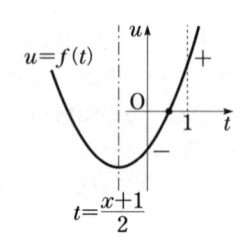

(ii) $0 \leq \dfrac{x+1}{2} \leq 1$, すなわち, $-1 \leq x \leq 1$ のとき,

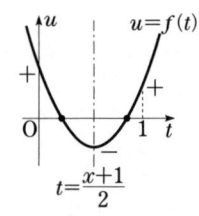

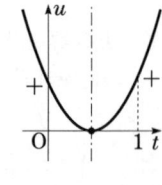

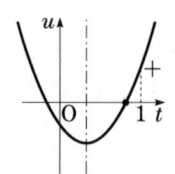

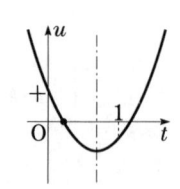

$$f\left(\frac{x+1}{2}\right) \leq 0, \text{ かつ, } \{f(0) \geq 0, \text{ または, } f(1) \geq 0\}.$$

$\therefore\quad -\dfrac{x^2-2y+1}{4}\leqq 0,\ \text{かつ},\ \left\{\dfrac{x+y}{2}\geqq 0,\ \text{または},\ \dfrac{y-x}{2}\geqq 0\right\}.$

$\therefore\quad y\leqq \dfrac{1}{2}(x^2+1),\ \text{かつ},\ \{y\geqq -x,\ \text{または},\ y\geqq x\}.$

(iii) $1<\dfrac{x+1}{2}$, すなわち, $1<x$ のとき,

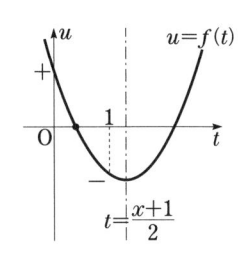

$\qquad f(0)\geqq 0,\ \text{かつ},\ f(1)\leqq 0.$

$\therefore\quad \dfrac{x+y}{2}\geqq 0,\ \text{かつ},\ \dfrac{y-x}{2}\leqq 0.$

$\therefore\quad -x\leqq y\leqq x.$

以上まとめて,

$$\begin{cases} x<-1 \text{ のとき}, & x\leqq y\leqq -x, \\ -1\leqq x\leqq 1 \text{ のとき}, & y\leqq \dfrac{1}{2}(x^2+1),\ \text{かつ},\ \{y\geqq -x,\ \text{または},\ y\geqq x\}, \\ 1<x \text{ のとき}, & -x\leqq y\leqq x. \end{cases}$$

よって, 求める l_t の通り得る範囲は, 次図の網目部分 (境界を含む).

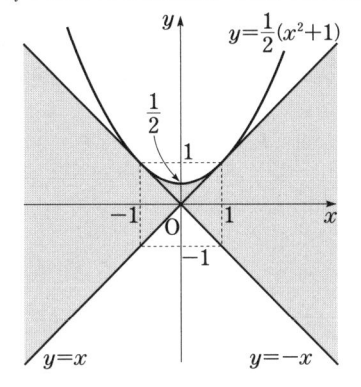

(その 2)

$\text{①} \iff y=-2t^2+2(x+1)t-x$
$\qquad\qquad =-2\left(t-\dfrac{x+1}{2}\right)^2+\dfrac{x^2+1}{2}.$

よって, $l_t\ (0\leqq t\leqq 1)$ の通り得る範囲と直線 $x=k$ の共有点の y 座標は,

$$y=-2\left(t-\dfrac{k+1}{2}\right)^2+\dfrac{k^2+1}{2}\quad (0\leqq t\leqq 1)$$

と書けて, この右辺を $g(t)$ とおくと,

(i) $\dfrac{k+1}{2}<0$, すなわち, $k<-1$ のとき,
$$g(1)\leqq g(t)\leqq g(0).$$
$$\therefore\quad k\leqq y\leqq -k.$$

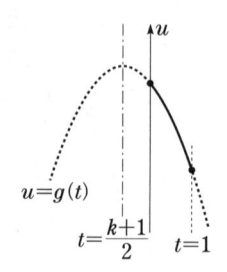

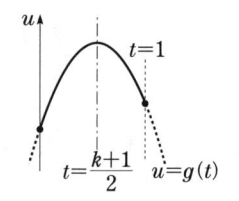

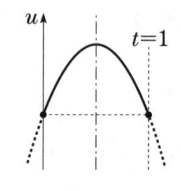

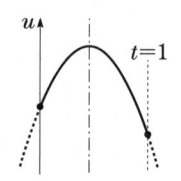

(ii) $0\leqq\dfrac{k+1}{2}\leqq 1$, すなわち, $-1\leqq k\leqq 1$ のとき,

$$\{g(0)\ と\ g(1)\ のうちの大きくない方\}\leqq g(t)\leqq g\!\left(\dfrac{k+1}{2}\right).$$
$$\therefore\quad \{-k\ と\ k\ のうちの大きくない方\}\leqq y\leqq \dfrac{k^2+1}{2}.$$

(iii) $1<\dfrac{k+1}{2}$, すなわち, $1<k$ のとき,
$$g(0)\leqq g(t)\leqq g(1).$$
$$\therefore\quad -k\leqq y\leqq k.$$

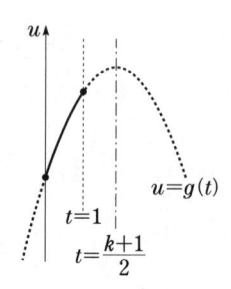

以上まとめて (k を x に読み換えて),
$$\begin{cases} \quad x<-1\ のとき,\ x\leqq y\leqq -x, \\ -1\leqq x\leqq 1\ のとき,\ \{-x\ と\ x\ のうちの大きくない方\}\leqq y\leqq \dfrac{1}{2}(x^2+1), \\ \quad 1<x\ のとき,\ -x\leqq y\leqq x. \end{cases}$$

(以下, 図は (その 1) を参照.)

73.

解法メモ

t が $t>0$ の範囲を動くとき C が通過してできる領域内に点 (X, Y) が存在する条件は，
$$X^2+Y^2-4-t(2X+2Y-a)=0, \text{ すなわち,}$$
$$(2X+2Y-a)t=X^2+Y^2-4 \quad \cdots(*)$$
をみたす正の数 t が存在することです．

$(*)$ は t についての高々 1 次の方程式ですが，注意して下さい．

t の方程式 $mt=n$ の解は，

$$\begin{cases} m \neq 0 \text{ のとき,} & t=\dfrac{n}{m} \text{（唯一つに決まる），} \\ m=0 \text{ のとき,} & \begin{cases} n=0 \text{ なら,} & t \text{ は任意（無数にある．不定）,} \\ n \neq 0 \text{ なら,} & \text{解ナシ（不能）} \end{cases} \end{cases}$$

です．

【解答】

(1) $\qquad C : x^2+y^2-4-t(2x+2y-a)=0.$
$$\therefore \quad (x-t)^2+(y-t)^2=2t^2-at+4.$$

これが円を表す条件は，
$$2t^2-at+4>0, \text{ すなわち, } 2\left(t-\dfrac{a}{4}\right)^2+4-\dfrac{a^2}{8}>0.$$

これがすべての実数 t に対して成り立つ条件は，
$$4-\dfrac{a^2}{8}>0. \quad \therefore \quad a^2<32.$$
$$\therefore \quad \boldsymbol{-4\sqrt{2}<a<4\sqrt{2}}.$$

(2) $a=4$ のとき，(1)で示したことから，図形 C は円で，
$$C : x^2+y^2-4=2t(x+y-2).$$

t が $t>0$ の範囲を動くとき，C が点 (X, Y) を通る条件は，
$$X^2+Y^2-4=2t(X+Y-2)$$
をみたす正の t が存在することである．この条件は，

(i) $X+Y-2=0$ なら，$X^2+Y^2-4=0$.
$$\therefore \quad (X, Y)=(2, 0), (0, 2).$$
（このとき，t は任意の正の数．）

(ii) $X+Y-2 \neq 0$ なら，
$$t=\dfrac{X^2+Y^2-4}{2(X+Y-2)}>0.$$

$$\therefore \quad (X+Y-2)(X^2+Y^2-4) > 0.$$

$$\therefore \quad \begin{cases} X+Y-2>0, \\ X^2+Y^2-4>0, \end{cases} \text{または,} \quad \begin{cases} X+Y-2<0. \\ X^2+Y^2-4<0. \end{cases}$$

$$\therefore \quad \begin{cases} X+Y>2, \\ X^2+Y^2>2^2, \end{cases} \text{または,} \quad \begin{cases} X+Y<2. \\ X^2+Y^2<2^2. \end{cases}$$

以上,(i),(ii)から,求める C の通過領域は,

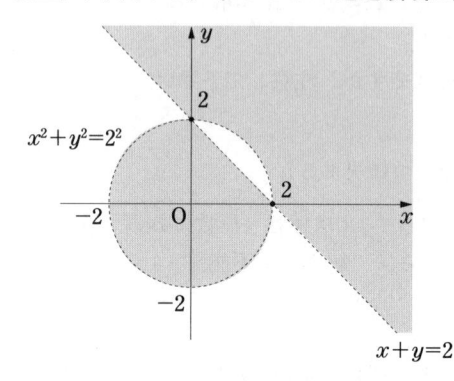

（境界線上の点については 2点 $(0, 2)$, $(2, 0)$ のみ含む.）

(3) $a=6$ のとき,C が円を表す条件は,
$$2t^2-6t+4>0.$$
$$\therefore \quad 2(t-1)(t-2)>0.$$
$$\therefore \quad t<1, \ 2<t.$$

これと $t>0$ の条件から,
$$0<t<1, \text{または,} \ 2<t. \quad \cdots ①$$

また,図形 C の方程式は,
$$x^2+y^2-4=2t(x+y-3).$$

t が①の範囲を動くとき,C が点 (X, Y) を通る条件は,
$$X^2+Y^2-4=2t(X+Y-3)$$

をみたす①の範囲の t が存在することである.

この条件は,

(i) $\underline{X+Y-3=0}$ なら,$\underline{X^2+Y^2-4=0}$.
　　　　② 　　　　　　　　　③

②から,$Y=3-X$.

これを③へ代入して,$X^2+(3-X)^2-4=0$.
$$\therefore \quad 2X^2-6X+5=0. \quad \cdots ④$$

ここで,④の判別式について,
$$(-6)^2-4\cdot 2\cdot 5=-4<0$$

ゆえ,④は実数解を持たず不適.

(ii) $X+Y-3 \neq 0$ なら,

$$t = \frac{X^2+Y^2-4}{2(X+Y-3)}.$$

これと①から,

$$\underbrace{0 < \frac{X^2+Y^2-4}{2(X+Y-3)} < 1}_{⑤}, \text{ または, } \underbrace{2 < \frac{X^2+Y^2-4}{2(X+Y-3)}}_{⑥}.$$

(ア) $X+Y-3>0$ のとき, ⑤から,
$$0 < X^2+Y^2-4 < 2(X+Y-3).$$
$$\therefore \quad X^2+Y^2 > 2^2, \quad (X-1)^2+(Y-1)^2 < 0.$$

これは不適.

⑥から,
$$4(X+Y-3) < X^2+Y^2-4.$$
$$\therefore \quad (X-2)^2+(Y-2)^2 > 0.$$
$$\therefore \quad (X, Y) \neq (2, 2).$$

(イ) $X+Y-3<0$ のとき, ⑤から,
$$0 > X^2+Y^2-4 > 2(X+Y-3).$$
$$\therefore \quad X^2+Y^2 < 2^2, \quad (X-1)^2+(Y-1)^2 > 0.$$
$$\therefore \quad X^2+Y^2 < 2^2, \quad (X, Y) \neq (1, 1).$$

⑥から,
$$4(X+Y-3) > X^2+Y^2-4.$$
$$\therefore \quad (X-2)^2+(Y-2)^2 < 0.$$

これは不適.

以上, (i), (ii)から, 求める C の通過領域は,
$$X+Y-3>0, \quad (X, Y) \neq (2, 2),$$
または,
$$X+Y-3<0, \quad X^2+Y^2<2^2, \quad (X, Y) \neq (1, 1).$$

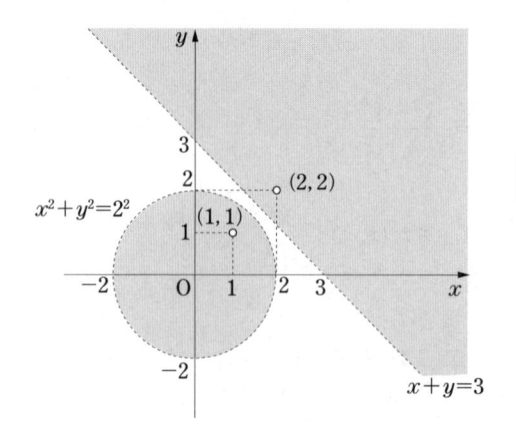

境界線上の点，および，
2点(1, 1), (2, 2)は
含まない．

74.

解法メモ

これは「通過領域」ではなくて「非通過領域」の問題．

放物線 $P: y=ax^2$ 上の動点 $A(t, at^2)$ を中心とし，x 軸に接する円 C の方程式は，
$$(x-t)^2+(y-at^2)^2=(at^2)^2$$
と書ける．点 (x, y) が，
「C の内部にない」，すなわち，
「C の外部または周上にある」条件は，x, y が
$$(x-t)^2+(y-at^2)^2 \geqq (at^2)^2$$
をみたすことである．

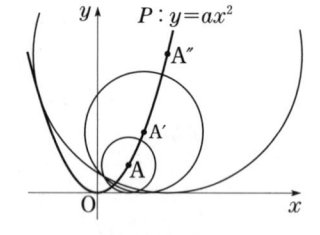

【解答】

A は P 上にあるから，$A(t, at^2)$ とおけて，A を中心とする円 C が x 軸に接することから，その半径は at^2 である．

このとき，点 (x, y) が円 C の内部に含まれないための条件は，x, y が
$$(x-t)^2+(y-at^2)^2 \geqq (at^2)^2,$$
すなわち，
$$(1-2ay)t^2-2xt+x^2+y^2 \geqq 0 \qquad \cdots ①$$
をみたすことである．

よって，点 (x, y) がどの円 C の内部にも含まれないための条件は，
「任意の実数 t に対して①が成り立つ」 $\qquad \cdots ②$
ことである．

(i) $1-2ay<0$ のとき,
十分大きな（あるいは十分小さな）t に対して,
$$(1-2ay)t^2-2xt+x^2+y^2<0$$
となるので②に反する.

(ii) $1-2ay=0$ のとき,
$$①\cdots\ -2xt+x^2+\left(\frac{1}{2a}\right)^2\geqq 0$$
だから, ②の条件は,
$$x=0\ \ \left(y=\frac{1}{2a}\right).$$

(iii) $1-2ay>0$ のとき,
②の条件は, t の2次方程式
$$(1-2ay)t^2-2xt+x^2+y^2=0$$
の判別式が0以下となることだから,
$$x^2-(1-2ay)(x^2+y^2)\leqq 0.$$
$$\therefore\ \ 2ay\left(x^2+y^2-\frac{1}{2a}y\right)\leqq 0.$$
$a>0$, $y>0$ を考え併せれば,
$$x^2+y^2-\frac{1}{2a}y\leqq 0.$$
$$\therefore\ \ x^2+\left(y-\frac{1}{4a}\right)^2\leqq\left(\frac{1}{4a}\right)^2.$$

以上より, 求める点の集まりは,
$$\left(0,\ \frac{1}{2a}\right),\ \text{または},\ \left\{x^2+\left(y-\frac{1}{4a}\right)^2\leqq\left(\frac{1}{4a}\right)^2,\ \text{かつ},\ 0<y<\frac{1}{2a}\right\}.$$
これを図示すると, 次図の網目部分（境界は原点のみ除く）.

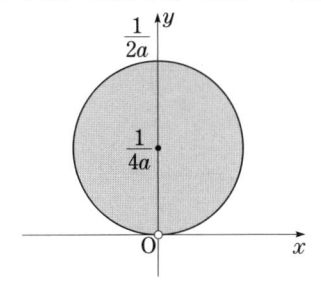

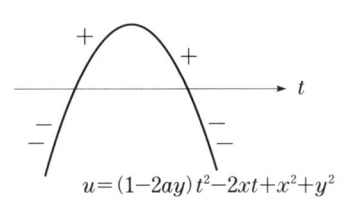

[参考] (ii) $1-2ay=0$ のとき,
(ア) $x>0$ とすると,
$$u=-2xt+x^2+\left(\frac{1}{2a}\right)^2$$

(イ) $x<0$ とすると,
$$u=-2xt+x^2+\left(\frac{1}{2a}\right)^2$$

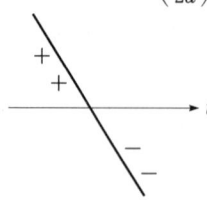

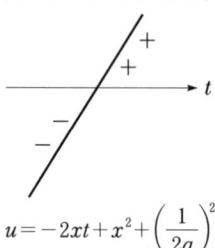

となって，②に不適となります．

75.

解法メモ

$\angle APC = \angle BPC$ の情報をいかに $P(x, y)$ の情報に読み替えるか，という問題です．

例えば，…

$\angle APC = \angle BPC$ から，
$$\cos\angle APC = \cos\angle BPC.$$
$\overrightarrow{PA}$ と $\overrightarrow{PC}$ のなす角の余弦と $\overrightarrow{PB}$ と $\overrightarrow{PC}$ のなす角の余弦が等しい．
$$\frac{\overrightarrow{PA}\cdot\overrightarrow{PC}}{|\overrightarrow{PA}||\overrightarrow{PC}|}=\frac{\overrightarrow{PB}\cdot\overrightarrow{PC}}{|\overrightarrow{PB}||\overrightarrow{PC}|}.$$

として x, y の条件式にしていきます．

途中の計算がかなり繁雑ですが，ガマンと集中で乗り切って下さい．

【解答】

$P(x, y)$ とおくと，与条件から，
$$(x, y) \neq (1, 0), (-1, 0), (0, -1) \qquad \cdots ①$$
で，
$$\overrightarrow{PA}=\begin{pmatrix}1-x\\-y\end{pmatrix},\ \overrightarrow{PB}=\begin{pmatrix}-1-x\\-y\end{pmatrix},\ \overrightarrow{PC}=\begin{pmatrix}-x\\-1-y\end{pmatrix}.$$

$\angle APC = \angle BPC$ から，
$$\cos\angle APC = \cos\angle BPC.$$
$$\therefore\ \frac{\overrightarrow{PA}\cdot\overrightarrow{PC}}{|\overrightarrow{PA}||\overrightarrow{PC}|}=\frac{\overrightarrow{PB}\cdot\overrightarrow{PC}}{|\overrightarrow{PB}||\overrightarrow{PC}|}. \qquad \cdots ☆$$

これは①の下で，

$$\begin{cases} |\overrightarrow{PB}|^2(\overrightarrow{PA}\cdot\overrightarrow{PC})^2 = |\overrightarrow{PA}|^2(\overrightarrow{PB}\cdot\overrightarrow{PC})^2, & \cdots ② \\ (\overrightarrow{PA}\cdot\overrightarrow{PC})(\overrightarrow{PB}\cdot\overrightarrow{PC}) \geq 0 & \cdots ③ \end{cases}$$

と同値である．

ここで，

$$\begin{cases} |\overrightarrow{PA}|^2 = (x-1)^2 + y^2, \quad |\overrightarrow{PB}|^2 = (x+1)^2 + y^2, \\ \overrightarrow{PA}\cdot\overrightarrow{PC} = \begin{pmatrix} 1-x \\ -y \end{pmatrix} \cdot \begin{pmatrix} -x \\ -1-y \end{pmatrix} = (x-1)x + y(y+1), \\ \overrightarrow{PB}\cdot\overrightarrow{PC} = \begin{pmatrix} -1-x \\ -y \end{pmatrix} \cdot \begin{pmatrix} -x \\ -1-y \end{pmatrix} = (x+1)x + y(y+1) \end{cases}$$

ゆえ，②から，

$$\{(x+1)^2 + y^2\}\{(x-1)x + y(y+1)\}^2 = \{(x-1)^2 + y^2\}\{(x+1)x + y(y+1)\}^2.$$

これを整理して， $\cdots(*)$

$$xy(x^2+y^2-1) = 0.$$
$$\therefore \quad x = 0 \quad \text{or} \quad y = 0 \quad \text{or} \quad x^2 + y^2 = 1. \qquad \cdots ②'$$

また，③から，

$$\{(x-1)x + y(y+1)\}\{(x+1)x + y(y+1)\} \geq 0.$$

$$\therefore \quad \left\{\left(x-\frac{1}{2}\right)^2 + \left(y+\frac{1}{2}\right)^2 - \frac{1}{2}\right\}\left\{\left(x+\frac{1}{2}\right)^2 + \left(y+\frac{1}{2}\right)^2 - \frac{1}{2}\right\} \geq 0.$$

$$\left.\begin{array}{l} \left(x-\dfrac{1}{2}\right)^2 + \left(y+\dfrac{1}{2}\right)^2 \geq \dfrac{1}{2}, \quad \text{かつ}, \quad \left(x+\dfrac{1}{2}\right)^2 + \left(y+\dfrac{1}{2}\right)^2 \geq \dfrac{1}{2}, \\ \text{または,} \\ \left(x-\dfrac{1}{2}\right)^2 + \left(y+\dfrac{1}{2}\right)^2 \leq \dfrac{1}{2}, \quad \text{かつ}, \quad \left(x+\dfrac{1}{2}\right)^2 + \left(y+\dfrac{1}{2}\right)^2 \leq \dfrac{1}{2}. \end{array}\right\} \cdots ③'$$

以上，①, ②′, ③′から，求める P の軌跡は，次図の太線部分.

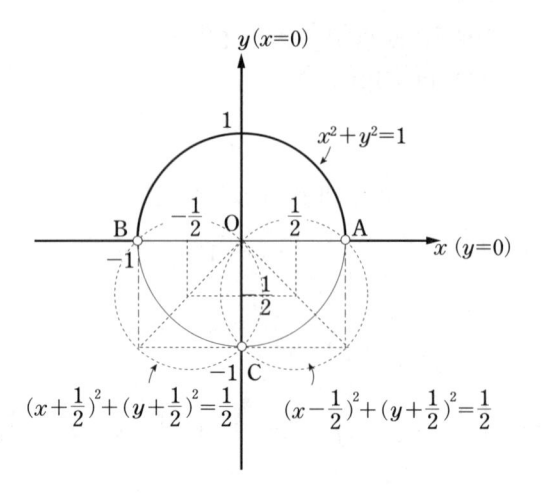

$y(x=0)$ 軸上に 1, $\frac{1}{2}$, $-\frac{1}{2}$, -1; $x(y=0)$ 軸上に -1, $-\frac{1}{2}$, O, $\frac{1}{2}$; 点 B$(-\frac{1}{2}, ?)$, A$(\frac{1}{2}, ?)$, C$(0, -1)$.

円 $x^2+y^2=1$, $(x+\frac{1}{2})^2+(y+\frac{1}{2})^2=\frac{1}{2}$, $(x-\frac{1}{2})^2+(y+\frac{1}{2})^2=\frac{1}{2}$.

[参考1] 〈③が必要な訳は…〉

一般に，与えられた等式の両辺を 2 乗する計算は同値変形ではありません．

（例） $x=-3$ の両辺を 2 乗すると，$x^2=9$. これを解くと，$x=\pm 3$ となって，不適な解 $x=3$ が余計に出てきます．

これを防ぐには，
$$x=-3 \iff x^2=9,\ \underline{x<0} \iff x=\pm 3,\ \underline{x<0}$$
とすれば，$x=-3$ だけが生き残ります．

本問では，☆から，$\overrightarrow{\mathrm{PA}}\cdot\overrightarrow{\mathrm{PC}}$ と $\overrightarrow{\mathrm{PB}}\cdot\overrightarrow{\mathrm{PC}}$ が同符号（または一方が 0）であることを③で表しているのです．

[参考2] 〈(*)の整理の部分は，…〉
$$\{(x+1)^2+y^2\}\{(x-1)x+y(y+1)\}^2=\{(x-1)^2+y^2\}\{(x+1)x+y(y+1)\}^2.$$
ここで，$t=x^2+y^2$ とおくと，
$$(t+2x+1)(t-x+y)^2=(t-2x+1)(t+x+y)^2.$$
$\therefore\ (t+2x+1)\{t^2-2(x-y)t+t-2xy\}$
$$=(t-2x+1)\{t^2+2(x+y)t+t+2xy\}.$$
$\therefore\ t^3+(2y+2)t^2+(-4x^2+2xy+2y+1)t-2xy(2x+1)$
$=t^3+(2y+2)t^2+(-4x^2-2xy+2y+1)t-2xy(2x-1).$
$\therefore\ 4xy(t-1)=0.$
$\therefore\ xy(x^2+y^2-1)=0.$

[参考3] 〈③′の表す領域は…〉

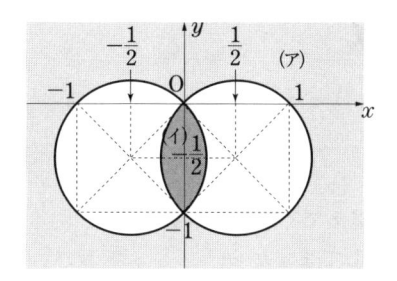

§7 図形と方程式, 不等式 143

(ア) ··· $\left(x-\dfrac{1}{2}\right)^2+\left(y+\dfrac{1}{2}\right)^2\geqq\dfrac{1}{2}$, かつ, $\left(x+\dfrac{1}{2}\right)^2+\left(y+\dfrac{1}{2}\right)^2\geqq\dfrac{1}{2}$

··· 2円の外部または周,

(イ) ··· $\left(x-\dfrac{1}{2}\right)^2+\left(y+\dfrac{1}{2}\right)^2\leqq\dfrac{1}{2}$, かつ, $\left(x+\dfrac{1}{2}\right)^2+\left(y+\dfrac{1}{2}\right)^2\leqq\dfrac{1}{2}$

··· 2円の内部または周.

[参考4] 〈解答の図ができてしまってから言うのもナンですが…〉

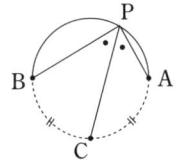

等しい弧に対する円周角は等しいから,
∠APC＝∠BPC.

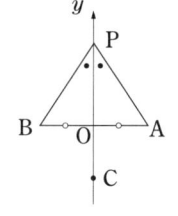

線分 AB の垂直二等分線上に P があれば,
∠APC＝∠BPC.

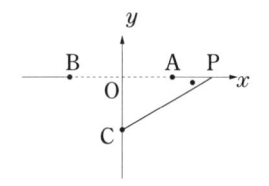

直線 AB 上の線分 AB を除くところに P があれば,
∠APC＝∠BPC.

§8 三角関数

76.

解法メモ

図をキッチリ書けば，見えてくるものがあります．

外接円の半径 R が登場してますから，

$$\text{正弦定理}: 2R = \frac{BC}{\sin A} = \frac{CA}{\sin B} = \frac{AB}{\sin C}$$

を，内接円の半径 r が登場してますから，

$$\text{面積公式}: \triangle ABC = \frac{1}{2} r (AB + BC + CA)$$

を使うかも知れませんね．

【解答】

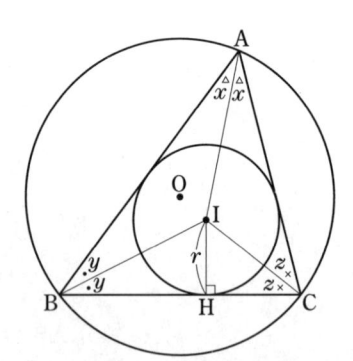

三角形 ABC の内心を I とし，I から辺 BC に下ろした垂線の足を H とする．

(1) $\tan y = \dfrac{r}{BH}$, $\tan z = \dfrac{r}{CH}$.

∴ $BH = \dfrac{r}{\tan y}$, $CH = \dfrac{r}{\tan z}$.

∴ $BC = BH + CH = \dfrac{r}{\tan y} + \dfrac{r}{\tan z}$.

$= r \left(\dfrac{1}{\tan y} + \dfrac{1}{\tan z} \right)$

$= r \left(\dfrac{\cos y}{\sin y} + \dfrac{\cos z}{\sin z} \right)$.   …①

(2) 正弦定理により，

$$2R = \frac{BC}{\sin A}.$$

∴ BC = $2R \sin A = 2R \sin 2x$. …②

① = ② より,
$$r\left(\frac{\cos y}{\sin y} + \frac{\cos z}{\sin z}\right) = 2R \sin 2x.$$

両辺に,$\sin y \sin z$ を掛けて,
$$r(\sin z \cos y + \cos z \sin y) = 2R \cdot 2 \sin x \cos x \cdot \sin y \sin z.$$
$$\therefore r \sin(y+z) = 4R \sin x \sin y \sin z \cdot \cos x. \quad \cdots ③$$

ここで,$\angle A + \angle B + \angle C = 180°$ より,$x+y+z = 90°$ ゆえ,
$$\sin(y+z) = \sin(90° - x)$$
$$= \cos x$$
$$> 0 \quad (\because \ 0° < \angle A = 2x < 180° \text{ より,} \ 0° < x < 90°)$$

だから,③より,
$$r = 4R \sin x \sin y \sin z.$$

77.

[解法メモ]

(1) 「和積の公式を(覚えているだけではダメで),証明して見せろ」という問題です.

(2) $A+B+C+D = 360°$ を忘れずに.

【解答】

(1) $$\sin A + \sin B = 2 \sin\frac{A+B}{2} \cos\frac{A-B}{2}.$$

(証明) 加法定理により,
$$\begin{cases} \sin(\alpha+\beta) = \sin\alpha\cos\beta + \cos\alpha\sin\beta, & \cdots ① \\ \sin(\alpha-\beta) = \sin\alpha\cos\beta - \cos\alpha\sin\beta. & \cdots ② \end{cases}$$

① + ② より,
$$\sin(\alpha+\beta) + \sin(\alpha-\beta) = 2\sin\alpha\cos\beta.$$

ここで,$A = \alpha+\beta$,$B = \alpha-\beta$ とおくと,
$$\alpha = \frac{A+B}{2}, \quad \beta = \frac{A-B}{2}$$

だから,
$$\sin A + \sin B = 2\sin\frac{A+B}{2}\cos\frac{A-B}{2}.$$

(2) $$\sin A + \sin B = \sin C + \sin D,$$

および,(1)で示したことから,

$$2\sin\frac{A+B}{2}\cos\frac{A-B}{2}=2\sin\frac{C+D}{2}\cos\frac{C-D}{2}. \quad \cdots ③$$

ここで，A, B, C, D は四角形 ABCD の 4 つの内角だから，

$$\begin{cases} A+B+C+D=360°, \\ A>0°, \ B>0°, \ C>0°, \ D>0°. \end{cases} \quad \cdots ④$$

$$\therefore \quad 0°<\frac{C+D}{2}=180°-\frac{A+B}{2}<180°.$$

$$\therefore \quad \sin\frac{C+D}{2}=\sin\left(180°-\frac{A+B}{2}\right)=\sin\frac{A+B}{2}>0.$$

これと，③より，

$$\cos\frac{A-B}{2}=\cos\frac{C-D}{2}.$$

$$\therefore \quad \cos\frac{A-B}{2}-\cos\frac{C-D}{2}=0.$$

$$\therefore \quad -2\sin\frac{\frac{A-B}{2}+\frac{C-D}{2}}{2}\sin\frac{\frac{A-B}{2}-\frac{C-D}{2}}{2}=0.$$

$$\therefore \quad \sin\frac{A-B+C-D}{4}\sin\frac{A-B-C+D}{4}=0.$$

ここで，④より，

$$-90°<\frac{A-B+C-D}{4}<90°, \quad -90°<\frac{A-B-C+D}{4}<90°$$

だから，

$$\frac{A-B+C-D}{4}=0°, \ \text{または}, \ \frac{A-B-C+D}{4}=0°.$$

$$\therefore \quad A+C=B+D=180°, \ \text{または}, \ A+D=B+C=180°.$$

(ア) $A+C=B+D=180°$ のとき，
（対角の和が 180° だから）

四角形 ABCD は，円に内接する四角形．

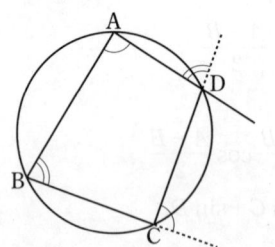

(イ) $A+D=B+C=180°$ のとき，
（同側内角の和が 180° だから）

四角形 ABCD は，AB∥CD の台形．

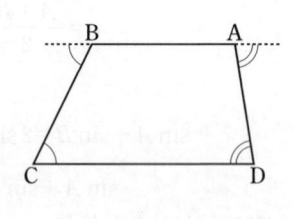

[参考]

(2)で,
$$\cos\frac{A-B}{2}=\cos\frac{C-D}{2}$$

$$\iff \frac{A-B}{2}=\begin{cases}\dfrac{C-D}{2}+360°\times l,\\ \text{または,}\\ -\dfrac{C-D}{2}+360°\times m\end{cases}\quad (l,\ m\text{ は整数})$$

$$\iff \begin{cases}A-B-C+D=720°\times l,\\ \text{または,}\\ A-B+C-D=720°\times m.\end{cases}\quad (l,\ m\text{ は整数})$$

これと④より, $l=m=0$ で, したがって,
$$A+D=B+C=180°, \text{ または, } A+C=B+D=180°$$
としてもよいでしょう.

[チェック]

─ 和 → 積の公式, 差 → 積の公式 ──────────

$$\sin A+\sin B=2\sin\frac{A+B}{2}\cos\frac{A-B}{2},$$

$$\sin A-\sin B=2\cos\frac{A+B}{2}\sin\frac{A-B}{2},$$

$$\cos A+\cos B=2\cos\frac{A+B}{2}\cos\frac{A-B}{2},$$

$$\cos A-\cos B=-2\sin\frac{A+B}{2}\sin\frac{A-B}{2}.$$

─ 積 → 和の公式, 積 → 差の公式 ──────────

$$\sin\alpha\cos\beta=\frac{1}{2}\{\sin(\alpha+\beta)+\sin(\alpha-\beta)\},$$

$$\cos\alpha\sin\beta=\frac{1}{2}\{\sin(\alpha+\beta)-\sin(\alpha-\beta)\},$$

$$\cos\alpha\cos\beta=\frac{1}{2}\{\cos(\alpha+\beta)+\cos(\alpha-\beta)\},$$

$$\sin\alpha\sin\beta=-\frac{1}{2}\{\cos(\alpha+\beta)-\cos(\alpha-\beta)\}.$$

78.

解法メモ

三角形 ABC があって，外接円の半径が判ってますから正弦定理を，辺の長さの 2 乗 AB^2，BC^2，CA^2 が登場してますから余弦定理を思い浮かべたりしますか？

【解答】

(1) （その 1）

正弦定理より，

$$2 \cdot 1 = \frac{BC}{\sin A} = \frac{CA}{\sin B} = \frac{AB}{\sin C}.$$

$$\therefore \begin{cases} AB = 2\sin C, \\ BC = 2\sin A, \\ CA = 2\sin B. \end{cases}$$

$\therefore \quad AB^2 + BC^2 + CA^2$
$= 4(\sin^2 C + \sin^2 A + \sin^2 B)$
$= 4(1-\cos^2 C) + 4\left\{\dfrac{1}{2}(1-\cos 2A) + \dfrac{1}{2}(1-\cos 2B)\right\}$

$\qquad\qquad\qquad\qquad\qquad$ （∵ 倍角，半角の公式）

$= 8 - 4\cos^2 C - 2(\cos 2A + \cos 2B)$
$= 8 - 4\cos^2 C - 2 \cdot 2\cos(A+B) \cdot \cos(A-B) \quad$ （∵ 和積の公式）
$= 8 - 4\cos^2 C - 2 \cdot 2\cos(180°-C) \cdot \cos(A-B) \quad$ （∵ $A+B+C=180°$）
$= 8 - 4\cos^2 C + 4\cos C \cos(A-B) \qquad\qquad\qquad \cdots ①$
$= 8 - 4\{\cos C - \cos(A-B)\}\cos C$
$= 8 - 4 \cdot (-2)\sin\dfrac{C+(A-B)}{2}\sin\dfrac{C-(A-B)}{2} \cdot \cos C \quad$ （∵ 差積の公式）
$= 8 + 8\sin(90°-B)\sin(90°-A)\cos C \quad$ （∵ $A+B+C=180°$）
$= 8 + 8\cos A \cos B \cos C.$

よって，

$$AB^2 + BC^2 + CA^2 > 8 \iff \cos A \cos B \cos C > 0. \qquad \cdots ②$$

ここで，A，B，C は三角形の内角だから，鈍角はあったとしても 1 つである．

$\therefore \quad ② \iff \cos A > 0, \ \cos B > 0, \ \cos C > 0$
$\qquad\quad \iff$ 三角形 ABC は鋭角三角形．

（その 2）

余弦定理より，

$$\cos A = \frac{\mathrm{CA}^2 + \mathrm{AB}^2 - \mathrm{BC}^2}{2\mathrm{CA} \cdot \mathrm{AB}}$$
$$> \frac{8 - \mathrm{BC}^2 - \mathrm{BC}^2}{2\mathrm{CA} \cdot \mathrm{AB}} \quad \left(\because \begin{array}{l} \mathrm{AB}^2 + \mathrm{BC}^2 + \mathrm{CA}^2 > 8 \text{ から} \\ \mathrm{CA}^2 + \mathrm{AB}^2 > 8 - \mathrm{BC}^2. \end{array} \right)$$
$$= \frac{4 - \mathrm{BC}^2}{\mathrm{CA} \cdot \mathrm{AB}}.$$

ここで，三角形 ABC は半径 1（直径 2）の円に内接しているから，
$$\mathrm{BC} \leqq 2, \text{すなわち}, 4 - \mathrm{BC}^2 \geqq 0.$$
$$\therefore \cos A > 0.$$

したがって，$0° < A < 90°$.

同様にして，$0° < B < 90°$, $0° < C < 90°$ も示せる.

よって，三角形 ABC は**鋭角三角形**である.

(2) ①から，
$$\mathrm{AB}^2 + \mathrm{BC}^2 + \mathrm{CA}^2$$
$$= -4\left\{\cos C - \frac{1}{2}\cos(A-B)\right\}^2 + \cos^2(A-B) + 8$$
$$\leqq \cos^2(A-B) + 8 \quad \left(\begin{array}{l} \text{等号成立は，} \cos C = \frac{1}{2}\cos(A-B) \quad \cdots ③ \\ \text{のとき.} \end{array} \right)$$
$$\leqq 9. \quad \left(\begin{array}{l} \text{等号成立は，} \cos(A-B) = \pm 1 \quad \cdots ④ \\ \text{のとき.} \end{array} \right)$$

また，$\mathrm{AB}^2 + \mathrm{BC}^2 + \mathrm{CA}^2 = 9$ となるのは，「③かつ④」のときで，A, B が三角形の内角であるから，
$$-180° < A - B < 180°$$
であることも考え併せて，
$$A = B, \text{ かつ}, \cos C = \frac{1}{2},$$
すなわち，
$$\boldsymbol{A = B = C} \; (=60°, \text{ したがって，三角形 ABC が正三角形})$$
のときである.

[参考]

(2)を「ベクトル」で解くこともできます.

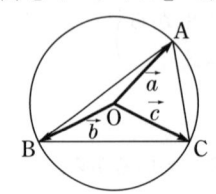

三角形 ABC の外心を O とし,
$$\vec{a}=\overrightarrow{OA}, \quad \vec{b}=\overrightarrow{OB}, \quad \vec{c}=\overrightarrow{OC}$$
とおくと,
$$|\vec{a}|=|\vec{b}|=|\vec{c}|=1. \quad \cdots (*)$$

$$AB^2+BC^2+CA^2$$
$$=|\overrightarrow{AB}|^2+|\overrightarrow{BC}|^2+|\overrightarrow{CA}|^2$$
$$=|\vec{b}-\vec{a}|^2+|\vec{c}-\vec{b}|^2+|\vec{a}-\vec{c}|^2$$
$$=2\{|\vec{a}|^2+|\vec{b}|^2+|\vec{c}|^2\}-2(\vec{a}\cdot\vec{b}+\vec{b}\cdot\vec{c}+\vec{c}\cdot\vec{a})$$
$$=2\{|\vec{a}|^2+|\vec{b}|^2+|\vec{c}|^2\}-\{|\vec{a}+\vec{b}+\vec{c}|^2-(|\vec{a}|^2+|\vec{b}|^2+|\vec{c}|^2)\}$$
$$=3\{|\vec{a}|^2+|\vec{b}|^2+|\vec{c}|^2\}-|\vec{a}+\vec{b}+\vec{c}|^2$$
$$=9-|\vec{a}+\vec{b}+\vec{c}|^2 \quad (\because \ (*))$$
$$\leqq 9 \quad \left(\begin{array}{l}\text{等号成立は}, \ \vec{a}+\vec{b}+\vec{c}=\vec{0}, \ \text{すなわち}, \ \dfrac{\vec{a}+\vec{b}+\vec{c}}{3}=\vec{0},\\ \text{したがって},\ 三角形 ABC の重心が外心に一致するとき. \\ 言い換えると, 三角形 ABC が正三角形のとき.\end{array}\right)$$

[参考の参考]

三角形について,

「正三角形 $\iff$ 重心, 内心, 外心, 垂心が一致」

です. 重心, 内心, 外心, 垂心の少なくとも 2 つが一致すれば, 実は, すべて一致し, 正三角形に限ります.

[チェック]

─2 倍角の公式─
$$\sin 2\alpha=2\sin\alpha\cos\alpha,$$
$$\cos 2\alpha=\cos^2\alpha-\sin^2\alpha=1-2\sin^2\alpha=2\cos^2\alpha-1,$$
$$\tan 2\alpha=\frac{2\tan\alpha}{1-\tan^2\alpha}.$$

─半角の公式─
$$\sin^2\frac{\alpha}{2}=\frac{1-\cos\alpha}{2}, \quad \cos^2\frac{\alpha}{2}=\frac{1+\cos\alpha}{2}.$$

79.

解法メモ

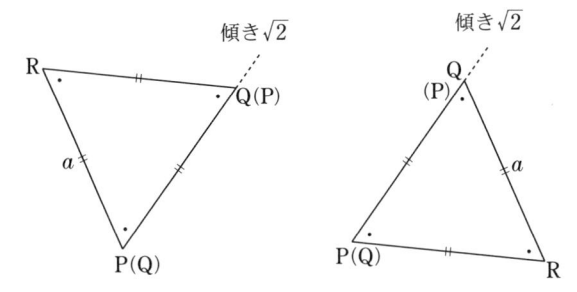

正三角形 PQR は上の 2 つの位置関係が考えられます．

三頂点 P, Q, R の座標を
$$(p, p^2), (q, q^2), (r, r^2)$$
とでもおいて，三角形 PQR が一辺の長さ a の正三角形であることと，直線 PQ の傾きが $\sqrt{2}$ であることを「関係式化」してみてください．

尚，

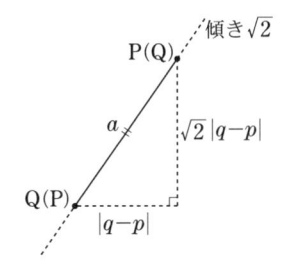

から，$a = \sqrt{3}\,|q-p|$ ですね．

【解答】

$P(p, p^2)$, $Q(q, q^2)$, $R(r, r^2)$ とする．

$p < q$ としてよい．

R の位置については，
$$\begin{cases} \text{(i)} & \text{直線 PQ の上側にある場合,} \\ \text{(ii)} & \text{直線 PQ の下側にある場合} \end{cases}$$
を考えればよい．

(i) 傾き$\sqrt{2}$
R (r, r^2) Q (q, q^2)
a
P (p, p^2)

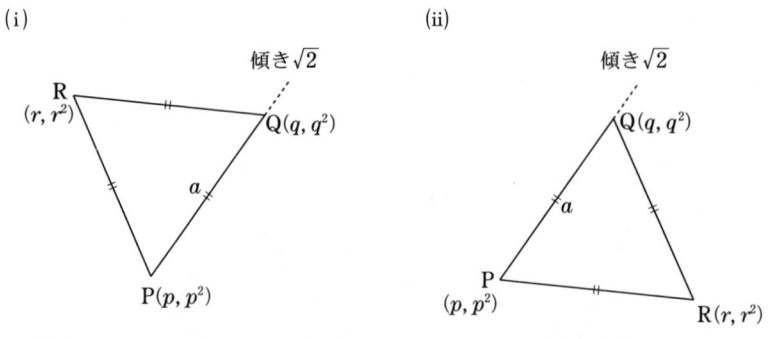

(ii) 傾き$\sqrt{2}$
Q (q, q^2)
a
P (p, p^2) R (r, r^2)

放物線 $y=x^2$ 上の異なる2点 (s, s^2), (t, t^2) を結ぶ直線の傾きは，
$$\frac{t^2-s^2}{t-s}=s+t$$
であるから，直線 PQ, QR, RP の傾きはそれぞれ
$$p+q, \quad q+r, \quad r+p \qquad \cdots ①$$
である．

直線 PQ が x 軸の正の向きとなす角を θ とすると，直線 PQ の傾きが $\sqrt{2}$ であることから，
$$p+q=\tan\theta=\sqrt{2} \qquad \cdots ②$$
$$(45°<\theta<60°)$$
である．

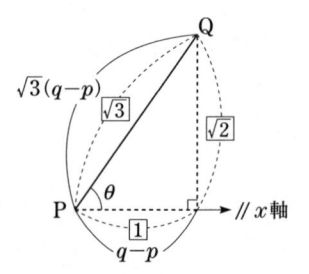

Q
$\sqrt{3}(q-p)$ $\boxed{\sqrt{3}}$ $\boxed{\sqrt{2}}$
P θ $\boxed{1}$ // x軸
$q-p$

(i) R が直線 PQ の上側にある場合．

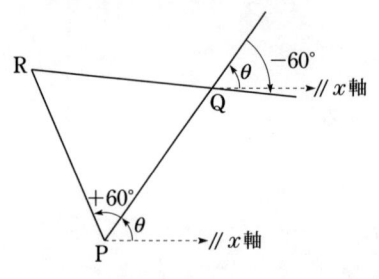

R θ $-60°$
Q // x軸
$+60°$
P θ // x軸

（直線 QR の傾き）$=\tan(\theta-60°)$.
これと①から，
$$q+r=\frac{\tan\theta-\tan 60°}{1+\tan\theta\tan 60°}$$
$$=\frac{\sqrt{2}-\sqrt{3}}{1+\sqrt{2}\cdot\sqrt{3}} \quad (\because ②)$$
$$=\frac{\sqrt{2}-\sqrt{3}}{1+\sqrt{6}}. \qquad \cdots ③$$

（直線 RP の傾き）$=\tan(\theta+60°)$.
これと①から，

$$r+p=\frac{\tan\theta+\tan 60°}{1-\tan\theta\tan 60°}$$

$$=\frac{\sqrt{2}+\sqrt{3}}{1-\sqrt{2}\cdot\sqrt{3}}$$

$$=\frac{\sqrt{2}+\sqrt{3}}{1-\sqrt{6}}. \qquad \cdots ④$$

③－④より，

$$q-p=\frac{\sqrt{2}-\sqrt{3}}{1+\sqrt{6}}-\frac{\sqrt{2}+\sqrt{3}}{1-\sqrt{6}}$$

$$=\frac{(\sqrt{2}-\sqrt{3})(1-\sqrt{6})-(\sqrt{2}+\sqrt{3})(1+\sqrt{6})}{(1+\sqrt{6})(1-\sqrt{6})}$$

$$=\frac{6}{5}\sqrt{3}.$$

$$\therefore\ a=\sqrt{3}(q-p)$$

$$=\frac{18}{5}.$$

(ii) R が直線 PQ の下側にある場合．

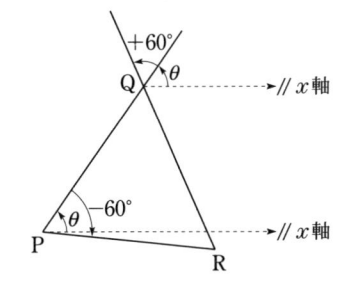

(i)と同様に考えて，

$$\begin{cases} q+r=\dfrac{\sqrt{2}+\sqrt{3}}{1-\sqrt{6}}, & \cdots ⑤ \\ r+p=\dfrac{\sqrt{2}-\sqrt{3}}{1+\sqrt{6}}. & \cdots ⑥ \end{cases}$$

⑤－⑥より，

$$q-p=-\frac{6}{5}\sqrt{3}<0.$$

これは，$p<q$ に反する．

以上より，求める a の値は，

$$a=\frac{18}{5}.$$

注

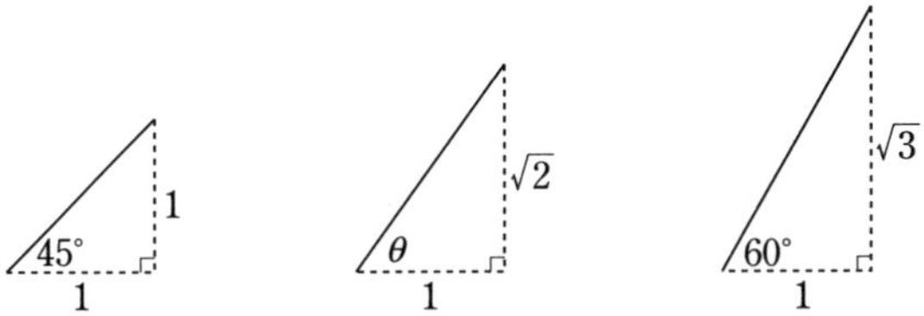

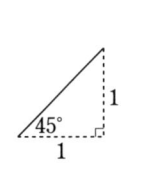

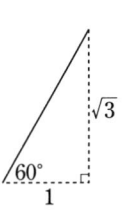

ですから，$\theta \pm 60°$ の tan はちゃんと定義されます．

80.

解法メモ

関数 $f(x)$ の変化の具合を見る際,
$$\begin{cases} \text{三角関数として2次式である,} \\ \text{三角関数が} \sin x, \cos x \text{と2種類ある} \end{cases}$$
が二重苦として伸し掛かってきます．

この「コリ」を解したいなあという気持ちになって欲しい．

(i) 三角関数の「次数を下げる」道具…倍角，半角の公式
$$\begin{cases} \sin x \cos x = \dfrac{1}{2}\sin 2x, \\ \sin^2 x = \dfrac{1}{2}(1-\cos 2x), \\ \cos^2 x = \dfrac{1}{2}(1+\cos 2x). \end{cases}$$
$\qquad\qquad\quad$ 2次 $\quad$ 1次

(ii) 三角関数の「種類を減らす」道具…合成公式

$A^2 + B^2 \neq 0$ のとき,
$$A\sin\theta + B\cos\theta$$
$$= \sqrt{A^2+B^2}\left\{\dfrac{A}{\sqrt{A^2+B^2}}\sin\theta + \dfrac{B}{\sqrt{A^2+B^2}}\cos\theta\right\}$$
$$= \sqrt{A^2+B^2}\,(\sin\theta\cos\alpha + \cos\theta\sin\alpha)$$
$$= \sqrt{A^2+B^2}\sin(\theta+\alpha).$$
$$\left(\text{ただし,}\ \cos\alpha = \dfrac{A}{\sqrt{A^2+B^2}},\ \sin\alpha = \dfrac{B}{\sqrt{A^2+B^2}}.\right)$$

$\sin\theta, \cos\theta$ と2種類あった（見掛けの）変数が合成の結果 $\sin(\theta+\alpha)$ の1種類になった！！

変化するものが2種類もあると目がチカチカ，頭がクラクラするけれど，1種類ならなんとかできそう，ということです．

【解答】
$$f(x) = a\sin^2 x + b\cos^2 x + c\sin x\cos x$$
$$= \dfrac{a}{2}(1-\cos 2x) + \dfrac{b}{2}(1+\cos 2x) + \dfrac{c}{2}\sin 2x$$

$$= \frac{c}{2}\sin 2x + \frac{b-a}{2}\cos 2x + \frac{a+b}{2}.$$

ここで，$c=0$，$b-a=0$ とすると，$f(x)$ は定数関数となって与条件に反する．
よって，$(c,\ b-a) \neq (0,\ 0)$．
したがって，合成できて，

$$f(x) = \sqrt{\left(\frac{c}{2}\right)^2 + \left(\frac{b-a}{2}\right)^2} \sin(2x+\theta) + \frac{a+b}{2}.$$

$$\left(\text{ただし，} \cos\theta = \frac{\left(\frac{c}{2}\right)}{\sqrt{\left(\frac{c}{2}\right)^2 + \left(\frac{b-a}{2}\right)^2}} = \frac{c}{\sqrt{c^2+(b-a)^2}}, \right.$$
$$\left. \sin\theta = \frac{\left(\frac{b-a}{2}\right)}{\sqrt{\left(\frac{c}{2}\right)^2 + \left(\frac{b-a}{2}\right)^2}} = \frac{b-a}{\sqrt{c^2+(b-a)^2}}. \right)$$

x に特に制限がないので，$\sin(2x+\theta)$ は，
$$-1 \leq \sin(2x+\theta) \leq 1$$
をみたすすべての実数値をとって変われるから，$f(x)$ の

$$\begin{cases} \text{最大値は，} \sqrt{\left(\frac{c}{2}\right)^2 + \left(\frac{b-a}{2}\right)^2} + \frac{a+b}{2}, \\ \text{最小値は，} -\sqrt{\left(\frac{c}{2}\right)^2 + \left(\frac{b-a}{2}\right)^2} + \frac{a+b}{2}. \end{cases}$$

$f(x)$ の最大値が 2，最小値が -1 である条件から，

$$\begin{cases} \sqrt{\left(\frac{c}{2}\right)^2 + \left(\frac{b-a}{2}\right)^2} + \frac{a+b}{2} = 2, & \cdots ① \\ -\sqrt{\left(\frac{c}{2}\right)^2 + \left(\frac{b-a}{2}\right)^2} + \frac{a+b}{2} = -1, & \cdots ② \end{cases}$$

①+②，①-② より，

$$\begin{cases} a+b = 1, & \cdots ③ \\ \sqrt{c^2+(b-a)^2} = 3. & \cdots ④ \end{cases}$$

④ より，
$$c^2+(b-a)^2 = 9.$$

これと ③ より，
$$c^2+(1-2a)^2 = 9. \qquad \cdots ⑤$$

c は実数だから，

$$c^2 = 9 - (1-2a)^2 \geqq 0.$$
$$\therefore \quad 4a^2 - 4a - 8 \leqq 0.$$
$$\therefore \quad 4(a+1)(a-2) \leqq 0.$$
$$\therefore \quad -1 \leqq a \leqq 2.$$

a は整数だから，
$$a = -1, \ 0, \ 1, \ 2.$$

これと，③，⑤より，
$$(a, \ b, \ c) = (-1, \ 2, \ 0), \ (0, \ 1, \ \pm 2\sqrt{2}), \ (1, \ 0, \ \pm 2\sqrt{2}), \ (2, \ -1, \ 0).$$

81.

解法メモ

登場人物は，
$$\sin\theta + \cos\theta, \ \sin\theta\cos\theta, \ \sin^3\theta + \cos^3\theta$$
ですから，当然「対称式の取り扱い」ということになって，
$$\sin^2\theta + \cos^2\theta = 1$$
もお忘れなく．

【解答】

(1) $\quad t = \sin\theta + \cos\theta$
$$= \sqrt{2}\left(\frac{1}{\sqrt{2}}\sin\theta + \frac{1}{\sqrt{2}}\cos\theta\right)$$
$$= \sqrt{2}\left(\sin\theta\cos\frac{\pi}{4} + \cos\theta\sin\frac{\pi}{4}\right)$$
$$= \sqrt{2}\sin\left(\theta + \frac{\pi}{4}\right).$$

ここで，$0 \leqq \theta \leqq \dfrac{\pi}{2}$ より，
$$\frac{\pi}{4} \leqq \theta + \frac{\pi}{4} \leqq \frac{3}{4}\pi.$$
$$\therefore \quad \frac{1}{\sqrt{2}} \leqq \sin\left(\theta + \frac{\pi}{4}\right) \leqq 1.$$
$$\therefore \quad 1 \leqq t \leqq \sqrt{2}.$$

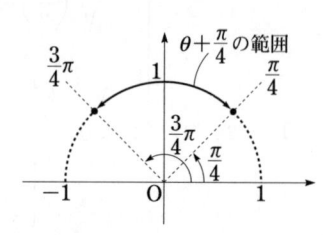

(2) $\quad t^2 = (\sin\theta + \cos\theta)^2 = 1 + 2\sin\theta\cos\theta$

より，
$$\sin\theta\cos\theta = \frac{1}{2}(t^2 - 1).$$

(3) $\sin^3\theta+\cos^3\theta=(\sin\theta+\cos\theta)^3-3\sin\theta\cos\theta(\sin\theta+\cos\theta)$

$$=t^3-3\cdot\frac{1}{2}(t^2-1)t$$

$$=-\frac{1}{2}t^3+\frac{3}{2}t\ (=f(t)\ とおく).$$

(1)より $1\leq t\leq\sqrt{2}$ で,

$$f'(t)=-\frac{3}{2}t^2+\frac{3}{2}=-\frac{3}{2}(t+1)(t-1).$$

t	1	$\cdots$	$\sqrt{2}$
$f'(t)$		$-$	
$f(t)$	1	$\searrow$	$\dfrac{\sqrt{2}}{2}$

よって,$\sin^3\theta+\cos^3\theta\ (=f(t))$ の

$$\begin{cases} 最大値は,\ 1, \\ 最小値は,\ \dfrac{\sqrt{2}}{2}. \end{cases}$$

82.

[解法メモ]

(2) $(\sin\theta+\sqrt{3}\cos\theta)\sin\theta$ は $\sin\theta$, $\cos\theta$ についての 2 次式ですから,$t=\sqrt{3}\sin\theta+\cos\theta$ を 2 乗してみる気になりましたか?

【解答】

(1)
$$t=\sqrt{3}\sin\theta+\cos\theta$$
$$=2\left(\frac{\sqrt{3}}{2}\sin\theta+\frac{1}{2}\cos\theta\right)$$
$$=2\left(\sin\theta\cos\frac{\pi}{6}+\cos\theta\sin\frac{\pi}{6}\right)$$
$$=2\sin\left(\theta+\frac{\pi}{6}\right)$$

より,このグラフは,次のようになる.

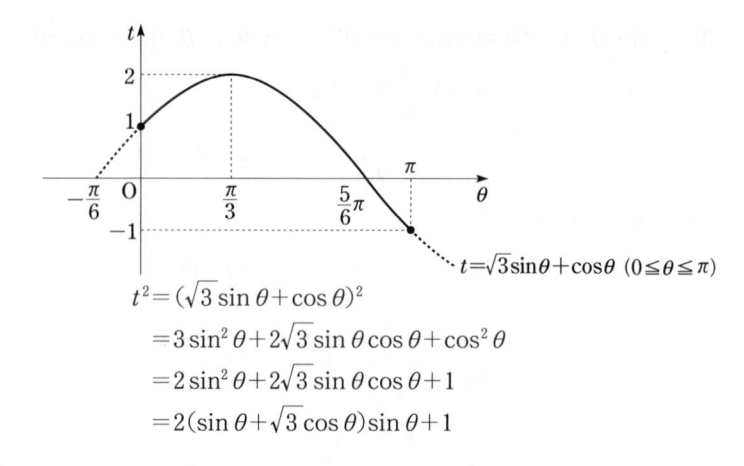

$t = \sqrt{3}\sin\theta + \cos\theta \quad (0 \leq \theta \leq \pi)$

(2)
$$t^2 = (\sqrt{3}\sin\theta + \cos\theta)^2$$
$$= 3\sin^2\theta + 2\sqrt{3}\sin\theta\cos\theta + \cos^2\theta$$
$$= 2\sin^2\theta + 2\sqrt{3}\sin\theta\cos\theta + 1$$
$$= 2(\sin\theta + \sqrt{3}\cos\theta)\sin\theta + 1$$

より，
$$(\sin\theta + \sqrt{3}\cos\theta)\sin\theta = \frac{1}{2}(t^2 - 1).$$

(3) $t = \sqrt{3}\sin\theta + \cos\theta$ とおくと，(2)の結果を用いて，
$$f(\theta) = a(\sqrt{3}\sin\theta + \cos\theta) + (\sin\theta + \sqrt{3}\cos\theta)\sin\theta$$
$$= at + \frac{1}{2}(t^2 - 1)$$
$$= \frac{1}{2}\{(t+a)^2 - a^2 - 1\}.$$

この右辺を $g(t)$ とおく．

ここで，(1)のグラフから，或る t の値に対応する θ $(0 \leq \theta \leq \pi)$ の個数は，

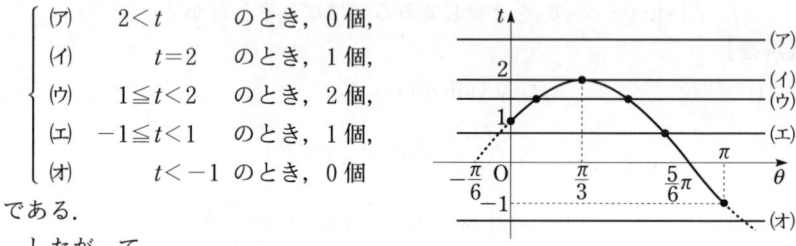

$$\begin{cases} (ア) & 2 < t & \text{のとき，0個,} \\ (イ) & t = 2 & \text{のとき，1個,} \\ (ウ) & 1 \leq t < 2 & \text{のとき，2個,} \\ (エ) & -1 \leq t < 1 & \text{のとき，1個,} \\ (オ) & t < -1 & \text{のとき，0個} \end{cases}$$

である．
したがって，

「θ の方程式 $f(\theta) = 0$ が $0 \leq \theta \leq \pi$ に相異なる3つの解を持つ」

$\iff$ 「t の2次方程式 $g(t) = 0$ が相異なる2つの実数解を持ち，いま，これを α, β $(\alpha < \beta)$ とおくと，

$$\begin{cases} (i) & 1 \leq \alpha < 2, \ \beta = 2, & \cdots (\text{上図の(ウ)と(イ)}) \\ \text{または} \\ (ii) & -1 \leq \alpha < 1, \ 1 \leq \beta < 2 & \cdots (\text{上図の(エ)と(ウ)}) \end{cases}$$」．

ここで，$g(-a)=\dfrac{1}{2}(-a^2-1)<0$ が成り立つことを考慮して，

(i)のとき，

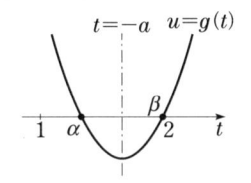

$\begin{cases} g(1)\geqq 0, \\ g(2)=0, \\ 1<-a<2. \end{cases}$ $\therefore$ $\begin{cases} a\geqq 0, \\ 2a+\dfrac{3}{2}=0, \\ -1>a>-2. \end{cases}$

これらをみたす a は存在しない．

(ii)のとき，

$\beta=1$ とすると，$g(1)=0$ から，$a=0$． $\cdots$①

このとき，$g(t)=0 \iff t^2-1=0 \iff t=\pm 1$ より，$\alpha=-1$ となって適する．

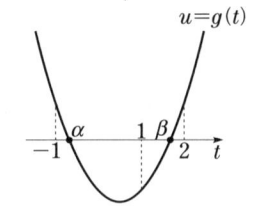

$\beta\neq 1$ なら，

$\begin{cases} g(-1)\geqq 0, \\ g(1)<0, \\ g(2)>0. \end{cases}$ $\therefore$ $\begin{cases} -a\geqq 0, \\ a<0, \\ 2a+\dfrac{3}{2}>0. \end{cases}$

$\therefore$ $-\dfrac{3}{4}<a<0$．

①と併せて，$-\dfrac{3}{4}<a\leqq 0$．

以上より，求める a の値の範囲は，
$$-\dfrac{3}{4}<a\leqq 0.$$

83.

解法メモ

鋭角三角形とありますから，
$$\begin{cases} A+B+C=180°, \\ 0°<A<90°,\ 0°<B<90°,\ 0°<C<90°. \end{cases}$$

【解答】

(1) 三角形 ABC は鋭角三角形だから，
$$\begin{cases} A+B+C=180°, \\ 0°<A<90°,\ 0°<B<90°,\ 0°<C<90°. \end{cases} \quad \cdots ①$$

$$\therefore \quad \tan C = \tan\{180° - (A+B)\}$$
$$= -\tan(A+B)$$
$$= -\frac{\tan A + \tan B}{1 - \tan A \tan B}.$$

(①より, $\tan C$, $\tan(A+B)$, $\tan A$, $\tan B$ は存在し, $\tan A \tan B \neq 1$.)
分母を払って,
$$(1 - \tan A \tan B)\tan C = -\tan A - \tan B.$$
$$\therefore \quad \tan A + \tan B + \tan C = \tan A \tan B \tan C.$$

(2) 三角形 ABC の外接円の半径を R とすると, 正弦定理により,
$$2R = \frac{BC}{\sin A} = \frac{CA}{\sin B} = \frac{AB}{\sin C}.$$
$$\therefore \quad BC = 2R\sin A, \quad CA = 2R\sin B, \quad AB = 2R\sin C.$$
よって,
$$\left(\frac{BC}{\cos A} + \frac{CA}{\cos B} + \frac{AB}{\cos C}\right) - \frac{BC}{\cos A}\tan B \tan C$$
$$= \frac{2R\sin A}{\cos A} + \frac{2R\sin B}{\cos B} + \frac{2R\sin C}{\cos C} - \frac{2R\sin A}{\cos A}\tan B \tan C$$
$$= 2R(\tan A + \tan B + \tan C - \tan A \tan B \tan C)$$
$$= 0. \quad (\because (1))$$
$$\therefore \quad \frac{BC}{\cos A} + \frac{CA}{\cos B} + \frac{AB}{\cos C} = \frac{BC}{\cos A}\tan B \tan C.$$

84.

解法メモ

「目眩まし」に惑わされないように. $f(x)$ なんぞを用いなければ,

「$0 \leq \alpha \leq \beta \leq \pi$ のとき, $\dfrac{\sin \alpha + \sin \beta}{2} \leq \sin \dfrac{\alpha + \beta}{2}$ を示せ.」

と言っているだけ.

$\sin \alpha + \sin \beta$ と $\sin \dfrac{\alpha + \beta}{2}$ を結びつける式といえば,

和積の公式: $\underline{\sin \alpha + \sin \beta} = 2\sin \dfrac{\alpha + \beta}{2} \cos \dfrac{\alpha - \beta}{2}$.

【解答】

$0 \leqq \alpha \leqq \beta \leqq \pi$ より,
$$0 \leqq \frac{\alpha+\beta}{2} \leqq \pi. \qquad \cdots ①$$

したがって,
$$f\left(\frac{\alpha+\beta}{2}\right) - \frac{f(\alpha)+f(\beta)}{2}$$
$$= \sin\frac{\alpha+\beta}{2} - \frac{\sin\alpha+\sin\beta}{2}$$
$$= \sin\frac{\alpha+\beta}{2} - \sin\frac{\alpha+\beta}{2}\cos\frac{\alpha-\beta}{2} \quad (\because \text{ 和積の公式})$$
$$= \left(1 - \cos\frac{\alpha-\beta}{2}\right)\sin\frac{\alpha+\beta}{2}$$
$$\geqq 0. \quad \left(\because \ ① \text{より} \sin\frac{\alpha+\beta}{2} \geqq 0\right)$$

$$\left(\begin{array}{l}\text{等号成立は, }\cos\dfrac{\alpha-\beta}{2}=1 \text{ または } \sin\dfrac{\alpha+\beta}{2}=0 \text{ のとき,} \\ \text{すなわち, } \alpha=\beta \text{ のとき.}\end{array}\right)$$

よって,
$$\frac{f(\alpha)+f(\beta)}{2} \leqq f\left(\frac{\alpha+\beta}{2}\right).$$

[参考]

右のグラフを見ると, アタリマエっていう気がします？

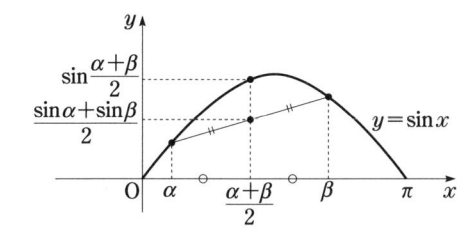

§9 指数関数，対数関数

85.

解法メモ

指数関数 $y=a^x$ のグラフについて，

$0<a<1$ のとき， $a=1$ のとき， $1<a$ のとき，

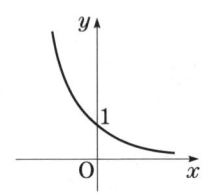

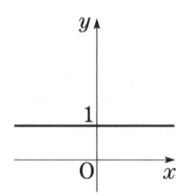

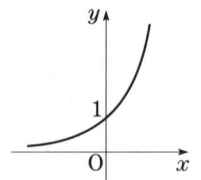

減少関数，すなわち， 増加関数，すなわち，
$\alpha<\beta \iff a^\alpha > a^\beta$. $\alpha<\beta \iff a^\alpha < a^\beta$.

【解答】

$b=a^a$ $(a>0)$ のとき，
$$a^b = a^{a^a},\quad b^a = (a^a)^a = a^{a^2}.$$

(1) $1<a<2$ のとき，
$$1 < a^1 < a^a < a^2.$$
$$\therefore\ a^{a^a} < a^{a^2} = (a^a)^a.$$
ここで，$a^a = b$ だから，
$$a^b < b^a.$$

(2) $2<a$ のとき，
$$1 < a^2 < a^a.$$
$$\therefore\ a^{a^2} < a^{a^a}.\quad \therefore\ b^a < a^b.$$

[参考]

$0<a<1$ のときは，$0<a<1<2$ から，
$$(1=a^0>)\, a^a > a^2.$$
$$\therefore\ (a^1<)\, a^{a^a} < a^{a^2}.$$
よって，$a^b < b^a$ です。

86.

解法メモ

対数関数の顔を見たら，まず，真数および底の条件

$$(真数) > 0,$$
$$0 < (底) < 1 \text{ または } 1 < (底)$$

を確認しておいてください．後で，なんて思っているとつい忘れたりしますし，変形してしまうと真数条件や底の条件が変わってしまうことがあります．

例えば，

「$2\log_2 x$」なら真数条件は $x>0$，

「$\log_2 x^2$」なら真数条件は $x^2 > 0$，すなわち，$x<0$ または $0<x$．

要するに，

「$x>0$ のときに限って，$2\log_2 x = \log_2 x^2$」

なのです．

【解答】

$$\log_2(2-x) + \log_2(x-2a) = 1 + \log_2 x. \quad \cdots ①$$

真数条件から，

$$2-x > 0,\ x-2a > 0,\ x > 0.$$
$$\therefore\ 0 < x < 2,\ \text{かつ},\ 2a < x. \quad \cdots ②$$

ここで，

$$\begin{cases} \text{(i)}\ a \leqq 0 \text{ のとき，} & ② \Longleftrightarrow 0 < x < 2, \\ \text{(ii)}\ 0 < a < 1 \text{ のとき，} & ② \Longleftrightarrow 2a < x < 2, \\ \text{(iii)}\ 1 \leqq a \text{ のとき，} & ②\text{をみたす } x \text{ は存在しない．} \end{cases}$$

②をみたす x の範囲において，

$$① \Longleftrightarrow \log_2(2-x)(x-2a) = \log_2 2x$$
$$\Longleftrightarrow (2-x)(x-2a) = 2x$$
$$\Longleftrightarrow x^2 - 2ax + 4a = 0$$
$$\Longleftrightarrow (x-a)^2 - a^2 + 4a = 0.$$

ここで，$f(x) = (x-a)^2 - a^2 + 4a$ とおく．

(i) $a \leqq 0$ のとき，$f(x) = 0$ が $0 < x < 2$ の範囲に解をもつための条件は，

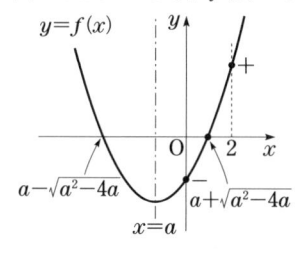

$f(0) < 0$，かつ，$f(2) > 0$，すなわち，

$$4a < 0,\ \text{かつ},\ 4 > 0.$$

よって，$a < 0$（これは $a \leqq 0$ をみたす）．

このとき，$f(x) = 0$，すなわち，①の実数解は，

$$x = a + \sqrt{a^2 - 4a}.$$

(ii) $0<a<1$ のとき，$f(x)=0$ が $2a<x<2$ の範囲に解をもつための条件は，
$f(2a)<0$，かつ，$f(2)>0$，すなわち，
$4a<0$，かつ，$4>0$.
よって，$a<0$.
これは $0<a<1$ をみたさないので，不適.
(すなわち，左図のようにはならない.)

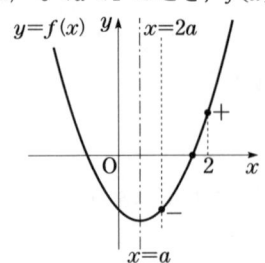

以上より，与方程式が実数解を持つための a の値の範囲は，
$$a<0$$
で，そのときの実数解は，
$$x=a+\sqrt{a^2-4a}.$$

87.

解法メモ

無論，真数条件から入りますが，次に，
$$\log_a x,\ \log_a y$$
のカタマリが目に映るでしょ．そこで，
$$X=\log_a x,\ Y=\log_a y$$
とでも置き換えると見易くなります．

さらに，積 xy の最大，最小を聞いていますが，
$$\log_a(xy)=\log_a x+\log_a y$$
$$=X+Y$$
に注目せよ，ということですね．

また，対数関数 $u=\log_a t$ のグラフについて，

$0<a<1$ のとき，

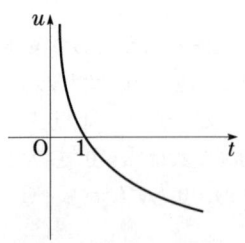

$1<a$ のとき，

減少関数,すなわち，
$\alpha<\beta \iff \log_a\alpha>\log_a\beta.$

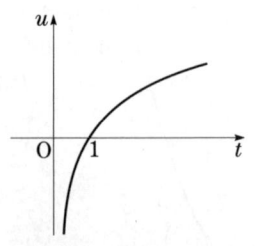

増加関数,すなわち，
$\alpha<\beta \iff \log_a\alpha<\log_a\beta.$

【解答】
$$(\log_a x)^2 + (\log_a y)^2 = \log_a x^2 + (\log_a x)(\log_a y) + \log_a y^2. \quad \cdots ①$$

真数条件，および，底の条件より
$$\begin{cases} x>0, \ y>0, \\ 0<a<1 \ \text{または} \ 1<a. \end{cases} \quad \cdots ②$$

②の下で，
$$① \iff (\log_a x)^2 + (\log_a y)^2 = 2\log_a x + (\log_a x)(\log_a y) + 2\log_a y.$$

ここで，
$$X = \log_a x, \quad Y = \log_a y$$

とおくと，
$$① \iff X^2 + Y^2 = 2X + XY + 2Y$$
$$\iff (X+Y)^2 - 2(X+Y) - 3XY = 0.$$

さらに，
$$k = X + Y$$

とおくと，
$$① \iff k^2 - 2k - 3X(k-X) = 0$$
$$\iff 3X^2 - 3kX + k^2 - 2k = 0. \quad \cdots ①'$$

X の実数条件から，（①'の判別式）≥ 0.
$$\therefore \ (-3k)^2 - 4 \cdot 3(k^2 - 2k) \geq 0.$$
$$\therefore \ 3k(k-8) \leq 0.$$
$$\therefore \ 0 \leq k \leq 8. \ （このとき，Y も実数となる）$$
$$\therefore \ 0 \leq X + Y \leq 8.$$
$$\therefore \ 0 \leq \log_a x + \log_a y \leq 8.$$
$$\therefore \ \log_a 1 \leq \log_a (xy) \leq \log_a a^8. \quad \cdots ③$$

したがって，

$0 < a < 1$ のとき，
$$③ \iff 1 \geq xy \geq a^8$$

より，

xy の最大値は 1，最小値は a^8.

$1 < a$ のとき，
$$③ \iff 1 \leq xy \leq a^8$$

より，

xy の最大値は a^8，最小値は 1.

88.

[解法メモ]

真数条件を調べるのはアタリマエ．
さらに，言わずもがな … ですが，$a>0$, $a \neq 1$, $M>0$ のとき，
$$a^x = M \iff x = \log_a M,$$
したがって，
$$M = a^{\log_a M}.$$

【解答】

$$\begin{cases} x^4 y^2 = 1024, & \cdots ① \\ (\log_8 x)^2 - \log_2 y = 2. & \cdots ② \end{cases}$$

真数条件から，
$$x > 0, \quad y > 0. \qquad \cdots ③$$

③の下で，
$$\begin{aligned}
① &\iff \log_2(x^4 y^2) = \log_2 1024 \\
&\iff 4\log_2 x + 2\log_2 y = \log_2 2^{10} \\
&\iff 4\log_8 x^3 + 2\log_2 y = 10 \\
&\iff 12\log_8 x + 2\log_2 y = 10 \\
&\iff 6\log_8 x + \log_2 y = 5, \qquad \cdots ①' \\
② &\iff \log_2 y = (\log_8 x)^2 - 2. \qquad \cdots ②'
\end{aligned}$$

②'を①'へ代入して，整理すると，
$$(\log_8 x)^2 + 6\log_8 x - 7 = 0.$$
$$\therefore \quad (\log_8 x + 7)(\log_8 x - 1) = 0.$$
$$\therefore \quad \log_8 x = -7, \ 1.$$

(i) $\log_8 x = -7$ のとき，
$$\begin{cases} x = 8^{-7} = 2^{-21}, \\ \log_2 y = (-7)^2 - 2 = 47. \quad (\because \ ②') \end{cases}$$
$$\therefore \quad y = 2^{47}.$$

(ii) $\log_8 x = 1$ のとき，
$$\begin{cases} x = 8^1 = 8, \\ \log_2 y = 1^2 - 2 = -1. \quad (\because \ ②') \end{cases}$$
$$\therefore \quad y = 2^{-1} = \frac{1}{2}.$$

以上より，
$$(x, \ y) = \left(\frac{1}{2^{21}}, \ 2^{47}\right), \ \left(8, \ \frac{1}{2}\right).$$

89.

[解法メモ]
指数不等式，対数不等式でも，方程式と要領は同様で，
$$\begin{cases} 真数条件, \\ 底の条件, \\ 0<(底)<1, \ 1<(底) \ の場合分け \end{cases}$$
に留意．

【解答】
$$\begin{cases} a^{2x-4}-1<a^{x+1}-a^{x-5}, & \cdots ① \\ \log_a(x-2)^2 \geq \log_a(x-2)+\log_a 5. & \cdots ② \end{cases}$$

①の両辺に $a^5(>0)$ を掛けて，
$$a^{2x+1}-a^5<a^{x+6}-a^x.$$
$$\therefore \ a(a^x)^2-(a^6-1)a^x-a^5<0.$$
$$\therefore \ (a\cdot a^x+1)(a^x-a^5)<0.$$

ここで，$a>0$ より，$a\cdot a^x+1>0$ だから，
$$a^x<a^5. \qquad \cdots ①'$$

次に，②の真数条件から，
$$(x-2)^2>0, \ x-2>0.$$
$$\therefore \ x>2. \qquad \cdots ③$$

③の下で，
$$② \iff 2\log_a(x-2) \geq \log_a(x-2)+\log_a 5$$
$$\iff \log_a(x-2) \geq \log_a 5. \qquad \cdots ②'$$

(i) $0<a<1$ のとき，①'，②' より，
$$\begin{cases} x>5, \\ x-2 \leq 5. \end{cases}$$

これらと，③ より，
$$5<x\leq 7.$$

(ii) $1<a$ のとき，①'，②' より，
$$\begin{cases} x<5, \\ x-2 \geq 5. \end{cases}$$

これらをみたす x は存在しない．

以上より，求める x の値の範囲は，
$$\begin{cases} 0<a<1 \ のとき, \ 5<x\leq 7, \\ 1<a \quad \ のとき, \ 存在しない. \end{cases}$$

90.

解法メモ

実際に計算してしまえば，$7^6=117649$ ですから，(1)は6桁ですけどね．
一般に，正の整数 M が m 桁なら，

$$\underbrace{100\cdots 00}_{m\text{桁}} \leq M < \underbrace{1000\cdots 00}_{(m+1)\text{桁}}$$

$$\iff 10^{m-1} \leq M < 10^m$$
$$\iff m-1 \leq \log_{10} M < m$$
$$\iff \log_{10} M < m \leq \log_{10} M + 1.$$

【解答】

(1) $N=7^6$ とおくと，

$$\log_{10} N = \log_{10} 7^6 = 6\log_{10} 7 = 6\times 0.8451\cdots = 5.0706\cdots.$$
$$\therefore\ N=10^{5.0706\cdots}. \qquad \cdots ①$$
$$\therefore\ 10^5 \leq N < 10^6.$$

よって，7^6 は **6桁** の自然数である．

(2) $M=7^{7^7}$ とおき，M の桁数を m とすると，

$$10^{m-1} \leq M < 10^m$$
$$\iff m-1 \leq \log_{10} M < m$$
$$\iff \log_{10} M < m \leq \log_{10} M + 1. \qquad \cdots ②$$

(1)と同様にして，

$$\log_{10} 7^7 = 7\log_{10} 7 = 7\times 0.8451\cdots = 5.9157\cdots,$$
$$7^7 = 10^{5.9157\cdots}.$$

だから，

$$\log_{10} M = \log_{10} 7^{7^7} = 7^7 \log_{10} 7$$
$$= 10^{5.9157\cdots} \times 0.8451\cdots$$
$$< 0.8452 \times 10^6 = 845200$$
$$< 10^6 - 1. \qquad \cdots ③$$

また，

$$\log_{10} M = 7^6 \times 7\log_{10} 7$$
$$= 10^{5.0706\cdots} \times 7\times 0.8451\cdots \quad (\because\ ①)$$
$$= 5.9157\cdots \times 10^{5.0706\cdots}$$
$$> 10^5. \qquad \cdots ④$$

②，③，④ より，

$$10^5 < m < 10^6,$$

§9 指数関数,対数関数　169

すなわち,
$$10^5 < (7^{7^7} \text{ の桁数}) < 10^{5+1}$$
であるから,求める自然数 n は,**5**.

[別解]
　この問題に限って言うなら（いつでもそうだとは言いません．念のため），7^6, 7^7 くらいは掛算してしまった方が早いですね．
(1) $7^6 = 117649$ は,**6 桁**の自然数である．
(2) $7^7 = 823543$ だから,$M = 7^{7^7}$ とおくと,
$$\log_{10} M = \log_{10} 7^{7^7} = 7^7 \log_{10} 7$$
$$= 823543 \times 0.8451\cdots = 695976.18\cdots.$$
$$\therefore \quad 10^5 \leqq \log_{10} M < 7 \times 10^5.$$
$$\therefore \quad \underbrace{10^{10^5}}_{(10^5+1)\text{ 桁の自然数}} \leqq M < \underbrace{10^{7\times 10^5}}_{(7\times 10^5+1)\text{ 桁の自然数}}.$$

よって,
$$10^5 < (M \text{ の桁数}) < 10^6.$$
したがって,求める自然数 n は,**5**.

91.

解法メモ
(1) $2^{10} = 1024$ は覚えているでしょうから,すぐに k は発見できます．
$2^{11} = 2048$, $2^{12} = 4096$, $2^{13} = 8192$, $2^{14} = 16384$, $2^{15} = 32768$, …
$$\therefore \quad (2^{13} <) 10^4 < 2^{14} < 2 \cdot 10^4 (< 2^{15}).$$
【解答】では常用対数を調べて解いておきます．
(2) k を自然数として,2^k を 10 進法で表したとき,m 桁でその最高位の数字が 1 の整数になるのは,k と m の間に
$$1 \cdot 10^{m-1} \leqq 2^k < 2 \cdot 10^{m-1}$$
$$\left(\underbrace{100 \cdots\cdots 0}_{0 \text{ が } (m-1) \text{ 個}} \leqq 2^k < \underbrace{200 \cdots\cdots 0}_{0 \text{ が } (m-1) \text{ 個}} \right)$$
の関係がある場合です．((1)が具体例だったんですネ.)

【解答】
(1)
$$10^4 < 2^k < 2 \cdot 10^4$$
の各辺の常用対数を考えて,
$$\log_{10} 10^4 < \log_{10} 2^k < \log_{10}(2 \cdot 10^4).$$
$$\therefore \quad 4 < k \log_{10} 2 < \log_{10} 2 + 4.$$

$$\therefore \quad \frac{4}{\log_{10} 2} < k < 1 + \frac{4}{\log_{10} 2}.$$

$$\therefore \quad \frac{4}{0.3010\cdots} < k < 1 + \frac{4}{0.3010\cdots}.$$

$$\therefore \quad 13.2\cdots < k < 14.2\cdots.$$

k は整数ゆえ,

$$k = 14.$$

(2) 2^{2004} が 10 進法で表したとき N 桁の自然数だとすると,
$$10^{N-1} \leq 2^{2004} < 10^N.$$

各辺の常用対数を考えて,
$$N - 1 \leq 2004 \log_{10} 2 < N.$$

$$\therefore \quad N - 1 \leq 2004 \times 0.3010\cdots < N.$$

$$\therefore \quad 603.2\cdots < N \leq 604.2\cdots.$$

N は自然数だから, $N = 604$.

したがって, 2^{2004} は 604 桁であるから,
$$2^1, \ 2^2, \ 2^3, \ \cdots, \ 2^{2004}$$
は 1 桁から 604 桁の 2004 個の自然数である.

以下, $k = 1, 2, 3, \cdots, 2004$ とする.

2^k を 10 進法で表したとき, m 桁でその最高位の数字が 1 の整数になる条件は,
$$10^{m-1} \leq 2^k < 2 \cdot 10^{m-1}.$$

各辺の常用対数を考えて,
$$m - 1 \leq k \log_{10} 2 < \log_{10} 2 + m - 1.$$

$$\therefore \quad \frac{m-1}{\log_{10} 2} \leq k < 1 + \frac{m-1}{\log_{10} 2}. \qquad \cdots (*)$$

この区間には整数はただ 1 つ存在する.

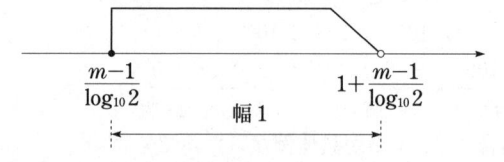

（図：数直線上で $\dfrac{m-1}{\log_{10} 2}$ から $1 + \dfrac{m-1}{\log_{10} 2}$ までの幅 1 の区間）

ここで, $(*)$ の左辺と右辺の差は 1 であるから, $(*)$ をみたす自然数 k は,
$$m = 2, 3, 4, \cdots, 604 \qquad \cdots (☆)$$
の各 m に対して, 1 つずつ存在する.

$$\left(\begin{array}{l}m=1\ \text{のときは,}\ (*)\text{は,}\ 0\leqq k<1\ \text{となって,これをみたす自然数}\ k\ \text{は}\\ \text{存在しない.}\end{array}\right)$$

したがって，求める個数は，

$$603\ 個.$$

[参考]（その1）<(☆)について>

2以上の整数 m の値によらず，(*)の区間に自然数 k は1つだけ存在する．

よって，2^1, 2^2, 2^3, $\cdots$, 2^{2004} を10進法で表すとき，この中には，

$$\begin{cases} 1\text{で始まる2桁の整数,} \\ 1\text{で始まる3桁の整数,} \\ 1\text{で始まる4桁の整数,} \\ \quad\vdots \qquad\qquad \vdots \\ 1\text{で始まる604桁の整数} \end{cases}$$

が1つずつ存在する．

[参考]（その2）

2^k $(k=1,\ 2,\ 3,\ \cdots,\ 2003)$ を10進法で表すとき，その最高位の数字が

(i) 1, 2, 3, 4なら，2^k と 2^{k+1} の桁数は等しく，2^{k+1} の最高位の数字は 2, 3, 4, 5, 6, 7, 8, 9のいずれかで，

(ii) 5, 6, 7, 8, 9なら，2^{k+1} は 2^k より1桁多く，2^{k+1} の最高位の数字は1である．

よって，2^1, 2^2, 2^3, $\cdots$, 2^{2004} を順に見ていくと，桁数が増えるときそれは必ず1桁だけ増え，その数の最高位の数字は1である．

以上より，求める個数は，

$$603\ 個$$

としても可．

92.

[解法メモ]

(1) まさか 2^{60} を計算する訳もありませんし，その逆数なんかもっと大変です．$\log_{10}2$ の概数が与えられていることから，常用対数を考えてみる気になる．

(2) 「どんな範囲に入る数か」とはまた，いい加減な質問ですが（「0〜1に入る」といってもウソではない），(3)に使える程度には，厳しく答えておかねばなりません．

$$\frac{1}{5^{200}} = 0.\underbrace{00\cdots\cdots 00}_{0 が 140 個並ぶ}1\cdots\cdots$$

小数第 139 位 ↓ ↑ 小数第 140 位

ですから,

$$\underbrace{0.00\cdots\cdots 001}_{0 が 140 個並ぶ} < \frac{1}{5^{200}} < \underbrace{0.00\cdots\cdots 002}_{0 が 140 個並ぶ}.$$

【解答】

(1) $x = \dfrac{1}{2^{60}}$ とおくと,

$$\log_{10} x = \log_{10} \frac{1}{2^{60}}$$
$$= -60 \log_{10} 2.$$

これと, $0.30 < \log_{10} 2 < 0.32$ から,

$$(-60) \times 0.30 > \log_{10} x > (-60) \times 0.32.$$
$$\therefore \quad -19.2 < \log_{10} x < -18.$$
$$\therefore \quad 10^{-19.2} < x < 10^{-18} = 0.00\cdots 01.$$

↑ 小数第 18 位

よって, $(x=)\dfrac{1}{2^{60}}$ を小数で表したとき, **小数第 18 位までは 0 だといえる**.

(2) 与条件から,

$$1 \times 10^{-140} < \frac{1}{5^{200}} < 2 \times 10^{-140}.$$
$$\therefore \quad 10^{140} > 5^{200} > \frac{1}{2} \times 10^{140} = 5 \times 10^{139}.$$

常用対数を考えて,

$$140 > 200 \log_{10} 5 > \log_{10} 5 + 139.$$
$$\therefore \quad \frac{139}{199} < \log_{10} 5 < \frac{7}{10}. \qquad \cdots ①$$

(小数で書くと, $0.6984\cdots < \log_{10} 5 < 0.7$)

(3) $M = 5^{80}$ とおくと,

$$\log_{10} M = \log_{10} 5^{80} = 80 \log_{10} 5.$$

これと①より,

$$80\times\frac{139}{199}<\log_{10}M<80\times\frac{7}{10}.$$

$$\therefore \quad 55.87\cdots<\log_{10}M<56.$$

$$\therefore \quad 10^{55.87\cdots}<M<10^{56}.$$

よって，$M=5^{80}$ は，**56桁の整数である**．

[参考]

$\log_{10}2=\log_{10}\dfrac{10}{5}=1-\log_{10}5$ と，(2)の結果から，

$$0.3<\log_{10}2<0.3016.$$

よって，$\log_{10}\dfrac{1}{2^{60}}=-60\log_{20}2$ の値について，

$$-18>\log_{10}\dfrac{1}{2^{60}}>-18.096.$$

$$\therefore \quad 10^{-19}<\dfrac{1}{2^{60}}<10^{-18}.$$

よって，$\dfrac{1}{2^{60}}$ を小数で表したとき，小数第18位までは0で，小数第19位に初めて0でない数が現れる．

§10 微分法，積分法

93.

解法メモ

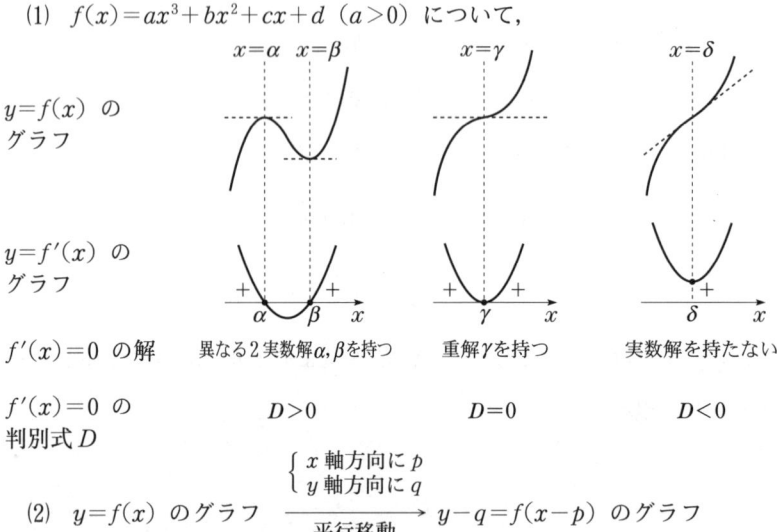

(1) $f(x) = ax^3 + bx^2 + cx + d \ (a>0)$ について，

	$x=\alpha \ x=\beta$	$x=\gamma$	$x=\delta$
$y=f(x)$ のグラフ			
$y=f'(x)$ のグラフ			
$f'(x)=0$ の解	異なる2実数解α, βを持つ	重解γを持つ	実数解を持たない
$f'(x)=0$ の判別式 D	$D>0$	$D=0$	$D<0$

(2) $y=f(x)$ のグラフ $\xrightarrow[\text{平行移動}]{\begin{cases}x\text{軸方向に}p\\y\text{軸方向に}q\end{cases}}$ $y-q=f(x-p)$ のグラフ

【解答】

(1) $f(x) = x^3 + 3ax^2 + bx + c$ より，
$$f'(x) = 3x^2 + 6ax + b.$$
$f(x)$ が極値を持つ条件は，$f'(x)$ が符号変化をすること，すなわち，$f'(x)=0$ が異なる2つの実数解を持つことで，$f'(x)=0$ の判別式を D とすると，$D>0$.

$$\therefore \quad (3a)^2 - 3b > 0.$$
$$\therefore \quad \boldsymbol{b < 3a^2}.$$

(2) $b < 3a^2$ のとき，$f(x)$ は極値を持ち，$x=\alpha$ で極大，$x=\beta$ で極小となるなら，$f'(x)=0$ は異なる2実解 $\alpha, \beta \ (\alpha < \beta)$ を持ち，

$$\alpha = \frac{-3a - \sqrt{9a^2 - 3b}}{3}, \quad \beta = \frac{-3a + \sqrt{9a^2 - 3b}}{3},$$

$$\alpha + \beta = -2a, \quad \alpha\beta = \frac{b}{3} \qquad \cdots ①$$

で，

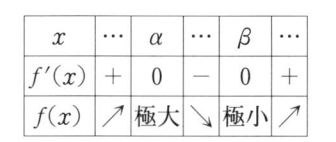

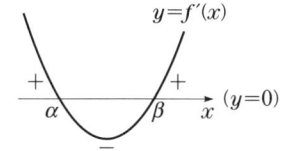

x	$\cdots$	α	$\cdots$	β	$\cdots$
$f'(x)$	$+$	0	$-$	0	$+$
$f(x)$	↗	極大	↘	極小	↗

より，$f(x)$ は極大点 $A(\alpha, f(\alpha))$，極小点 $B(\beta, f(\beta))$ を持つ．

よって，直線 AB の傾きを m とすると，

$$\begin{aligned}
m &= \frac{f(\beta)-f(\alpha)}{\beta-\alpha} \\
&= \frac{\beta^3-\alpha^3+3a(\beta^2-\alpha^2)+b(\beta-\alpha)}{\beta-\alpha} \\
&= \beta^2+\beta\alpha+\alpha^2+3a(\beta+\alpha)+b \\
&= (\alpha+\beta)^2-\alpha\beta+3a(\alpha+\beta)+b \\
&= (-2a)^2-\frac{b}{3}+3a\cdot(-2a)+b \quad (\because \; ①) \\
&= \frac{2}{3}b-2a^2.
\end{aligned}$$

次に，$y=f(x)$ のグラフを x 軸方向に p，y 軸方向に q だけ平行移動してできるグラフの方程式は，

$$y-q=f(x-p) \qquad \cdots ②$$

と書ける．

$$\begin{aligned}
② &\iff y=f(x-p)+q \\
&\iff y=(x-p)^3+3a(x-p)^2+b(x-p)+c+q \\
&\iff y=x^3-3(p-a)x^2+(3p^2-6ap+b)x-p^3+3ap^2-bp+c+q.
\end{aligned}$$

これが $y=x^3+\dfrac{3}{2}mx$，すなわち，$y=x^3+(b-3a^2)x$ に一致する条件は，

$$\begin{cases} -3(p-a)=0, \\ 3p^2-6ap+b=b-3a^2, \\ -p^3+3ap^2-bp+c+q=0, \end{cases}$$

したがって，

$$\begin{cases} p=a, \\ q=-2a^3+ab-c \end{cases}$$

である．

よって，$y=f(x)$ のグラフは，x 軸方向に a，y 軸方向に $-2a^3+ab-c$ だけの平行移動によって，$y=x^3+\dfrac{3}{2}mx$ のグラフに移る．

94.

解法メモ

$f(x)$ を x で微分して増減表を書いてしまえば，

$$（極大値）-（極小値）$$

は a の関数として書けてしまいます．

ただし，a の符号が（前もって）与えられていませんから，増減表に場合分けが生ずることに注意．

【解答】

$$f(x) = (3x^2-4)\left(x-a+\frac{1}{a}\right)$$
$$= 3x^3 - 3\left(a-\frac{1}{a}\right)x^2 - 4x + 4\left(a-\frac{1}{a}\right),$$
$$f'(x) = 9x^2 - 6\left(a-\frac{1}{a}\right)x - 4$$
$$= (3x-2a)\left(3x+\frac{2}{a}\right).$$

(i) $a > 0$ のとき，

x	$\cdots$	$-\dfrac{2}{3a}$	$\cdots$	$\dfrac{2a}{3}$	$\cdots$
$f'(x)$	$+$	0	$-$	0	$+$
$f(x)$	↗		↘		↗

(ii) $a < 0$ のとき，

x	$\cdots$	$\dfrac{2a}{3}$	$\cdots$	$-\dfrac{2}{3a}$	$\cdots$
$f'(x)$	$+$	0	$-$	0	$+$
$f(x)$	↗		↘		↗

いずれにせよ，極大値と極小値を持ち，その差は，

$$\left|f\left(\frac{2a}{3}\right) - f\left(-\frac{2}{3a}\right)\right|$$
$$= \left|\left\{3\left(\frac{2a}{3}\right)^2-4\right\}\left(\frac{2a}{3}-a+\frac{1}{a}\right) - \left\{3\left(-\frac{2}{3a}\right)^2-4\right\}\left(-\frac{2}{3a}-a+\frac{1}{a}\right)\right|$$
$$= \frac{4}{9}\left|a^3 + 3a + \frac{3}{a} + \frac{1}{a^3}\right|$$
$$= \frac{4}{9}\left|a+\frac{1}{a}\right|^3$$
$$= \frac{4}{9}\left\{|a|+\frac{1}{|a|}\right\}^3 \quad (\because\ a\ と\ \frac{1}{a}\ は同符号)$$

$$\geq \frac{4}{9}\left\{2\sqrt{|a|\cdot\frac{1}{|a|}}\right\}^3 \begin{pmatrix} \because \text{ (相加平均)} \geqq \text{(相乗平均)}. \text{ 等号成立は,} \\ |a|=\frac{1}{|a|}, \text{ すなわち, } a=\pm1 \text{ のとき.} \end{pmatrix}$$

$$=\frac{32}{9}.$$

よって, 求める a の値は,

$$\pm 1.$$

[参考] 極大値と極小値の差を計算するところは次のようにもできます.

$\alpha=\dfrac{2a}{3},\ \beta=-\dfrac{2}{3a}$ とおくと,

$$\left|f\left(\frac{2a}{3}\right)-f\left(-\frac{2}{3a}\right)\right|=\left|f(\alpha)-f(\beta)\right|$$

$$=\left|\Big[f(x)\Big]_\beta^\alpha\right|$$

$$=\left|\int_\beta^\alpha f'(x)\,dx\right|$$

$$=\left|9\int_\beta^\alpha (x-\alpha)(x-\beta)\,dx\right|$$

$$=\left|9\cdot\left(-\frac{1}{6}\right)(\alpha-\beta)^3\right|$$

$$=\left|\frac{3}{2}\left\{\frac{2a}{3}-\left(-\frac{2}{3a}\right)\right\}^3\right|$$

$$=\frac{4}{9}\left|\left(a+\frac{1}{a}\right)^3\right|$$

$$=\frac{4}{9}\left|a+\frac{1}{a}\right|^3.$$

95.

[解法メモ]

"∠QOP の二等分線" の条件の使い方として,
(その1)

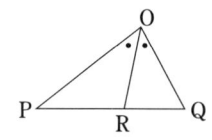

PR : RQ = OP : OQ.

(その2)

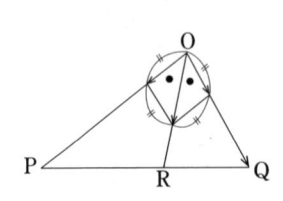

$\overrightarrow{OR} \mathbin{\!/\mkern-5mu/\!} \left(\dfrac{\overrightarrow{OP}}{|\overrightarrow{OP}|} + \dfrac{\overrightarrow{OQ}}{|\overrightarrow{OQ}|} \right).$

$\overrightarrow{OP}$ 方向の単位ベクトル　　$\overrightarrow{OQ}$ 方向の単位ベクトル

(その3)

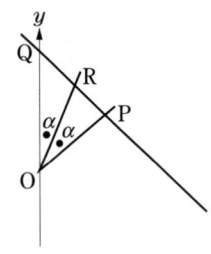

$\tan\alpha = \dfrac{(\text{R の } x \text{ 座標})}{(\text{R の } y \text{ 座標})},$

$\tan 2\alpha = \dfrac{(\text{P の } x \text{ 座標})}{(\text{P の } y \text{ 座標})},$

$\tan 2\alpha = \dfrac{2\tan\alpha}{1-\tan^2\alpha}.$

【解答】

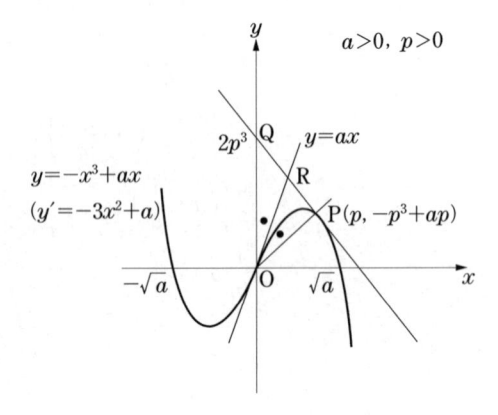

曲線 $y = -x^3 + ax$ の点 P$(p,\ -p^3+ap)$ における接線

$$y = (-3p^2+a)(x-p) - p^3 + ap$$
$$= (-3p^2+a)x + 2p^3 \qquad \cdots ①$$

と y 軸の交点を Q とおくと,

$$\text{Q}(0,\ 2p^3).$$

また，この曲線の原点における接線の方程式は,

$$y = ax \qquad \cdots ②$$

で，2直線 ①, ② の交点を R とおく.

(その1)

①, ② を連立して解いて,

$$R\left(\frac{2}{3}p,\ \frac{2}{3}ap\right).$$

直線 OR が∠QOP を二等分するから,
$$OP:OQ=PR:RQ.$$
$$\therefore\ \sqrt{p^2+(-p^3+ap)^2}:2p^3=|P と R の x 座標の差|:|R と Q の x 座標の差|$$
$$=\left|p-\frac{2}{3}p\right|:\left|\frac{2}{3}p-0\right|$$
$$=1:2.$$
$$\therefore\ \sqrt{p^2+(-p^3+ap)^2}=p^3.$$
$$\therefore\ p^2+p^2(p^2-a)^2=p^6.$$
$$\therefore\ 1+(p^2-a)^2=p^4.\ (\because\ p>0).$$
$$\therefore\ p^2=\frac{a^2+1}{2a}=\frac{1}{2}\left(a+\frac{1}{a}\right)$$
$$\geq\sqrt{a\cdot\frac{1}{a}}\quad\left(\begin{array}{l}\because\ 相加平均, 相乗平均の大小関係による.\\ 等号成立は,\ a=\dfrac{1}{a}>0,\ すなわち,\ a=1\ のとき.\end{array}\right)$$
$$=1.$$
$$\therefore\ S(a)=\triangle QOP=\frac{1}{2}\cdot 2p^3\cdot p=(p^2)^2$$
$$\geq 1.$$

よって, $S(a)$ は **$a=1$ のとき, 最小値 1 をとる.**

(その 2)
$$\begin{cases}\overrightarrow{OP}=\begin{pmatrix}p\\-p^3+ap\end{pmatrix}=p\begin{pmatrix}1\\a-p^2\end{pmatrix},\\ \overrightarrow{OQ}=\begin{pmatrix}0\\2p^3\end{pmatrix}=2p^3\begin{pmatrix}0\\1\end{pmatrix},\\ \overrightarrow{OR}\ /\!/\ \begin{pmatrix}1\\a\end{pmatrix}.\end{cases}$$

直線 OR が ∠QOP を二等分するから,
$$\overrightarrow{OR}\ /\!/\ \left(\frac{\overrightarrow{OP}}{|\overrightarrow{OP}|}+\frac{\overrightarrow{OQ}}{|\overrightarrow{OQ}|}\right).$$
$$\therefore\ \begin{pmatrix}1\\a\end{pmatrix}\ /\!/\ \frac{1}{\sqrt{1+(a-p^2)^2}}\begin{pmatrix}1\\a-p^2\end{pmatrix}+\begin{pmatrix}0\\1\end{pmatrix}$$
$$/\!/\ \begin{pmatrix}1\\a-p^2+\sqrt{1+(a-p^2)^2}\end{pmatrix}.$$

$$\therefore \quad a = a - p^2 + \sqrt{1 + (a-p^2)^2}.$$
$$\therefore \quad p^2 = \sqrt{1 + (a-p^2)^2}.$$
$$\therefore \quad p^4 = 1 + (a-p^2)^2. \quad \text{(以下, (その1) と同様.)}$$

(その2)′
$\cos \angle \mathrm{POR} = \cos \angle \mathrm{ROQ}$ から,

$$\frac{\begin{pmatrix}1\\a-p^2\end{pmatrix}\cdot\begin{pmatrix}1\\a\end{pmatrix}}{\sqrt{1+(a-p^2)^2}\sqrt{1+a^2}} = \frac{\begin{pmatrix}1\\a\end{pmatrix}\cdot\begin{pmatrix}0\\1\end{pmatrix}}{\sqrt{1+a^2}\cdot 1}.$$

(以下, がんばって計算.)

(その3)

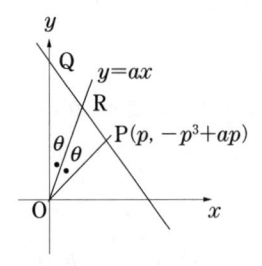

直線 OR が $\angle \mathrm{QOP}$ を二等分するから,
$$\angle \mathrm{QOR} = \angle \mathrm{ROP} = \theta, \quad 0° < \theta < 90°$$
とおけて,
$$\tan \angle \mathrm{QOR} = \tan \theta = \frac{1}{a}. \qquad \cdots ㋐$$

$p \neq \sqrt{a}$ のとき,
$$\tan \angle \mathrm{QOP} = \tan 2\theta = \frac{p}{-p^3 + ap} = \frac{1}{a-p^2}. \qquad \cdots ㋑$$

($p = \sqrt{a}$ のときは, $\angle \mathrm{QOP} = 2\theta = 90°$, $\theta = 45°$, $a=1$, $p=1$.)

$\tan 2\theta = \dfrac{2\tan\theta}{1-\tan^2\theta}$ に ㋐, ㋑ を代入して,

$$\frac{1}{a-p^2} = \frac{2\cdot\dfrac{1}{a}}{1-\left(\dfrac{1}{a}\right)^2}.$$

$$\therefore \quad p^2 = \frac{1}{2}\left(a + \frac{1}{a}\right).$$

($a=1$, $p=1$ のときも上式を流用できる.)

(以下, (その1) と同様.)

96.

解法メモ

x の方程式 $f(x)=k$ の実数解は，2つのグラフ
$$y=f(x) \quad \text{と} \quad y=k$$
の共有点の x 座標に一致します．

【解答】

方程式
$$2x^3+3x^2-12x-k=0, \quad \text{すなわち,} \quad k=2x^3+3x^2-12x$$
が異なる3つの実数解 α, β, γ $(\alpha<\beta<\gamma)$ を持つとき，2つのグラフ
$$y=k \quad \text{と} \quad y=2x^3+3x^2-12x$$
は異なる3つの共有点を持ち，その x 座標が α, β, γ である．

(1) $f(x)=2x^3+3x^2-12x$
とおくと，
$f'(x)=6x^2+6x-12$
$=6(x+2)(x-1)$．

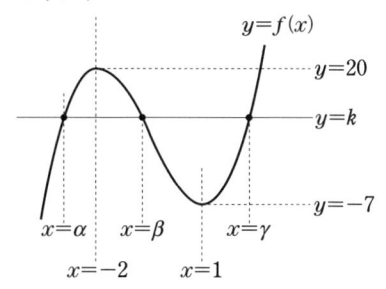

x	$\cdots$	-2	$\cdots$	1	$\cdots$
$f'(x)$	$+$	0	$-$	0	$+$
$f(x)$	↗	20	↘	-7	↗

よって，求める k の値の範囲は，
$$\boldsymbol{-7<k<20}.$$

(2) 方程式 $f(x)=k$ が $x=-\dfrac{1}{2}$ を解に持つとき，
$$k=f\left(-\frac{1}{2}\right)=2\left(-\frac{1}{2}\right)^3+3\left(-\frac{1}{2}\right)^2-12\left(-\frac{1}{2}\right)=\frac{13}{2}.$$

このとき，
$$f(x)=k \iff 2x^3+3x^2-12x-\frac{13}{2}=0$$
$$\iff (2x+1)(2x^2+2x-13)=0$$
$$\iff x=-\frac{1}{2}, \ \frac{-1\pm 3\sqrt{3}}{2}.$$

また，
$$f(x)=20 \iff 2x^3+3x^2-12x-20=0$$
$$\iff (x+2)^2(2x-5)=0$$
$$\iff x=-2, \ \frac{5}{2}.$$

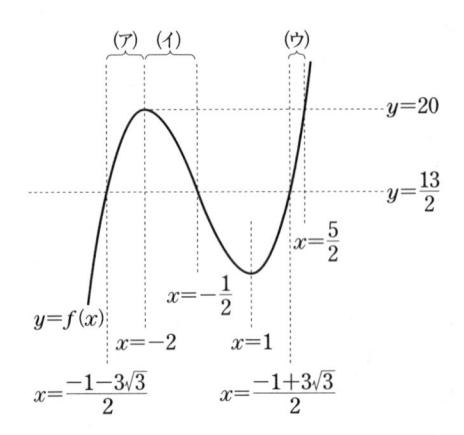

以上を考慮すると，左図のようになり，β の取る値の範囲が，

(イ) $-2<\beta<-\dfrac{1}{2}$ のとき，

α の取る値の範囲は，

(ア) $\dfrac{-1-3\sqrt{3}}{2}<\alpha<-2$,

γ の取る値の範囲は，

(ウ) $\dfrac{-1+3\sqrt{3}}{2}<\gamma<\dfrac{5}{2}$.

[参考]
極値をとる3次関数のグラフには，右図のような美しい性質があります．〈等間隔性〉

これを知っていると，本問のような問題の際，数値チェックができますね．

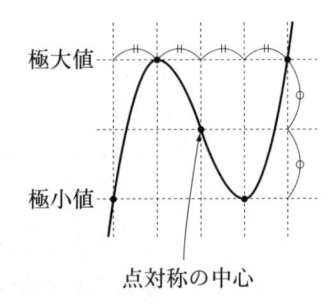

97.

[解法メモ]
曲線 $C: y=f(x)$ の点 $(t, f(t))$ における法線の方程式は，

$$\begin{cases} f'(t)\neq 0 \text{ のとき，} y=-\dfrac{1}{f'(t)}(x-t)+f(t), \\ f'(t)=0 \text{ のとき，} x=t \end{cases}$$

と書けますが，これらはまとめることができて，
$$x-t+f'(t)(y-f(t))=0.$$
この法線上に点 $P(p, q)$ が乗っているための条件は，
$$p-t+f'(t)(q-f(t))=0$$
です．

【解答】

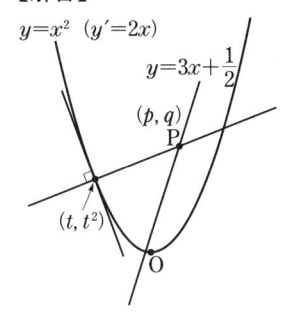

放物線 $y=x^2$ の点 (t, t^2) における法線の方程式は，

$$\begin{cases} t \neq 0 \text{ のとき,} \\ \quad y = -\dfrac{1}{2t}(x-t) + t^2, \\ t = 0 \text{ のとき,} \\ \quad x = 0 \end{cases}$$

であるから，まとめて

$$x - t + 2t(y - t^2) = 0$$

と書けて，この法線が直線 $y = 3x + \dfrac{1}{2}$ 上の点 $P(p, q) = \left(p, 3p + \dfrac{1}{2}\right)$ を通る条件は，

$$p - t + 2t\left(3p + \dfrac{1}{2} - t^2\right) = 0,$$

すなわち，

$$2t^3 - 6pt - p = 0 \quad \cdots ①$$

をみたす実数 t が存在することである．

放物線の異なる点における法線が一致することはないから，①の異なる実数解 t の個数と同じ本数だけ，P を通る法線が存在することになる．

ここで，$g(t) = 2t^3 - 6pt - p$ とおくと，

$$g'(t) = 6t^2 - 6p = 6(t^2 - p).$$

(i) $p < 0$ のとき，

$$g'(t) \geq g'(0) = -6p > 0.$$

(ii) $p = 0$ のとき，

$$g'(t) \geq g'(0) = 0.$$

(iii) $p > 0$ のとき，

t	$\cdots$	$-\sqrt{p}$	$\cdots$	$\sqrt{p}$	$\cdots$
$g'(t)$	$+$	0	$-$	0	$+$
$g(t)$	↗		↘		↗

$$g(-\sqrt{p}) = p(4\sqrt{p} - 1),$$
$$g(\sqrt{p}) = -p(4\sqrt{p} + 1) < 0.$$

ここで，

$$\begin{cases} g(-\sqrt{p}) < 0 \iff (0<)\, p < \dfrac{1}{16}, & \cdots (\text{ア}) \\ g(-\sqrt{p}) = 0 \iff p = \dfrac{1}{16}, & \cdots (\text{イ}) \\ g(-\sqrt{p}) > 0 \iff p > \dfrac{1}{16}. & \cdots (\text{ウ}) \end{cases}$$

以上より，$u=g(t)$ のグラフは，

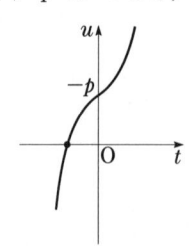

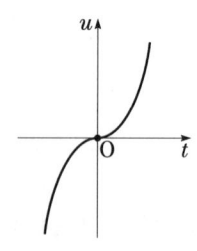

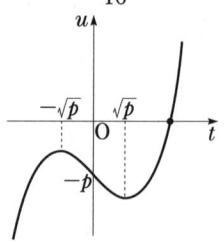

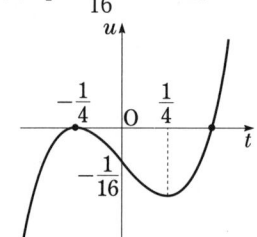

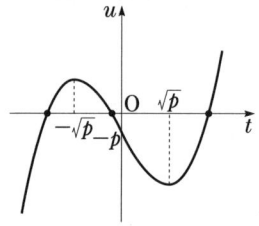

(i) $p<0$ のとき，　　(ii) $p=0$ のとき，　　(iii)(ア) $0<p<\dfrac{1}{16}$ のとき，

(iii)(イ) $p=\dfrac{1}{16}$ のとき，　　(iii)(ウ) $\dfrac{1}{16}<p$ のとき，

これらのグラフより，求める法線の本数は，

$$\begin{cases} p<\dfrac{1}{16} \text{ のとき，} & 1\text{本,} \\ p=\dfrac{1}{16} \text{ のとき，} & 2\text{本,} \\ p>\dfrac{1}{16} \text{ のとき，} & 3\text{本.} \end{cases}$$

98.

[解法メモ]

$f(x)=x^3-3a^2x$ とおくと，任意の実数 x に対して，
$$f(-x)=(-x)^3-3a^2(-x)=-(x^3-3a^2x)=-f(x)$$
ですから，$y=f(x)$ のグラフは原点に関して対称です．

また，$g(x, y)=|x|+|y|$ とおくと，任意の実数 x, y に対して，
$$g(-x, -y)=|-x|+|-y|=|x|+|y|=g(x, y)$$
ですから，$g(x, y)=2$ のグラフも原点に関して対称です．

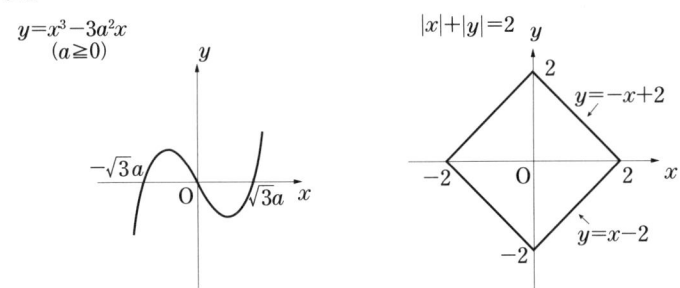

【解答】

$y=x^3-3a^2x$ ①のグラフと，方程式 $|x|+|y|=2$ ②で表される図形は，それぞれ原点に関して対称な図形で原点を共有しないから，$0<x\leqq 2$ の範囲の共有点の個数について調べてこれを2倍すればよい．

$0<x\leqq 2$ の下で，①，②から y を消去して，
$$|x^3-3a^2x|=2-x.$$
$$\therefore\quad x^3-3a^2x=2-x \text{ or } -2+x.$$
$$\therefore\quad 3a^2x=x^3+x-2 \text{ or } x^3-x+2. \quad\cdots ③$$

ここで，$0<x\leqq 2$ を定義域とする2つの関数
$$f(x)=x^3+x-2, \qquad g(x)=x^3-x+2$$
について，
$$f'(x)=3x^2+1>0,$$
$$g'(x)=3x^2-1=3\left(x+\frac{1}{\sqrt{3}}\right)\left(x-\frac{1}{\sqrt{3}}\right).$$

x	(0)	$\cdots$	2
$f'(x)$	(1)	$+$	
$f(x)$	(-2)	↗	8

x	(0)	$\cdots$	$\dfrac{1}{\sqrt{3}}$	$\cdots$	2
$g'(x)$	(-1)	$-$	0	$+$	
$g(x)$	(2)	↘	$2-\dfrac{2}{3\sqrt{3}}$	↗	8

$$f(1)=0,\quad g(1)=2,\quad g\left(\frac{1}{\sqrt{3}}\right)=2-\frac{2}{3\sqrt{3}}>0.$$

$$f(x) - g(x) = 2(x-2)$$
$$\leq 0 \quad (\because \ 0 < x \leq 2)$$

より, $f(x) \leq g(x)$.

また, $y = g(x)$ の $x = t$ における接線
$$y = (3t^2 - 1)(x - t) + t^3 - t + 2$$

が原点を通るとき,
$$0 = (3t^2 - 1)(0 - t) + t^3 - t + 2.$$
$$\therefore \ t = 1.$$

このとき, その傾きは, $3 \cdot 1^2 - 1 = 2$.

以上より,

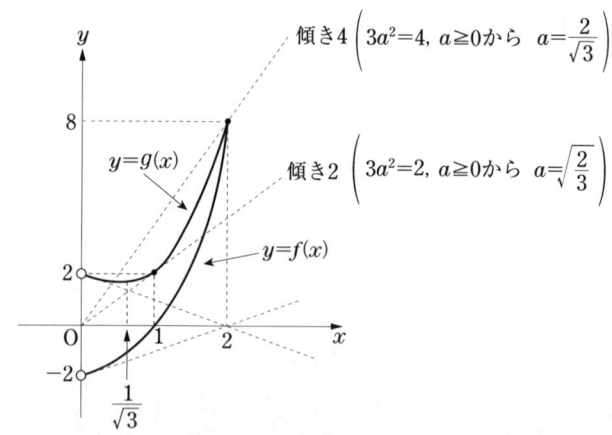

傾き4 $\left(3a^2 = 4, a \geq 0 \text{から} \ a = \dfrac{2}{\sqrt{3}} \right)$

傾き2 $\left(3a^2 = 2, a \geq 0 \text{から} \ a = \sqrt{\dfrac{2}{3}} \right)$

このグラフ $y = f(x)$ or $g(x)$ と原点を通る傾き $3a^2$ の直線 $y = 3a^2 x$ の共有点の個数を調べて, ③の $0 < x \leq 2$ の範囲の実数解の個数を得, これを2倍することにより, 求める共有点の個数は,

$$\begin{cases} 0 \leq a < \sqrt{\dfrac{2}{3}} & \text{のとき, 2個,} \\ a = \sqrt{\dfrac{2}{3}} & \text{のとき, 4個,} \\ \sqrt{\dfrac{2}{3}} < a < \dfrac{2}{\sqrt{3}} & \text{のとき, 6個,} \\ a = \dfrac{2}{\sqrt{3}} & \text{のとき, 4個,} \\ \dfrac{2}{\sqrt{3}} < a & \text{のとき, 2個.} \end{cases}$$

99.

[解法メモ]

$y = x^3 - 3a^2x + a^2$ の概形は,

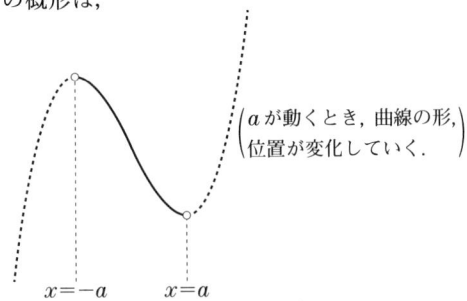

(aが動くとき,曲線の形,位置が変化していく.)

$x = -a$ $x = a$

で,このうち,極大点と極小点の間にある部分（上図の実線部分で両端は含まず）の通過領域を D と名付けるとき,

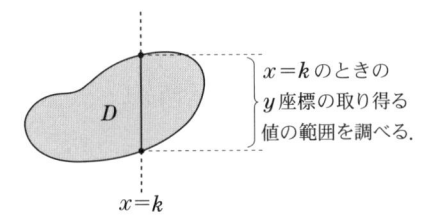

$x = k$ のときの y 座標の取り得る値の範囲を調べる.

$x = k$

D と直線 $x = k$ $(-1 < -a < k < a < 1)$ の交わりの部分の y 座標

$$y = (1-3k)a^2 + k^3$$

の取り得る値の範囲を調べるとよい.

【解答】
$$y = x^3 - 3a^2x + a^2. \quad \cdots ①$$
$$\therefore \ y' = 3x^2 - 3a^2 = 3(x+a)(x-a).$$

$0 < a < 1$ ゆえ,増減表は,

x	$\cdots$	$-a$	$\cdots$	a	$\cdots$
y'	+	0	−	0	+
y	↗		↘		↗

よって,この曲線①の,
$$(-1<)-a < x < a(<1)$$
の部分の通る範囲を求めればよい.（この範囲を D とすると, D は $-1 < x < 1$ の範囲にある.）

曲線①と直線 $x=k$ ($-1<k<1$) の共有点の y 座標

$y=k^3-3a^2k+a^2$ ($-1<-a<k<a<1$)

すなわち，$y=(1-3k)a^2+k^3$ ($|k|<a<1$)

について考える．

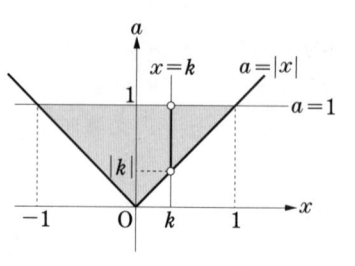

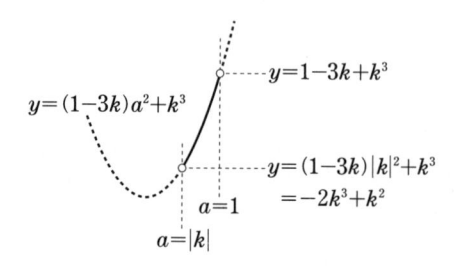

(i) $1-3k>0$，すなわち，$(-1<)k<\dfrac{1}{3}$ のとき，

$$\therefore\quad -2k^3+k^2<y<k^3-3k+1.$$

(ii) $1-3k=0$，すなわち，$k=\dfrac{1}{3}$ のとき，

$$y=\dfrac{1}{27}.$$

(iii) $1-3k<0$，すなわち，$\dfrac{1}{3}<k(<1)$ のとき，

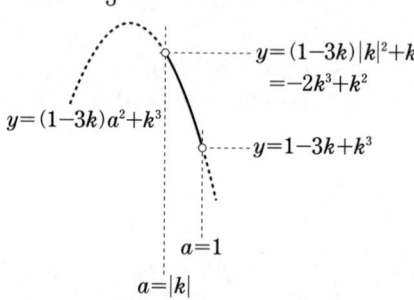

$$\therefore\quad k^3-3k+1<y<-2k^3+k^2.$$

以上より，求める範囲 D は，

$$\begin{cases} \text{(i)} & -1<x<\dfrac{1}{3}, \text{ かつ，} -2x^3+x^2<y<x^3-3x+1, \\ \text{(ii)} & x=\dfrac{1}{3}, \text{ かつ，} y=\dfrac{1}{27}, \\ \text{(iii)} & \dfrac{1}{3}<x<1, \text{ かつ，} x^3-3x+1<y<-2x^3+x^2 \end{cases}$$

で，これを図示すると次図の網目部分$\left(\text{境界線上の点は点}\left(\dfrac{1}{3}, \dfrac{1}{27}\right)\text{のみ含む}\right)$.

$$f(x)=x^3-3x+1, \qquad g(x)=-2x^3+x^2$$

とおくと，

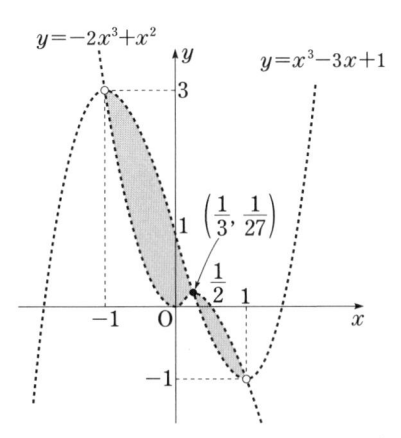

$$f'(x)=3x^2-3 \qquad\qquad g'(x)=-6x^2+2x$$
$$=3(x+1)(x-1), \qquad\qquad =-6x\left(x-\dfrac{1}{3}\right).$$

x	$\cdots$	-1	$\cdots$	1	$\cdots$
$f'(x)$	$+$	0	$-$	0	$+$
$f(x)$	↗	3	↘	-1	↗

x	$\cdots$	0	$\cdots$	$\dfrac{1}{3}$	$\cdots$
$g'(x)$	$-$	0	$+$	0	$-$
$g(x)$	↘	0	↗	$\dfrac{1}{27}$	↘

$$\begin{aligned}f(x)=g(x) &\iff x^3-3x+1=-2x^3+x^2 \\ &\iff 3x^3-x^2-3x+1=0 \\ &\iff 3\left(x-\dfrac{1}{3}\right)(x+1)(x-1)=0\end{aligned}$$

より，$y=f(x)$ と $y=g(x)$ は，$x=-1, \dfrac{1}{3}, 1$ で交わる.

[別解]

通過領域を D とすると，点 (x, y) が D に含まれる条件は，
「$y=x^3-3a^2x+a^2$ ($|x|<a$, $0<a<1$) をみたす a が存在する」
で，今，$u=a^2$ とおくと，これは，
「u の高々1次の方程式 $\underbrace{(1-3x)u=y-x^3}_{(*)}$ が，$x^2<u<1$ の範囲に解を持つ」
ことである．

(ア) $x=\dfrac{1}{3}$ のとき，(*)が解を持つ条件は，
$$y-x^3=0, \quad \text{すなわち，} \quad y=x^3=\dfrac{1}{27}.$$

(イ) $x\neq\dfrac{1}{3}$ のとき，$u=\dfrac{y-x^3}{1-3x}$ ゆえ，求める条件は，
$$x^2<\dfrac{y-x^3}{1-3x}<1. \qquad \cdots \text{☆}$$

(イ-1) $x<\dfrac{1}{3}$ のとき，
$$x^2(1-3x)<y-x^3<1-3x.$$
$$\therefore \quad -2x^3+x^2<y<x^3-3x+1.$$

(イ-2) $x>\dfrac{1}{3}$ のとき，
$$x^2(1-3x)>y-x^3>1-3x.$$
$$\therefore \quad -2x^3+x^2>y>x^3-3x+1.$$

(以下，略)

(注) ☆から，$-1<x<1$ は，みたされている．

100.

解法メモ

最長の線分を考えるのですから，その両端は領域の境界線上に置くべきでしょう．
また，図形の対称性から，その線分の傾きは0以上として捜せば十分でしょう．

【解答】

題意の線分の両端を P，Q とし直線 PQ の傾きを m とすると，図形の対称性から，$m\geqq 0$ で考えれば十分で，最長の線分を求めるのだから，その両端が領域の境界線上にある場合を調べれば十分である．
また，x 座標の大きい方を P，小さい方を Q として，Q を固定して考える．

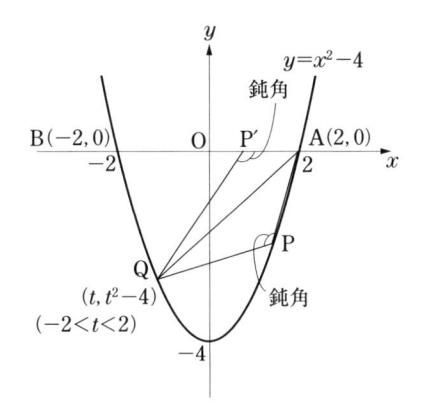

曲線 $y=x^2-4$ $(-2\leqq x\leqq 2)$ は下に凸の放物線ゆえ，
$m=0$ のとき，最長の線分は AB で，AB=4.
$m>0$ のとき，図で $\angle$APQ，$\angle$AP$'$Q は鈍角だから，
$$PQ<AQ,\ P'Q<AQ.$$
したがって，
$$\begin{aligned}AQ^2&=(t-2)^2+(t^2-4-0)^2\\&=t^4-7t^2-4t+20\\&\ (=f(t)\ とおく)\end{aligned}$$
について調べれば十分．
$$\begin{aligned}f'(t)&=4t^3-14t-4\\&=2(t-2)(2t^2+4t+1).\end{aligned}$$

t	(-2)	$\cdots$	$\dfrac{-2-\sqrt{2}}{2}$	$\cdots$	$\dfrac{-2+\sqrt{2}}{2}$	$\cdots$	(2)
$f'(t)$		$-$	0	$+$	0	$-$	
$f(t)$	(16)	$\searrow$		$\nearrow$	$\dfrac{71+8\sqrt{2}}{4}$	$\searrow$	(0)

$$\therefore\ f(t)\leqq f\!\left(\dfrac{-2+\sqrt{2}}{2}\right)$$
$$=\dfrac{71+8\sqrt{2}}{4}\ (>16).$$

よって，求める長さは，
$$\dfrac{\sqrt{71+8\sqrt{2}}}{2}.$$

[参考]

放物線 $y=x^2-4$ 上に,$Q_1\left(\dfrac{-2-\sqrt{2}}{2},\ \left(\dfrac{-2-\sqrt{2}}{2}\right)^2-4\right)$,
$Q_2\left(\dfrac{-2+\sqrt{2}}{2},\ \left(\dfrac{-2+\sqrt{2}}{2}\right)^2-4\right)$ をとると,$A(2,\ 0)$ を中心として Q_1 を通る円,A を中心として Q_2 を通る円は,それぞれ Q_1,Q_2 において放物線 $y=x^2-4$ と接線を共有しています.

101.

[解法メモ]

被積分関数 $x|x-t|$ には絶対値記号がついていて,このままでは積分の計算ができません.まず,絶対値記号を外すことから始めます.
$$x|x-t|=\begin{cases}-x(x-t) & (x\leqq t),\\ x(x-t) & (x\geqq t)\end{cases}$$
ですから,$y=x|x-t|$ のグラフは,…

【解答】
$$x|x-t|=\begin{cases}-x(x-t) & (x\leqq t \text{ のとき}),\\ x(x-t) & (x\geqq t \text{ のとき})\end{cases}$$
だから,$y=x|x-t|$ のグラフは,

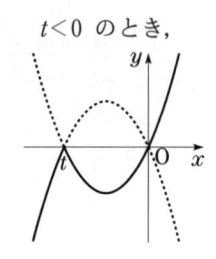

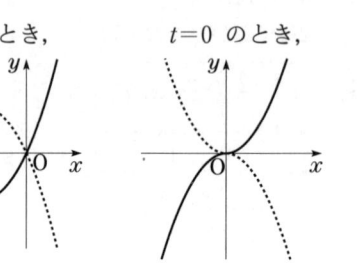

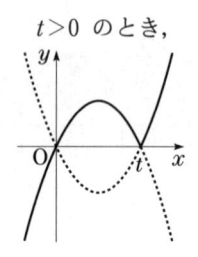

$t<0$ のとき,　　　$t=0$ のとき,　　　$t>0$ のとき,

となる.したがって,

(i) $-\dfrac{1}{2}\leqq t\leqq 0$ のとき,
$$F(t)=\int_0^1 x(x-t)dx=\left[\dfrac{x^3}{3}-\dfrac{t}{2}x^2\right]_0^1=\dfrac{1}{3}-\dfrac{t}{2}.$$

(ii) $0 < t < 1$ のとき,

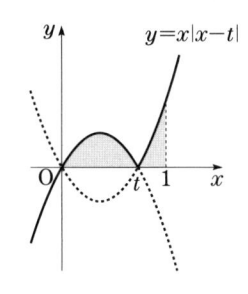

$$F(t) = \int_0^t \{-x(x-t)\} dx + \int_t^1 x(x-t) dx$$
$$= \left[-\frac{x^3}{3} + \frac{t}{2}x^2 \right]_0^t + \left[\frac{x^3}{3} - \frac{t}{2}x^2 \right]_t^1$$
$$= \frac{1}{3}t^3 - \frac{1}{2}t + \frac{1}{3},$$
$$F'(t) = t^2 - \frac{1}{2}$$
$$= \left(t + \frac{1}{\sqrt{2}} \right)\left(t - \frac{1}{\sqrt{2}} \right).$$

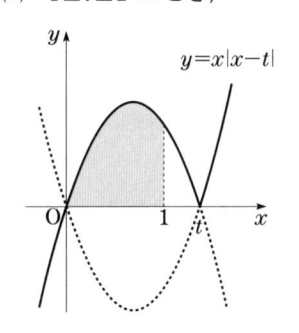

(iii) $1 \leq t \leq 2$ のとき,

$$F(t) = \int_0^1 \{-x(x-t)\} dx$$
$$= \left[-\frac{x^3}{3} + \frac{t}{2}x^2 \right]_0^1$$
$$= -\frac{1}{3} + \frac{t}{2}.$$

以上より,

	(i)			(ii)			(iii)	
t	$-\frac{1}{2}$	$\cdots$	0	$\cdots$	$\frac{1}{\sqrt{2}}$	$\cdots$	1	$\cdots$	2
$F'(t)$		$-$		$-$	0	$+$		$+$	
$F(t)$	$\frac{7}{12}$	↘	$\frac{1}{3}$	↘	$\frac{2-\sqrt{2}}{6}$	↗	$\frac{1}{6}$	↗	$\frac{2}{3}$

したがって, 求める

$$\begin{cases} \text{最大値は, } F(2) = \dfrac{2}{3}, \\ \text{最小値は, } F\left(\dfrac{1}{\sqrt{2}}\right) = \dfrac{2-\sqrt{2}}{6}. \end{cases}$$

102.

解法メモ

与式右辺の積分は，(dt とあるから）t が積分変数です．よって，この積分をするときは，x は t に無関係とみて，次のように積分の外へ出してかまいません．
$$\int_{-1}^{1}(x-t)f(t)dt = \int_{-1}^{1}\{xf(t)-tf(t)\}dt$$
$$= x\int_{-1}^{1}f(t)dt - \int_{-1}^{1}tf(t)dt.$$

ここで，$f(t)$ が未知の関数であっても，$\int_{-1}^{1}f(t)dt$ や $\int_{-1}^{1}tf(t)dt$ は（-1 から 1 までの定積分なので）定数ですから，それぞれ定数 A，B とおいてよいのです．

【解答】

$$f(x) = \int_{-1}^{1}(x-t)f(t)dt + 1$$
$$= x\int_{-1}^{1}f(t)dt - \int_{-1}^{1}tf(t)dt + 1.$$

ここで，$\int_{-1}^{1}f(t)dt$，$\int_{-1}^{1}tf(t)dt$ は x に無関係な定数であるから，それぞれ定数 A，B とおいてよく，このとき，
$$f(x) = Ax - B + 1.$$
$$\therefore \begin{cases} A = \int_{-1}^{1}(At - B + 1)dt = 2\int_{0}^{1}(1-B)dt = 2\Big[(1-B)t\Big]_{0}^{1} = 2(1-B), \\ B = \int_{-1}^{1}t(At - B + 1)dt = 2\int_{0}^{1}At^2dt = 2\Big[\dfrac{A}{3}t^3\Big]_{0}^{1} = \dfrac{2}{3}A. \end{cases}$$

これを解いて，
$$A = \frac{6}{7},\ B = \frac{4}{7}.$$
$$\therefore\ f(x) = \frac{6}{7}x + \frac{3}{7}.$$

［補足］

$$\begin{cases} \int_{-1}^{1}t\,dt = \Big[\dfrac{1}{2}t^2\Big]_{-1}^{1} = 0, \\ \int_{-1}^{1}t^2 dt = \Big[\dfrac{1}{3}t^3\Big]_{-1}^{1} = \dfrac{2}{3} = 2\int_{0}^{1}t^2\,dt, \\ \int_{-1}^{1}1\,dt = \Big[t\Big]_{-1}^{1} = 2 = 2\int_{0}^{1}1\,dt \end{cases}$$

を利用すると速い．

一般に，$m=1, 2, 3, \cdots$ に対して，
$$\begin{cases} \int_{-a}^{a} x^{2m-1}dx = 0, \\ \int_{-a}^{a} x^{2m}dx = 2\int_{0}^{a} x^{2m}dx. \end{cases}$$
理由は，そのグラフの対称性から明らかでしょう．

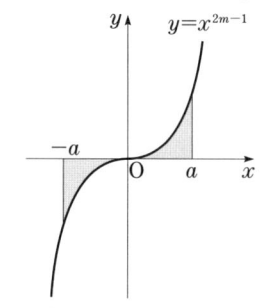

$y=x^{2m-1}$ は原点に関して対称 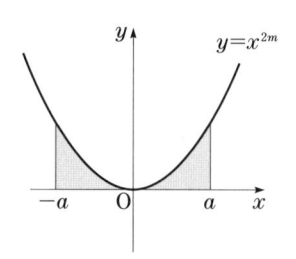　　　　$y=x^{2m}$ は y 軸に関して対称

103.

解法メモ

$f(x)=ax^2+bx+c$ の中に未知の係数 a, b, c （3つ）があって，定積分で表された条件が2本ありますから，$f(x)$ は x とあと a, b, c のうちの1つで表されます．

あとは，$\int_0^1 \{f(x)\}^2 dx$ をしっかりと計算するだけ．

【解答】

$f(x)=ax^2+bx+c$ ($a \neq 0$) から，

$$\begin{cases} 1 = \int_0^1 f(x)dx = \int_0^1 (ax^2+bx+c)dx = \left[\dfrac{a}{3}x^3 + \dfrac{b}{2}x^2 + cx\right]_0^1 \\ \qquad = \dfrac{a}{3} + \dfrac{b}{2} + c, \\ \dfrac{1}{2} = \int_0^1 xf(x)dx = \int_0^1 (ax^3+bx^2+cx)dx = \left[\dfrac{a}{4}x^4 + \dfrac{b}{3}x^3 + \dfrac{c}{2}x^2\right]_0^1 \\ \qquad = \dfrac{a}{4} + \dfrac{b}{3} + \dfrac{c}{2}. \end{cases}$$

$\therefore \begin{cases} 2a+3b+6c=6, \\ 3a+4b+6c=6. \end{cases}$　　$\therefore \begin{cases} b=-a, \\ a=6c-6. \end{cases}$　　$\cdots$①

ここで，$a \neq 0$ から，$\underset{②}{c \neq 1}$ で，

$$\int_0^1 x^2 f(x)\,dx = \int_0^1 (ax^4+bx^3+cx^2)\,dx = \left[\frac{a}{5}x^5+\frac{b}{4}x^4+\frac{c}{3}x^3\right]_0^1$$

$$= \frac{a}{5}+\frac{b}{4}+\frac{c}{3}$$

$$= \frac{6c-6}{5} - \frac{6c-6}{4} + \frac{c}{3} \quad (\because \ ①)$$

$$= \frac{c+9}{30} \qquad \cdots ③$$

だから，

$$\int_0^1 \{f(x)\}^2 dx = \int_0^1 (ax^2+bx+c)f(x)\,dx$$

$$= a\int_0^1 x^2 f(x)\,dx + b\int_0^1 x f(x)\,dx + c\int_0^1 f(x)\,dx$$

$$= a \cdot \frac{c+9}{30} + b \cdot \frac{1}{2} + c \cdot 1 \quad (\because \ ③, \ 与条件)$$

$$= (6c-6) \cdot \frac{c+9}{30} - \frac{1}{2}(6c-6) + c \quad (\because \ ①)$$

$$= \frac{1}{5}(c-1)^2 + 1.$$

$$> 1. \quad (\because \ ②)$$

104.

解法メモ

$$C: y = |2x-1| - x^2 + 2x + 1 = \begin{cases} -(2x-1) - x^2 + 2x + 1 & \left(x \leq \frac{1}{2}\right), \\ (2x-1) - x^2 + 2x + 1 & \left(x \geq \frac{1}{2}\right) \end{cases}$$

の概形は，こんなふうになっていますね．

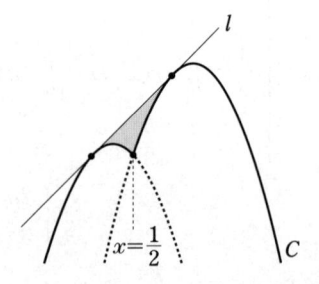

【解答】

(1) $|2x-1|-x^2+2x+1$

$$=\begin{cases} -(2x-1)-x^2+2x+1=-x^2+2 & \left(x\leq\dfrac{1}{2}\ のとき\right), \\ (2x-1)-x^2+2x+1=-(x-2)^2+4 & \left(\dfrac{1}{2}\leq x\ のとき\right). \end{cases}$$

よって，求める曲線 C の概形は，次図のようになる．

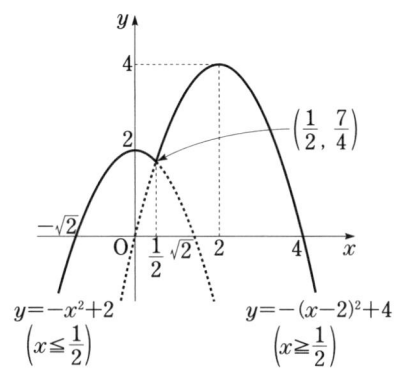

$y=-x^2+2$ $\left(x\leq\dfrac{1}{2}\right)$　　$y=-(x-2)^2+4$ $\left(x\geq\dfrac{1}{2}\right)$

(2) 直線 $l: y=ax+b$ が曲線 C と相異なる 2 点において接するのは，l が

$$\begin{cases} x<\dfrac{1}{2}\ において，放物線\ y=-x^2+2\ に接し， \\ \dfrac{1}{2}<x\ において，放物線\ y=-(x-2)^2+4\ に接する \end{cases}$$

ときで，したがって，

$$ax+b=-x^2+2,\qquad ax+b=-(x-2)^2+4$$

が共に重解を持つ．

$$\therefore\ \begin{cases} (\underline{x^2+ax+b-2=0}_{①}\ の判別式)=0, \\ (\underline{x^2+(a-4)x+b=0}_{②}\ の判別式)=0. \end{cases}$$

$$\therefore\ \begin{cases} a^2-4(b-2)=0, \\ (a-4)^2-4b=0. \end{cases}$$

これを解いて，

$$a=1,\quad b=\dfrac{9}{4}.$$

このとき，①，②の重解をそれぞれ $\alpha,\ \beta$ とすると，

$$\alpha=-\dfrac{1}{2}\ \left(<\dfrac{1}{2}\right),\quad \beta=\dfrac{3}{2}\ \left(>\dfrac{1}{2}\right)$$

で，適する．

(3)

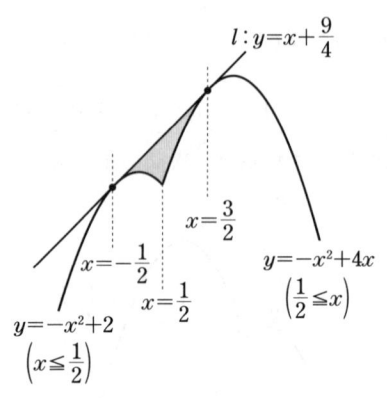

$l: y = x + \dfrac{9}{4}$

$x = -\dfrac{1}{2}$

$x = \dfrac{1}{2}$

$x = \dfrac{3}{2}$

$y = -x^2 + 4x$ $\left(\dfrac{1}{2} \leqq x\right)$

$y = -x^2 + 2$ $\left(x \leqq \dfrac{1}{2}\right)$

上図より，求める図形の面積 S は，
$$S = \int_{-\frac{1}{2}}^{\frac{1}{2}} \left\{\left(x + \dfrac{9}{4}\right) - (-x^2 + 2)\right\} dx + \int_{\frac{1}{2}}^{\frac{3}{2}} \left\{\left(x + \dfrac{9}{4}\right) - (-x^2 + 4x)\right\} dx$$
$$= \int_{-\frac{1}{2}}^{\frac{1}{2}} \left(x + \dfrac{1}{2}\right)^2 dx + \int_{\frac{1}{2}}^{\frac{3}{2}} \left(x - \dfrac{3}{2}\right)^2 dx$$
$$= \left[\dfrac{1}{3}\left(x + \dfrac{1}{2}\right)^3\right]_{-\frac{1}{2}}^{\frac{1}{2}} + \left[\dfrac{1}{3}\left(x - \dfrac{3}{2}\right)^3\right]_{\frac{1}{2}}^{\frac{3}{2}}$$
$$= \dfrac{2}{3}.$$

105.

解法メモ

問題の部分の図形は，(i) $0 < a < 1$ のときと，(ii) $1 \leqq a$ のときで，その形および場所が（無論，面積も）大きく変化しています．

で，場合分けしてから，積分計算に入ります．

【解答】

(1) (i) $0 < a < 1$ のとき,

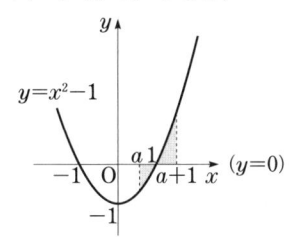

$$S = \int_a^1 \{0 - (x^2 - 1)\} dx + \int_1^{a+1} \{(x^2 - 1) - 0\} dx$$

$$= \left[-\frac{x^3}{3} + x \right]_a^1 + \left[\frac{x^3}{3} - x \right]_1^{a+1}$$

$$= \frac{2}{3}a^3 + a^2 - a + \frac{2}{3}.$$

(ii) $1 \leq a$ のとき,

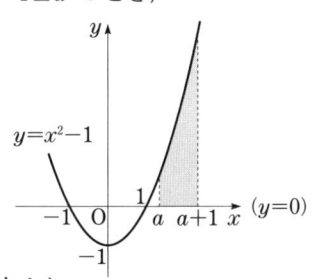

$$S = \int_a^{a+1} \{(x^2 - 1) - 0\} dx$$

$$= \left[\frac{x^3}{3} - x \right]_a^{a+1}$$

$$= a^2 + a - \frac{2}{3}.$$

以上より,

$$S = \begin{cases} \dfrac{2}{3}a^3 + a^2 - a + \dfrac{2}{3} & (0 < a < 1 \text{ のとき}), \\ a^2 + a - \dfrac{2}{3} & (1 \leq a \text{ のとき}), \end{cases}$$

(2) (1)より,

$$\frac{dS}{da} = \begin{cases} 2a^2 + 2a - 1 & (0 < a < 1 \text{ のとき}), \\ 2a + 1 > 0 & (1 < a \text{ のとき}). \end{cases}$$

a	(0)	$\cdots$	$\dfrac{-1+\sqrt{3}}{2}$	$\cdots$	1	$\cdots$
$\dfrac{dS}{da}$		$-$	0	$+$		$+$
S		↘	最小	↗	$\dfrac{4}{3}$	↗

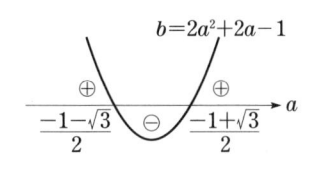

よって,S を最小にする a の値は,$\dfrac{-1+\sqrt{3}}{2}.$

106.

解法メモ

$$\frac{1}{p}+\frac{1}{q}=1 \cdots ㋐, \quad S=\frac{2}{3}\left(\frac{1}{\sqrt{p}}+\frac{1}{\sqrt{q}}\right) \cdots ㋑$$

は出せるでしょう．問題はそのあとの(3)の

　$p>0$，$q>0$，および，㋐の下でp，qが変化するときの㋑の最大値．

　(その1) ㋐を，$\left(\frac{1}{\sqrt{p}}\right)^2+\left(\frac{1}{\sqrt{q}}\right)^2=1$ と読めば，

$$\frac{1}{\sqrt{p}}=\sin\theta, \quad \frac{1}{\sqrt{q}}=\cos\theta \quad \left(0<\theta<\frac{\pi}{2}\right)$$

とおけます．

　(その2) $\sqrt{x}+\sqrt{y}=\sqrt{x+y+2\sqrt{xy}}$ を用いれば

$$\frac{1}{\sqrt{p}}+\frac{1}{\sqrt{q}}=\sqrt{\frac{1}{p}}+\sqrt{\frac{1}{q}}$$

$$=\sqrt{\frac{1}{p}+\frac{1}{q}+2\sqrt{\frac{1}{p}\cdot\frac{1}{q}}}$$

$$=\sqrt{1+2\sqrt{\frac{1}{p}\left(1-\frac{1}{p}\right)}} \quad (\because \ ㋐)$$

と書けて，…

　(その3) コーシー・シュワルツの不等式

$$(a^2+b^2)(x^2+y^2)\geq(ax+by)^2$$

　　　　(等号成立は $ay-bx=0$ のとき)

で，$a=b=1$，$x=\frac{1}{\sqrt{p}}$，$y=\frac{1}{\sqrt{q}}$ とおいて，…

【解答】

(1) 　　　　$\begin{cases} C_1：y=px^2, & \cdots ① \\ C_2：y=-q(x-1)^2+1 & \cdots ② \end{cases}$

が接する条件から，①，②からyを消去してできるxの2次方程式

$px^2=-q(x-1)^2+1$，すなわち，

$$(p+q)x^2-2qx+q-1=0 \qquad \cdots ③$$

は重解を持ち，したがって，(③の判別式)$=0$．

　　　　∴　$q^2-(p+q)(q-1)=0$．

　　　　∴　$-pq+p+q=0$．

この両辺を$pq(>0)$で割って，

$$\frac{1}{p}+\frac{1}{q}=1. \qquad \cdots ④$$

(2) $p>0$, $q>0$, ④の下で, $p>1$, $q>1$. $\qquad \cdots ⑤$

$$\therefore \quad 0<\frac{1}{\sqrt{p}}<1, \quad 0<1-\frac{1}{\sqrt{q}}<1.$$

したがって,

$$S_1=\int_0^{\frac{1}{\sqrt{p}}}(1-px^2)dx=\left[x-\frac{p}{3}x^3\right]_0^{\frac{1}{\sqrt{p}}}=\frac{2}{3\sqrt{p}},$$

$$S_2=\int_{1-\frac{1}{\sqrt{q}}}^1\{-q(x-1)^2+1\}dx=\left[-\frac{q}{3}(x-1)^3+x\right]_{1-\frac{1}{\sqrt{q}}}^1$$

$$=\frac{2}{3\sqrt{q}}.$$

$$\therefore \quad S=S_1+S_2$$
$$=\frac{2}{3}\left(\frac{1}{\sqrt{p}}+\frac{1}{\sqrt{q}}\right).$$

(3) (その 1)

④, ⑤から,

$$\frac{1}{\sqrt{p}}=\sin\theta, \quad \frac{1}{\sqrt{q}}=\cos\theta \quad \left(0<\theta<\frac{\pi}{2}\right)$$

とおけて, (2)の結果に代入して,

$$S=\frac{2}{3}(\sin\theta+\cos\theta)$$
$$=\frac{2}{3}\sqrt{2}\sin\left(\theta+\frac{\pi}{4}\right)$$

$$\leq \frac{2}{3}\sqrt{2} \quad \left(\begin{array}{l}\text{等号成立は，} \theta+\frac{\pi}{4}=\frac{\pi}{2}, \text{ すなわち,} \\ \theta=\frac{\pi}{4}, (p, q)=(2, 2) \text{ のとき}\end{array}\right).$$

よって，S は $(p, q)=(2, 2)$ のとき，最大値 $\frac{2}{3}\sqrt{2}$ をとる．

(その2)

$$S^2 = \frac{4}{9}\left(\sqrt{\frac{1}{p}} + \sqrt{\frac{1}{q}}\right)^2$$

$$= \frac{4}{9}\left(\frac{1}{p} + \frac{1}{q} + 2\sqrt{\frac{1}{p}\cdot\frac{1}{q}}\right)$$

$$= \frac{4}{9}\left\{1 + 2\sqrt{\frac{1}{p}\left(1-\frac{1}{p}\right)}\right\} \quad (\because ④)$$

$$= \frac{4}{9}\left\{1 + 2\sqrt{-\left(\frac{1}{p}-\frac{1}{2}\right)^2 + \frac{1}{4}}\right\}$$

$$\leq \frac{4}{9}\left(1 + 2\sqrt{\frac{1}{4}}\right) \quad \left(\begin{array}{l}\text{等号成立は，} \frac{1}{p}=\frac{1}{2}, \text{ すなわち,} \\ p=2, \text{ したがって, } q=2 (\because ④) \text{ のとき}\end{array}\right)$$

$$= \frac{8}{9}. \quad\quad\quad\quad\quad\quad\quad\quad\quad\quad (\text{以下，略})$$

(その3)

コーシー・シュワルツの不等式

$$(a^2+b^2)(x^2+y^2) \geq (ax+by)^2$$

(等号成立は，$ay-bx=0$ のとき)

で，$a=b=1$, $x=\frac{1}{\sqrt{p}}$, $y=\frac{1}{\sqrt{q}}$ とおけば，

$$2\left(\frac{1}{p}+\frac{1}{q}\right) \geq \left(\frac{1}{\sqrt{p}}+\frac{1}{\sqrt{q}}\right)^2. \quad \left(\begin{array}{l}\text{等号成立は，} 1\cdot\frac{1}{\sqrt{q}}-1\cdot\frac{1}{\sqrt{p}}=0, \\ \text{すなわち, } p=q \text{ のとき.}\end{array}\right)$$

これと④から，

$$\frac{1}{\sqrt{p}} + \frac{1}{\sqrt{q}} \leq \sqrt{2}. \quad (\text{等号成立は, } p=q=2 \text{ のとき.})$$

$$\therefore\ S \leq \frac{2}{3}\sqrt{2}. \quad\quad\quad\quad\quad\quad (\text{以下，略})$$

[参考]

コーシー・シュワルツの不等式は簡単に示せます．

$(a^2+b^2)(x^2+y^2)-(ax+by)^2$
$=a^2x^2+a^2y^2+b^2x^2+b^2y^2-(a^2x^2+2abxy+b^2y^2)$
$=a^2y^2-2abxy+b^2x^2$
$=(ay-bx)^2$
≥ 0 （等号成立は，$ay-bx=0$ のとき）．
$\therefore \ (a^2+b^2)(x^2+y^2)\geq(ax+by)^2$．

107.

解法メモ

a が動くとき，線分 PQ が平面上を掃く範囲を厳密に出そうと思うとなかなか大変です．（「線分」なので 72 ほどやさしくはなりません．）

【解答】では簡易型を示しておきます．（文系ならこれで満点）

キッチリやろうとすると，どんな解答になるのかなと思う人は，その人だけに限って [補足] をながめてください．

【解答】

曲線 $y=x^2$ の点 (a, a^2) における接線 l の方程式は，
$$y=2a(x-a)+a^2,$$
すなわち，
$$y=2ax-a^2.$$
$\therefore$ P$(a-1,\ a^2-2a)$,
Q$(a+1,\ a^2+2a)$.

よって，P, Q は，共に放物線 $y=x^2-1$ 上にある．

これと，a の変域 $-1\leq a\leq 1$ とから，

　　　　線分 PQ の動く範囲は，次図の網目部分．

よって，求める面積は，図形の y 軸に関する対称性を考慮して，

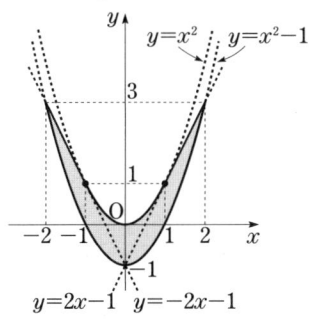

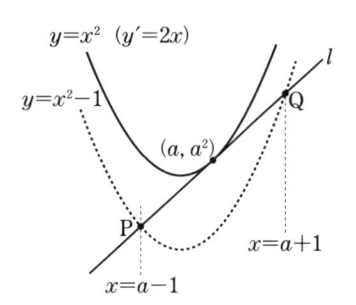

$$S = 2\left[\int_0^1 \{x^2 - (x^2-1)\}dx + \int_1^2 \{(2x-1)-(x^2-1)\}dx\right]$$
$$= 2\left\{\int_0^1 dx + \int_1^2 (-x^2+2x)dx\right\} = 2\left\{\Big[x\Big]_0^1 + \Big[-\frac{x^3}{3}+x^2\Big]_1^2\right\}$$
$$= \frac{10}{3}.$$

[補足]

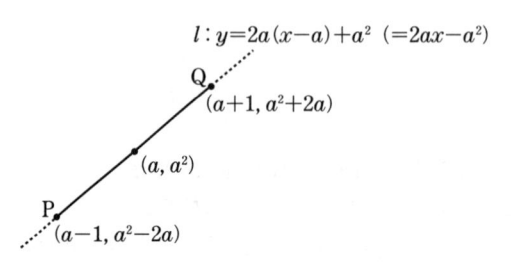

$l: y = 2a(x-a) + a^2 \ (= 2ax - a^2)$

Q $(a+1, a^2+2a)$

(a, a^2)

P $(a-1, a^2-2a)$

線分 PQ：$y = 2ax - a^2,\ a-1 \leq x \leq a+1$
$\iff (a-x)^2 + y - x^2 = 0,\ x-1 \leq a \leq x+1.$

ここで，$f(a) = (a-x)^2 + y - x^2$ とおく．

「線分 PQ が点 (x, y) を通る」
$\iff$ 「a の方程式 $f(a) = 0$ が
　　　$\underline{x-1 \leq a \leq x+1,\ \text{かつ},\ -1 \leq a \leq 1}$
　　　　　　　　　　　　(*)
　　をみたす解を持つ」

であるが，この条件は，

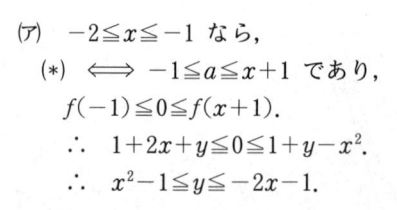

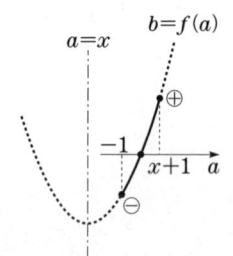

放物線 $b = f(a)$ の軸：$a = x$

(ア) $-2 \leq x \leq -1$　(イ) $-1 \leq x \leq 0$　(ウ) $0 \leq x \leq 1$　(エ) $1 \leq x \leq 2$

(ア) $-2 \leq x \leq -1$ なら，
　(*) $\iff -1 \leq a \leq x+1$ であり，
　　$f(-1) \leq 0 \leq f(x+1).$
　∴ $1 + 2x + y \leq 0 \leq 1 + y - x^2.$
　∴ $x^2 - 1 \leq y \leq -2x - 1.$

(イ) $-1 < x \leq 0$ なら,

(*) $\iff -1 \leq a \leq x+1$ であり,
$f(x) \leq 0$, かつ,
$\bigl(f(-1) \geq 0$, または, $f(x+1) \geq 0\bigr)$.
ここで, $(x+1)-x \geq x-(-1)$ より,
$f(-1) \leq f(x+1)$ だから,
$f(x) \leq 0$, かつ, $f(x+1) \geq 0$.
∴ $y-x^2 \leq 0$, かつ, $1+y-x^2 \geq 0$.
∴ $x^2-1 \leq y \leq x^2$.

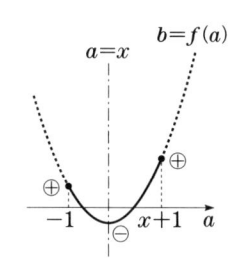

(ウ) $0 \leq x \leq 1$ なら,

(*) $\iff x-1 \leq a \leq 1$ であり,
$f(x) \leq 0$, かつ,
$\bigl(f(x-1) \geq 0$, または, $f(1) \geq 0\bigr)$.
ここで, $x-(x-1) \geq 1-x$ より,
$f(x-1) \geq f(1)$ だから,
$f(x) \leq 0$, かつ, $f(x-1) \geq 0$.
∴ $y \leq x^2$, かつ, $1+y-x^2 \geq 0$.
∴ $x^2-1 \leq y \leq x^2$.

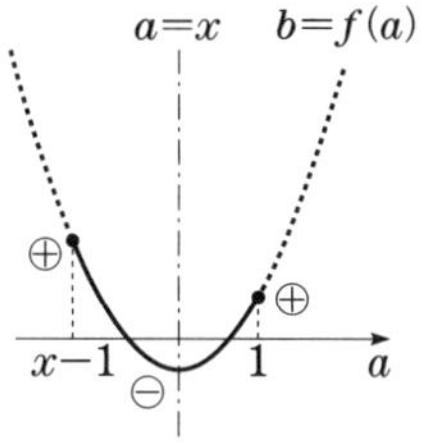

(エ) $1 < x \leq 2$ なら,

(*) $\iff x-1 \leq a \leq 1$ であり,
$f(1) \leq 0 \leq f(x-1)$.
∴ $1-2x+y \leq 0 \leq 1+y-x^2$.
∴ $x^2-1 \leq y \leq 2x-1$.

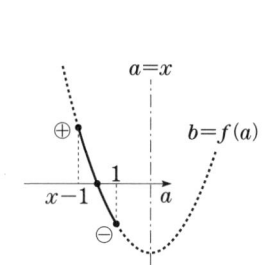

以上より,　～.
といった具合でしょうか.

　与条件の図形の設定の対称性から, (ウ), (エ)は省いてもよいかもしれませんが…
それでもちょっと「スタートのところ」が難しく感じられたかも知れません.

108.

解法メモ

102 と同様で，
$$\int_0^1 t f_{n-1}'(t)\,dt,\quad \int_0^1 f_{n-1}(t)\,dt$$
は（x には無関係な）定数ですが，これらは，n が変われば，すなわち，関数 $f_{n-1}(t)$ が異なれば別の定数となりますから，それぞれ
$$a_n,\ b_n$$
などと，（x には無関係だけれども）n に依存する定数（数列）らしくおいておきましょう．

【解答】

$f_1(x) = 4x^2 + 1,$

$f_n(x) = \int_0^1 \{3x^2 t f_{n-1}'(t) + 3 f_{n-1}(t)\}\,dt$

$= 3x^2 \int_0^1 t f_{n-1}'(t)\,dt + 3\int_0^1 f_{n-1}(t)\,dt \quad (n = 2,\ 3,\ 4,\ \cdots).$

ここで，$3\int_0^1 t f_{n-1}'(t)\,dt,\ 3\int_0^1 f_{n-1}(t)\,dt$ はいずれも定数だから，それぞれ，$a_n,\ b_n$ とおけて，

$$\begin{cases} f_n(x) = a_n x^2 + b_n, \\ x f_n'(x) = 2 a_n x^2 \end{cases} \quad (n = 1,\ 2,\ 3,\ \cdots).$$

（ただし，$\underline{a_1 = 4,\ b_1 = 1}_{①}$ とおいた．）

$\therefore\ \begin{cases} a_n = 3\int_0^1 2 a_{n-1} t^2\,dt = \left[2 a_{n-1} t^3\right]_0^1 = 2 a_{n-1}, & \cdots ② \\ b_n = 3\int_0^1 (a_{n-1} t^2 + b_{n-1})\,dt = \left[a_{n-1} t^3 + 3 b_{n-1} t\right]_0^1 = a_{n-1} + 3 b_{n-1} & \cdots ③ \end{cases}$

$(n = 2,\ 3,\ 4,\ \cdots).$

①，②より，数列 $\{a_n\}$ は，初項 4，公比 2 の等比数列であるから，
$$a_n = 4 \cdot 2^{n-1} = 2^{n+1} \quad (n = 1,\ 2,\ 3,\ \cdots).$$

これと，③より，$n = 2,\ 3,\ 4,\ \cdots$ において，
$$b_n = 2^n + 3 b_{n-1}.$$

$\therefore\ \dfrac{b_n}{2^n} = \dfrac{3}{2} \cdot \dfrac{b_{n-1}}{2^{n-1}} + 1.$

ここで，$c_n = \dfrac{b_n}{2^n}$ とおくと，
$$c_n = \frac{3}{2} c_{n-1} + 1. \qquad \cdots ④$$

ここで, γ を $\gamma = \dfrac{3}{2}\gamma + 1$ …⑤ で定めると, $\gamma = -2$ で, ④-⑤より,

$$c_n + 2 = \dfrac{3}{2}(c_{n-1} + 2).$$

よって, 数列 $\{c_n + 2\}$ は, 初項 $c_1 + 2 = \dfrac{b_1}{2} + 2 = \dfrac{5}{2}$, 公比 $\dfrac{3}{2}$ の等比数列であるから,

$$c_n + 2 = \dfrac{5}{2}\left(\dfrac{3}{2}\right)^{n-1} \quad (n=1,\ 2,\ 3,\ \cdots).$$

$\therefore\quad \dfrac{b_n}{2^n} + 2 = \dfrac{5}{2}\left(\dfrac{3}{2}\right)^{n-1} \quad (n=1,\ 2,\ 3,\ \cdots).$

$\therefore\quad b_n = 5 \cdot 3^{n-1} - 2^{n+1} \quad (n=1,\ 2,\ 3,\ \cdots).$

以上より,

$$f_n(x) = 2^{n+1} x^2 + 5 \cdot 3^{n-1} - 2^{n+1} \quad (n=1,\ 2,\ 3,\ \cdots).$$

[注] $b_n = 3b_{n-1} + 2^n$ の形の漸化式から一般項を求める別の方法については, 120 を参照のこと.

§11 数列

109.

解法メモ

a, b, c がこの順に等差数列となっているなら,
$$\begin{cases} a, \\ b = a+d, \quad (d \text{ は定数}) \\ c = a+2d \end{cases}$$
と書けるから,
$$2b = a+c.$$

a, b, c がこの順に等比数列となっているなら,
$$\begin{cases} a, \\ b = ar, \quad (r \text{ は定数}) \\ c = ar^2 \end{cases}$$
と書けるから,
$$b^2 = ac.$$

【解答】

$p, 1, q$ がこの順で等差数列であることから,
$$p+q = 2. \qquad \cdots ①$$
また, $p^2, 1, q^2$ を並べ替えて等差数列にできることから,

(i) $p^2, 1, q^2$ (または, $q^2, 1, p^2$) がこの順で等差数列のとき,
$$p^2 + q^2 = 2. \qquad \cdots ②$$

①, ② より, q を消去して,
$$p^2 + (2-p)^2 = 2. \quad \therefore \ 2p^2 - 4p + 2 = 0.$$
$$\therefore \ (p-1)^2 = 0. \quad \therefore \ p = 1.$$
これと①より, $q=1$ となるが, これは $p \neq q$ に反する.

(ii) $1, p^2, q^2$ (または, $q^2, p^2, 1$) がこの順で等差数列のとき,
$$1 + q^2 = 2p^2. \qquad \cdots ③$$

①, ③ より, q を消去して,
$$1 + (2-p)^2 = 2p^2.$$
$$\therefore \ p^2 + 4p - 5 = 0. \quad \therefore \ (p+5)(p-1) = 0.$$
$$\therefore \ p = -5, \ 1.$$

①, および, $p \neq q$ より,

$$(p, q) = (-5, 7).$$

(iii) $p^2, q^2, 1$（または，$1, q^2, p^2$）がこの順に等差数列のとき，与条件が p, q に関して対称なことと(ii)の結果から，
$$(p, q) = (7, -5).$$

以上より，求める p, q は，
$$(\boldsymbol{p}, \boldsymbol{q}) = (-5, 7), (7, -5).$$

[補足]

一般には，異なる3つの数の順列は $3!=6$（通り）できますが，a, b, c がこの順で等差数列のとき，逆順に並べた c, b, a もこの順で等差数列となるので，【解答】では，

$$\begin{cases} \text{(i)} & 1 \text{ が等差中項になるもの,} \\ \text{(ii)} & p^2 \text{ が等差中項になるもの,} \\ \text{(iii)} & q^2 \text{ が等差中項になるもの} \end{cases}$$

の3種類の確認をしたのです．

110.

[解法メモ]

与方程式が複2次方程式であることに気が付いて，$t = x^2$ と置けば，
$$t^2 + (8-2a)t + a = 0$$
が異なる2つの正の解 α, β ($\alpha < \beta$) をもって，
$$-\sqrt{\beta}, \; -\sqrt{\alpha}, \; \sqrt{\alpha}, \; \sqrt{\beta}$$
がこの順に等差数列になっているハズです．（その1）

また，本問の等差数列的に並んでいる4つの実数解を
$$c-3d, \; c-d, \; c+d, \; c+3d \quad (d>0)$$
とおくと，与方程式左辺は
$$x^4 + (8-2a)x^2 + a$$
$$= \{x - (c-3d)\}\{x - (c-d)\}\{x - (c+d)\}\{x - (c+3d)\}$$
と因数分解されますから…（その2）

【解答】

（その1）
$$x^4 + (8-2a)x^2 + a = 0 \qquad \cdots ①$$
で，$t = x^2$ とおくと，①は，$t^2 + (8-2a)t + a = 0$，すなわち，
$$\{t - (a-4)\}^2 - a^2 + 9a - 16 = 0 \qquad \cdots ②$$

と書ける．
　t の方程式②の 2 解を α, β とすると，①が相異なる 4 つの実数解をもつことから，α, β は相異なる 2 つの正の数で，
$$\begin{cases} a-4>0, \\ a>0, \\ -a^2+9a-16<0. \end{cases}$$

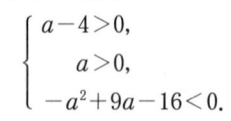

これを解いて，
$$a>\frac{9+\sqrt{17}}{2}. \quad \cdots ③$$

このとき，$(0<)\alpha<\beta$ とすれば，①の解は，
$$-\sqrt{\beta},\ -\sqrt{\alpha},\ \sqrt{\alpha},\ \sqrt{\beta}$$
で，この順に等差数列をなすことから，公差について
$$-\sqrt{\alpha}-(-\sqrt{\beta})=\sqrt{\alpha}-(-\sqrt{\alpha})=\sqrt{\beta}-\sqrt{\alpha}.$$
$$\therefore\ \sqrt{\beta}=3\sqrt{\alpha}.$$
$$\therefore\ \beta=9\alpha.$$

ここで，②の解と係数の関係から，$\alpha+\beta=-8+2a$, $\alpha\beta=a$ ゆえ，
$$\begin{cases} \alpha+9\alpha=-8+2a, \\ \alpha\cdot 9\alpha=a. \end{cases}$$

a を消去して，$9\alpha^2-5\alpha-4=0$．
$$\therefore\ (9\alpha+4)(\alpha-1)=0.$$

ここで，$\alpha>0$ ゆえ，$\alpha=1$．
$$\therefore\ \boldsymbol{a=9}. \text{（これは③をみたしている．）}$$

(その 2)
$$x^4+(8-2a)x^2+a=0 \quad \cdots ①$$
の解を小さい順に，
$$c-3d,\ c-d,\ c+d,\ c+3d \quad (d>0)$$
と置いてよい．
　このとき，①の左辺は，
$$\begin{aligned}
& x^4+(8-2a)x^2+a \\
&= \{x-(c-3d)\}\{x-(c-d)\}\{x-(c+d)\}\{x-(c+3d)\} \\
&= \{(x-c)+3d\}\{(x-c)+d\}\{(x-c)-d\}\{(x-c)-3d\} \\
&= \{(x-c)^2-(3d)^2\}\{(x-c)^2-d^2\} \\
&= (x-c)^4-10d^2(x-c)^2+9d^4 \\
&= x^4-4cx^3+(6c^2-10d^2)x^2+(-4c^3+20cd^2)x+c^4-10c^2d^2+9d^4
\end{aligned}$$

と表せる．
係数の比較により，
$$\begin{cases} 0 = -4c, \\ 8-2a = 6c^2 - 10d^2, \\ 0 = -4c^3 + 20cd^2, \\ a = c^4 - 10c^2d^2 + 9d^4. \end{cases}$$

$$\therefore \quad \begin{cases} c = 0, \\ 8-2a = -10d^2, \\ a = 9d^4. \end{cases}$$

a を消去して，$9d^4 - 5d^2 - 4 = 0$.
$$\therefore \quad (9d^2+4)(d^2-1) = 0.$$
$d>0$ ゆえ，$d=1$.
$$\therefore \quad \boldsymbol{a = 9}.$$

111.

[解法メモ]

2つの数列の一般項はそれぞれ
$$2^m \ (m=1, 2, 3, \cdots), \quad 3^n \ (n=1, 2, 3, \cdots)$$
です．両方の数列には共通項がないのでその各項を混ぜて小さい順に並べてできる数列 $\{c_p\}$ の第1000項が例えば 2^k なら，

```
        c_999           c_1000           c_1001
          ↓               ↓                ↓
─────────┼───────────────┼────────────────┼──────────→
      2^{k-1} or 3^l     2^k        2^{k+1} or 3^{l+1}
```

$$3^l < 2^k < 3^{l+1}, \quad k+l = 1000$$
$$(2^{k-1} < 2^k < 2^{k+1} \text{ の方はアタリマエ})$$

が言えます．
また，ただし書きから，底が6の対数を考えて欲しいらしいので，…

【解答】

題意の数列を $\{c_n\}$ とし，$c_1 \sim c_{1000}$ には，
$$\begin{cases} \text{等比数列 } 2, 4, 8, \cdots \text{ から } k \text{ 項}, \\ \text{等比数列 } 3, 9, 27, \cdots \text{ から } l \text{ 項} \end{cases}$$
が含まれているとすると，

$$\left.\begin{array}{l} k+l=1000, \\ k,\ l\ は正の整数 \end{array}\right\} \quad \cdots ①$$

で，c_{1000} は，2^k か 3^l のいずれかである．

(i) $c_{1000}=2^k$ とすると，
$$3^l<2^k<3^{l+1}.$$
各辺に $2^l(>0)$ を掛けて，
$$6^l<2^{k+l}<3\cdot 6^l.$$
$$\therefore\ 6^l<2^{1000}<\frac{1}{2}\cdot 6^{l+1}.\ (\because\ ①)$$
ここで，底が $6(>1)$ の対数を考えて，
$$l<1000\log_6 2<l+1-\log_6 2.$$
ここで，$\log_6 2=0.386852\cdots$ ゆえ，
$$l<386.852\cdots<l+0.613147\cdots.$$
$$\therefore\ 386.23\cdots<l<386.85\cdots.$$
これをみたす正の整数 l は存在しない．

(ii) $c_{1000}=3^l$ とすると，
$$2^k<3^l<2^{k+1}.$$
各辺に $3^k(>0)$ を掛けて，
$$6^k<3^{k+l}<2\cdot 6^k.$$
$$\therefore\ 6^k<3^{1000}<\frac{1}{3}\cdot 6^{k+1}.\ (\because\ ①)$$
ここで，底が $6(>1)$ の対数を考えて，
$$k<1000\log_6 3<k+1-\log_6 3.$$
ここで，
$$\log_6 3=\log_6\frac{6}{2}=\log_6 6-\log_6 2=1-0.386852\cdots$$
$$=0.613147\cdots$$
ゆえ，
$$k<613.147\cdots<k+0.386852\cdots.$$
$$\therefore\ 612.76\cdots<k<613.147\cdots.$$
これと①から，$k=613$，$l=387$．

以上，(i)，(ii)から，$c_{1000}=3^{387}$，すなわち，

等比数列 $3,\ 9,\ 27,\ \cdots$ の第 387 項．

112.

解法メモ

「連続した 2 個以上の自然数」とは，a を自然数として，
$$\underbrace{a,\ a+1,\ a+2,\ a+3,\ \cdots,\ a+k-1}_{k\text{個}}$$
のことですから，その和とは，

　　　　初項 a，末項 $a+k-1$，公差 1，項数 k の等差数列の和

とみなすことができます．したがって，この和は，
$$\frac{k}{2}\{a+(a+k-1)\}=\frac{1}{2}k(2a+k-1).$$

k が奇数のとき，

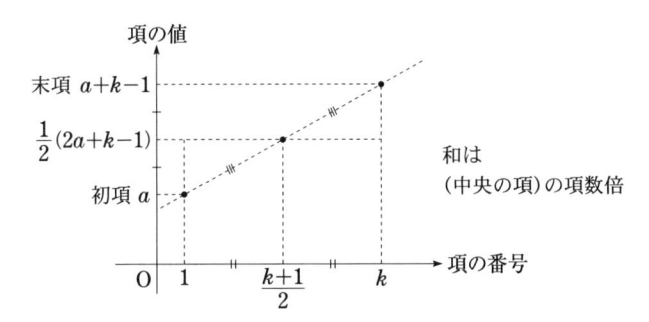

和は
(中央の項) の項数倍

k が偶数のとき，

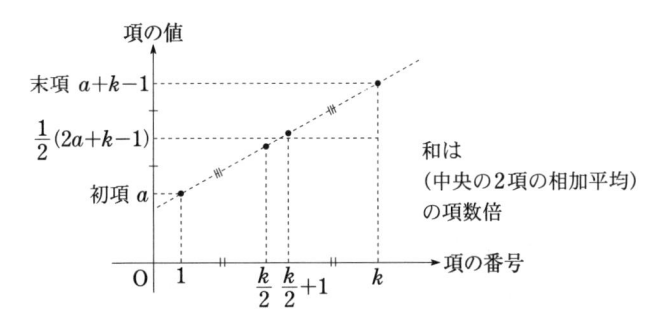

和は
(中央の2項の相加平均)
の項数倍

ですから，(2)では，

　　　　中央の項が 2^m となる $(2l+1)$ 項の等差数列の和

や，

　　　　中央の 2 項が $l,\ l+1$ となる 2×2^m 項の等差数列の和

を考えてみてください.

【解答】

(1)
$10 = 1+2+3+4$,
$11 = 5+6$,
$12 = 3+4+5$,
$13 = 6+7$,
$14 = 2+3+4+5$,
$15 = 7+8$ （$4+5+6$ や $1+2+3+4+5$ も可）.

(2) (i) $2^m > l$ のとき，連続した2個以上の自然数

$(0<) \underbrace{2^m - l, \ 2^m - l + 1, \ \cdots, \ 2^m - 1}_{l 個}, \ 2^m, \ \underbrace{2^m + 1, \ 2^m + 2, \ \cdots, \ 2^m + l}_{l 個}$

の和は，

$$\frac{2l+1}{2}\{(2^m - l) + (2^m + l)\} = 2^m(2l+1).$$

(ii) $2^m \leq l$ のとき，

$(0<) \underbrace{l - 2^m + 1, \ l - 2^m + 2, \ \cdots, \ l-1, \ l}_{2^m 個}, \ \underbrace{l+1, \ l+2, \ \cdots, \ l + 2^m}_{2^m 個}$

の和は，

$$\frac{2 \times 2^m}{2}\{(l - 2^m + 1) + (l + 2^m)\} = 2^m(2l+1).$$

以上より，m を0以上の整数，l を自然数として，自然数 n が $n = 2^m(2l+1)$ と表されるならば，n は連続した2個以上の自然数の和として表される.

(3) a を自然数，k を2以上の自然数とすると，a から始まる k 個の連続した自然数の和 S は，

$$S = \frac{k}{2}(2a + k - 1)$$

となる．k の偶奇に応じて，

k が偶数のとき $2a + k - 1$ が，k が奇数のとき k が

それぞれ3以上の奇数となるから，S は 2^m（$m \geq 0$）の形に表せない.

したがって，m を0以上の整数として，自然数 n が $n = 2^m$ と表されるならば，n は連続した2個以上の自然数の和として表せない.

113.

解法メモ

$\{p_n\}$ の階差数列を $\{q_n\}$ とすると,

$\{p_n\}$; $p_1, p_2, p_3, p_4, \ldots\ldots, p_{n-1}, p_n, p_{n+1}, \cdots$

$\{q_n\}$; $q_1, q_2, q_3, q_4, \ldots\ldots, q_{n-1}, q_n, q_{n+1}, \cdots$

よって,
$$p_n = p_1 + (q_1 + q_2 + \cdots + q_{n-1}).$$
右辺の〜の部分が, ナンセンスなものにならないために, $n-1 \geq 1$, すなわち,
$$n \geq 2.$$
$\sum$ 記号を使って書くと,
$$p_n = p_1 + \sum_{k=1}^{n-1} q_k \quad (n \geq 2).$$
q_k を使わないで書くと,
$$p_n = p_1 + \sum_{k=1}^{n-1} (p_{k+1} - p_k) \quad (n \geq 2).$$

【解答】

$$\begin{cases} a_1 = 0, \\ a_{n+1} = a_n + n \quad (n=1, 2, 3, \cdots). \end{cases} \quad \cdots ①$$

(1) $n \geq 2$ において,
$$a_n = a_1 + \sum_{k=1}^{n-1}(a_{k+1} - a_k) = 0 + \sum_{k=1}^{n-1} k \quad (\because \ ①)$$
$$= \frac{1}{2}(n-1)n.$$

ここで, $a_1 = 0 = \frac{1}{2}(1-1)\cdot 1$ より, 上式を $n=1$ のときに流用してよい.

$$\therefore \ \boldsymbol{a_n = \frac{1}{2}(n-1)n} \quad (n=1, 2, 3, \cdots).$$

(2) (1)の結果から,
$$b_n = \sum_{k=1}^{n} a_k = \sum_{k=1}^{n} \frac{1}{2}(k-1)k$$
$$= \frac{1}{2}\left\{\frac{1}{6}n(n+1)(2n+1) - \frac{1}{2}n(n+1)\right\}$$
$$= \boldsymbol{\frac{1}{6}(n-1)n(n+1)} \quad (n=1, 2, 3, \cdots).$$

(3) (i) $n = 2m \ (m=1, 2, 3, \cdots)$ のとき,
$$c_n = c_{2m} = (a_1 - a_2) + (a_3 - a_4) + \cdots + (a_{2m-1} - a_{2m})$$

$$= \sum_{k=1}^{m}(a_{2k-1}-a_{2k}).$$

①で $n=2k-1$ とすると，
$$a_{2k-1}-a_{2k}=-(2k-1)$$
だから，
$$c_{2m}=\sum_{k=1}^{m}\{-(2k-1)\}$$
$$=-2\cdot\frac{1}{2}m(m+1)+m=-m^2 \quad \cdots ②$$
$$=-\frac{n^2}{4}. \quad (\because \ n=2m)$$

(ii) $n=2m-1$ ($m=1, 2, 3, \cdots$) のとき，
$$c_n=c_{2m-1}=c_{2m}-(-a_{2m})$$
$$=-m^2+\frac{1}{2}(2m-1)\cdot 2m \quad (\because \ ②，および，(1))$$
$$=m^2-m$$
$$=\left(\frac{n+1}{2}\right)^2-\frac{n+1}{2} \quad (\because \ n=2m-1)$$
$$=\frac{n^2-1}{4}.$$

以上より，
$$c_n=\begin{cases} \dfrac{n^2-1}{4} & (n \text{ が奇数のとき}), \\ -\dfrac{n^2}{4} & (n \text{ が偶数のとき}). \end{cases}$$

[参考]

(2)で，
$$\sum_{k=1}^{n}a_k=\sum_{k=1}^{n}\frac{1}{2}(k-1)k$$
$$=\frac{1}{6}\sum_{k=1}^{n}\{(k-1)k(k+1)-(k-2)(k-1)k\}$$
$$=\frac{1}{6}[\{0\cdot 1\cdot 2+1\cdot 2\cdot 3+2\cdot 3\cdot 4+\cdots+(n-2)(n-1)n+(n-1)n(n+1)\}$$
$$\quad -\{(-1)\cdot 0\cdot 1+0\cdot 1\cdot 2+1\cdot 2\cdot 3+2\cdot 3\cdot 4+\cdots+(n-2)(n-1)n\}]$$
$$=\frac{1}{6}(n-1)n(n+1)$$

とする手もあるけれど…（「鶏を割くに牛刀を用いる」感じがしてチョットネ）

114.

解法メモ

隣り合う2つの整数の差は1ですから，或る実数 x とそれに最も近い整数の距離は，$\frac{1}{2}$ 以下です．（$\frac{1}{2}$ のときは，最も近い整数は2つあります．）

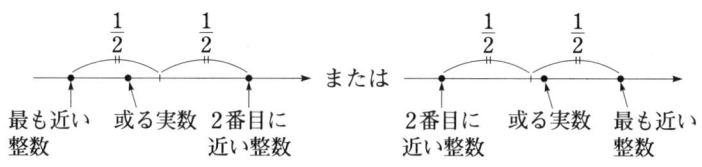

【解答】

自然数 n に対して，$\sqrt{n}$ に最も近い整数を a_n とすると，

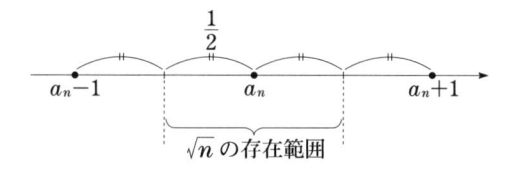

$$a_n - \frac{1}{2} \leq \sqrt{n} \leq a_n + \frac{1}{2}. \qquad \cdots ①$$

(1) $a_n = m$ (m は自然数) とおくと，①より，

$$(0<)m - \frac{1}{2} \leq \sqrt{n} \leq m + \frac{1}{2}.$$

$$\therefore \quad \left(m - \frac{1}{2}\right)^2 \leq n \leq \left(m + \frac{1}{2}\right)^2.$$

$$\therefore \quad m^2 - m + \frac{1}{4} \leq n \leq m^2 + m + \frac{1}{4}.$$

m, n は自然数だから，

$$m^2 - m + 1 \leq n \leq m^2 + m.$$

これをみたす自然数 n の個数は，

$$(m^2 + m) - (m^2 - m + 1) + 1 = \boldsymbol{2m} \text{ (個)}.$$

(2) (1)の結果より，数列 $\{a_n\}$ は，

$$\underbrace{1, 1,}_{2 \text{個}} \underbrace{2, 2, 2, 2,}_{4 \text{個}} \underbrace{3, 3, 3, 3, 3, 3,}_{6 \text{個}} \cdots, \underbrace{m-1, \underbrace{m, m, \cdots, m,}_{2m \text{個}}} m+1, \cdots$$

と，自然数 m が $2m$ 個並んでできている数列である．

同じ数の項をまとめて群数列と見なすと，その第 l 群は，

$$\overbrace{|l, \ l, \ l, \ \cdots, \ l|}^{2l \text{ 個}}$$
↑

最初から数えると,
$2+4+6+\cdots+2l = 2(1+2+3+\cdots+l)$
$= l(l+1)$（番目）

で，これら $2l$ 項の和は，$l \cdot 2l = 2l^2$ である．

a_{2001} が第 m 群に属するとすると，

$$(m-1)m < 2001 \leq m(m+1).$$
$$\therefore \quad m^2 - m < 2001 \leq m^2 + m. \qquad \cdots(*)$$

これをみたす自然数 m は，

$$m = 45$$

のみである．

第 1 群から第 44 群までの項数は，

$$44(44+1) = 1980.$$

また，$2001 - 1980 = 21$ ゆえ，a_{2001} は第 45 群の 21 番目とわかる．

$$\therefore \quad \sum_{k=1}^{2001} a_k = \underbrace{\sum_{l=1}^{44} 2l^2}_{\substack{\uparrow \\ \text{第 1～44 群の} \\ \text{和}}} + \underbrace{45 \times 21}_{\substack{\uparrow \\ \text{第 45 群の} \\ \text{1～21 番目の和}}}$$

$$= 2 \times \frac{1}{6} \cdot 44(44+1)(2 \cdot 44+1) + 45 \times 21$$

$$= \mathbf{59685}.$$

[参考]

①のいずれの等号も成立することはありません．

実際，(1)の $m^2 - m + \frac{1}{4} \leq n \leq m^2 + m + \frac{1}{4}$ の等号をみたす自然数 m，n は存在しませんでした．

[補足]

連立不等式(*)を「真面目」に解く必要はない．m は自然数なのだし，a_{2001} は唯一つしかなく，したがって，唯一の群にしか所属し得ないのだから，(*)をみたす自然数 m を大体 $\sqrt{2001} \fallingdotseq 44.\cdots$ くらいということでアタリを付けて捜せばよい．（この世にはあなたと運命の赤い糸で結ばれた人が唯一人居るとして，その一人が見つかったのに，さらに他を当たったりしませんよね．）

115.

解法メモ

この数列 $\{a_n\}$ の各項が,

$$_m C_r$$

の形をしていて,

- (i) m が 0 から始まって小さい順に並び,
- (ii) m が等しいなら, r が 0 から始まって小さい順に m まで並んでいる

のに気が付きましたか.

ですから, m の等しい項($m+1$ 項ある)毎に群に分けて考えてみましょう.

【解答】

数列 $\{a_n\}$ を最初から, 第 l 群に l 個の項が含まれるように群に分けて考えると, その第 l 群は,

$$\underbrace{{}_{l-1}C_0,\ {}_{l-1}C_1,\ {}_{l-1}C_2,\ \cdots,\ {}_{l-1}C_{l-1}}_{l\ 個}$$

最初から数えると, $1+2+3+\cdots+l=\dfrac{1}{2}l(l+1)$ 番目の項, すなわち, $a_{\frac{1}{2}l(l+1)}$

で, その l 項の和は,

$$\sum_{r=0}^{l-1} {}_{l-1}C_r = \sum_{r=0}^{l-1} {}_{l-1}C_r \cdot 1^{l-1-r} \cdot 1^r$$
$$= (1+1)^{l-1} = 2^{l-1}. \quad \cdots (*)$$

(1) $18=(1+2+3+4+5)+3$ より, a_{18} は, 第 6 群の 3 番目の項であるから,

$$a_{18} = {}_{6-1}C_{3-1} = {}_5C_2 = \mathbf{10}.$$

(2) ${}_nC_k$ は, 第 $(n+1)$ 群の $(k+1)$ 番目の項であるから, 最初から数えると,

$$\underbrace{\dfrac{1}{2}n(n+1)}_{第\ 1 \sim n\ 群中の項数}+(k+1)\ 番目$$

の項である. よって, ${}_nC_k$ は,

$$第\ \left\{\dfrac{1}{2}\boldsymbol{n(n+1)}+(\boldsymbol{k+1})\right\}\ 項.$$

(3) a_{50} が第 m 群に属するとすると,

$$\dfrac{1}{2}(m-1)m < 50 \leq \dfrac{1}{2}m(m+1).$$

$$\therefore \quad m^2 - m < 100 \leq m^2 + m.$$

これをみたす自然数 m は，

$$m = 10$$

で，第1群から第9群までの項数は，

$$\frac{1}{2} \cdot 9 \cdot (9+1) = 45$$

であるから，$50 - 45 = 5$ より，

$$a_{50} \text{ は第 10 群の 5 番目の項}$$

である．

$$\therefore \quad \sum_{n=1}^{50} a_n = \underbrace{\sum_{l=1}^{9} 2^{l-1}}_{\substack{\uparrow \\ \text{第 1 〜 9 群} \\ \text{の総和}}} + \underbrace{{}_9C_0 + {}_9C_1 + {}_9C_2 + {}_9C_3 + {}_9C_4}_{(**)}$$

$$= 2^0 \cdot \frac{2^9 - 1}{2-1} + 1 + 9 + \frac{9 \cdot 8}{2} + \frac{9 \cdot 8 \cdot 7}{3 \cdot 2} + \frac{9 \cdot 8 \cdot 7 \cdot 6}{4 \cdot 3 \cdot 2}$$

$$= \mathbf{767}.$$

[(*)の補足]

二項定理

$$(a+b)^n = \sum_{r=0}^{n} {}_nC_r a^{n-r} b^r$$

において，$a = b = 1$，$n = l-1$ とすれば，

$$2^{l-1} = \sum_{r=0}^{l-1} {}_{l-1}C_r \cdot 1^{l-1-r} \cdot 1^r$$

$$= \sum_{r=0}^{l-1} {}_{l-1}C_r.$$

[(**)の補足]

一般に，${}_nC_r = {}_nC_{n-r}$ であるから，

$$\begin{cases} {}_9C_0 = {}_9C_9, \\ {}_9C_1 = {}_9C_8, \\ {}_9C_2 = {}_9C_7, \\ {}_9C_3 = {}_9C_6, \\ {}_9C_4 = {}_9C_5. \end{cases}$$

で，この 10 項の和は，

$$\sum_{r=0}^{9} {}_9C_r = \sum_{r=0}^{9} {}_9C_r \cdot 1^{9-r} \cdot 1^r = (1+1)^9 = 2^9 = 512$$

に等しいから，その半分ということで，

$$_9C_0 + {}_9C_1 + {}_9C_2 + {}_9C_3 + {}_9C_4 = 256$$
(**)

としてもよい．

116.

解法メモ

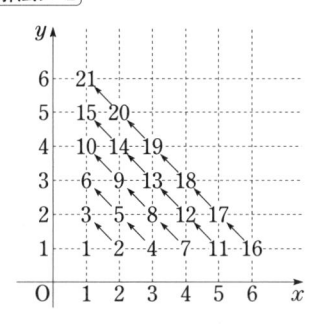

自然数 p, q の組 (p, q) を xy 平面上の格子点（x 座標，y 座標がともに整数である点）とみると，この組の列は，左図のように直線 $x+y=\bigcirc$ 上の格子点の座標を斜め左上がりに見ていったものに対応するのが判りますか．

したがって，どうやら，各直線 $x+y=\bigcirc$ 上にあるグループ毎に，群に分けて考えるとよさそうです．

【解答】

$p+q$ の値が同じ組毎に，その値が小さい順に群に分けて考えると，その第 k 群は，

$$\overbrace{(k, 1), (k-1, 2), (k-2, 3), \cdots, \underset{\uparrow}{(1, k)}}^{k \text{個}}$$

最初から数えると，
$$1+2+3+\cdots+k = \frac{1}{2}k(k+1) \text{（番目）}$$

で，各組 (p, q) について，すべて $p+q = k+1$ である．

(1) 組 (m, n) は，第 $(m+n-1)$ 群の中の n 番目の組であるから，最初から数えると，

$$\underbrace{\left\{\frac{1}{2}(m+n-2)(m+n-1) + n\right\}}_{\text{第} 1 \sim (m+n-2) \text{群の中にある組の数}} \text{番目である．}$$

(2) 初めから 100 番目の組が第 k 群に属するとすると，

$$\frac{1}{2}(k-1)k < 100 \leq \frac{1}{2}k(k+1).$$

$$\therefore \quad k^2 - k < 200 \leq k^2 + k.$$

これをみたす自然数 k は, $k=14$ で,
$$\frac{1}{2}(14-1)\cdot 14 = 91, \quad 100-91=9$$
より, 100 番目の組は, 第 14 群の 9 番目の組であるから,
$$(6,\ 9).$$

117.

解法メモ

xy 平面上のある領域内の格子点の総数の数え方は,
$$\begin{cases} (\text{i}) & \text{縦に切って数えるか,} \\ (\text{ii}) & \text{横に切って数えるか} \end{cases}$$
でほとんどの場合に対応できるようです. まれに, ブロックごとに数えさせる問題もありますが, それはその問題の指示に従えばよろしい.

【解答】

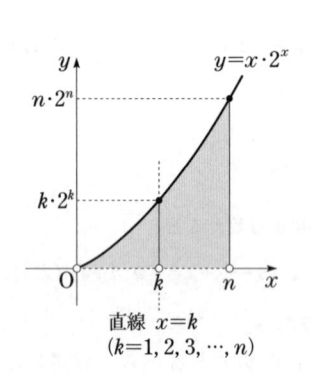

$$x>0,\ y>0,\ \log_2 \frac{y}{x} \leq x \leq n$$

より,

$$0 < \frac{y}{x} \leq 2^x \leq 2^n,\ x>0.$$

$$\therefore\ 0 < y \leq x\cdot 2^x,\ 0 < x \leq n.$$

これをみたす座標平面上の領域は, 左図の網目部分 (境界は x 軸上の点は含まず, 他は含む).

この領域内で, 直線 $x=k$ ($k=1,\ 2,\ 3,\ \cdots,\ n$) 上にある格子点の個数は, $k\cdot 2^k$ 個であるから, 求める格子点の総数を S とすると,
$$S = \sum_{k=1}^{n} k\cdot 2^k$$
である.

$$S = 1\cdot 2^1 + 2\cdot 2^2 + 3\cdot 2^3 + \cdots\cdots\cdots\cdots + n\cdot 2^n, \qquad \cdots ①$$
$$2S = \qquad 1\cdot 2^2 + 2\cdot 2^3 + 3\cdot 2^4 + \cdots + (n-1)\cdot 2^n + n\cdot 2^{n+1}. \qquad \cdots ②$$

① − ② より,
$$-S = 2 + 2^2 + 2^3 + \cdots 2^n - n\cdot 2^{n+1} \qquad \cdots (*)$$
$$= 2\cdot\frac{2^n-1}{2-1} - n\cdot 2^{n+1}$$
$$= (1-n)\cdot 2^{n+1} - 2.$$

$$\therefore\ \boldsymbol{S = (n-1)\cdot 2^{n+1} + 2} \quad (n \geq 1).$$

[参考]〈 $\sum$(等差)×(等比) 型の和の計算 〉

本問に登場する和 $S=\sum_{k=1}^{n} k\cdot 2^k$ のような

$$\sum_{k=1}^{n}(\text{等差数列の一般項})\times(\text{等比数列の一般項}) \quad \text{型}$$

の和の計算は上の【解答】同様，和 S を（$\sum$記号を使わずに）書き下して，

$$S\times(\text{等比数列部分の公比})$$

を作り，辺々引くと，(*)の右辺の如く，等比数列の和の公式が利用できます．

118.

[解法メモ]

問題には，オリジナルの数列 $\{a_n\}$ と，この数列の初項から順に和をとってできる数列 $\{S_n\}$ の 2 本の数列が登場しますが，提示されている（この問題固有の）関係式は，

$$S_n = 2a_n^2 + \frac{1}{2}a_n - \frac{3}{2}$$

の 1 本のみですから，情報が 1 本分足りません．

そこで，すべての数列 $\{a_n\}$, $\{S_n(=\sum_{k=1}^{n} a_k)\}$ について成り立つ関係式

$$\begin{cases} a_1 = S_1, \\ S_{n+1} = S_n + a_{n+1}, \quad \text{すなわち，} \quad a_{n+1} = S_{n+1} - S_n \quad (n \geq 1) \end{cases}$$

を引っぱってきます．

【解答】

(1) $n = 1, 2, 3, \cdots$ に対して，

$$\begin{aligned}
a_{n+1} &= S_{n+1} - S_n \\
&= \left(2a_{n+1}^2 + \frac{1}{2}a_{n+1} - \frac{3}{2}\right) - \left(2a_n^2 + \frac{1}{2}a_n - \frac{3}{2}\right) \\
&= 2a_{n+1}^2 - 2a_n^2 + \frac{1}{2}a_{n+1} - \frac{1}{2}a_n.
\end{aligned}$$

$$\therefore \quad 2(a_{n+1} + a_n)(a_{n+1} - a_n) - \frac{1}{2}(a_{n+1} + a_n) = 0.$$

$$\therefore \quad (a_{n+1} + a_n)\left\{2(a_{n+1} - a_n) - \frac{1}{2}\right\} = 0.$$

ここで，与条件「すべての項 a_n は同符号」より，
①

$$a_{n+1} + a_n \neq 0$$

であるから，
$$2(a_{n+1}-a_n)-\frac{1}{2}=0.$$
$$\therefore \boldsymbol{a_{n+1}=a_n+\frac{1}{4}} \quad (n\geqq 1).$$

(2) (1)の結果から，数列 $\{a_n\}$ は，初項 a_1，公差 $\frac{1}{4}$ の等差数列ゆえ，
$$a_n=a_1+\frac{1}{4}(n-1) \quad (n\geqq 1). \qquad \cdots ②$$

ここで，与式で $n=1$ として，
$$(a_1=)S_1=2a_1^2+\frac{1}{2}a_1-\frac{3}{2}.$$
$$\therefore \ 4a_1^2-a_1-3=0. \qquad \therefore \ (4a_1+3)(a_1-1)=0.$$
$$\therefore \ a_1=-\frac{3}{4},\ 1.$$

$a_1=-\frac{3}{4}$ とすると，②より，
$$a_1<a_2<a_3<a_4=0<a_5<a_6<\cdots$$
となって，①に反する．

$a_1=1$ とすると，②より，
$$0<a_1=1<a_2<a_3<a_4<\cdots$$
となって，①をみたす．

以上より，一般項 a_n は，
$$\boldsymbol{a_n=1+\frac{1}{4}(n-1)=\frac{1}{4}(n+3)} \quad (n\geqq 1).$$

119.

解法メモ

(2)の一般項 a_n を求めてから，$a_n>0$ となるための n の条件を調べて，(1)に戻ってもよいでしょうが，
$$\text{初項 } a_1=-6 \text{ と，漸化式 } a_{n+1}=2a_n+2n+4$$
から，$a_2,\ a_3,\ a_4,\ a_5,\ \cdots$ と計算していっても，最初の正の項はすぐに見つかります．

【解答】

(1) $\begin{cases} a_1=-6, \\ a_{n+1}=2a_n+2n+4 \end{cases} (n=1,\ 2,\ 3,\ \cdots) \qquad \cdots ①$

より,順に,
$$a_2 = 2a_1 + 2\cdot 1 + 4 = -6,$$
$$a_3 = 2a_2 + 2\cdot 2 + 4 = -4,$$
$$a_4 = 2a_3 + 2\cdot 3 + 4 = 2.$$

よって,この数列が初めて正の値をとるのは,**第 4 項**である.

(2)
$$a_{n+1} + \alpha(n+1) + \beta = 2(a_n + \alpha n + \beta)$$
$$\iff a_{n+1} = 2a_n + \alpha n - \alpha + \beta$$

ゆえ,$\alpha = 2$,$\beta = 6$ とするとこれは①に一致する.

∴ ① $\iff a_{n+1} + 2(n+1) + 6 = 2(a_n + 2n + 6)$ $(n = 1,\ 2,\ 3,\ \cdots)$.

よって,数列 $\{a_n + 2n + 6\}$ は,初項 $a_1 + 2\cdot 1 + 6 = 2$,公比 2 の等比数列.

∴ $a_n + 2n + 6 = 2\cdot 2^{n-1}$.

∴ $\boldsymbol{a_n = 2^n - 2n - 6}$ $(n = 1,\ 2,\ 3,\ \cdots)$.

(3) $\boldsymbol{S_n} = \sum\limits_{k=1}^{n} a_k = \sum\limits_{k=1}^{n} (2^k - 2k - 6)$

$= 2\cdot \dfrac{2^n - 1}{2 - 1} - 2\cdot \dfrac{1}{2} n(n+1) - 6\cdot n$

$= \boldsymbol{2^{n+1} - n^2 - 7n - 2}$ $(n = 1,\ 2,\ 3,\ \cdots)$.

[(2)の別解]

$n = 1,\ 2,\ 3,\ \cdots$ において,
$$\begin{cases} a_{n+1} = 2a_n + 2n + 4, & \cdots ① \\ a_{n+2} = 2a_{n+1} + 2(n+1) + 4. & \cdots ② \end{cases}$$

②-①より,
$$a_{n+2} - a_{n+1} = 2(a_{n+1} - a_n) + 2. \qquad \cdots ③$$

ここで,
$$b_n = a_{n+1} - a_n$$
とおくと,③は,
$$b_{n+1} = 2b_n + 2$$
と書けて,
$$b_{n+1} + 2 = 2(b_n + 2).$$

よって,数列 $\{b_n + 2\}$ は,初項 $b_1 + 2 = a_2 - a_1 + 2 = 2$,公比 2 の等比数列.

∴ $b_n + 2 = 2\cdot 2^{n-1} = 2^n$. ∴ $b_n = 2^n - 2$.

∴ $a_{n+1} - a_n = 2^n - 2$.

これと①より,
$$(2a_n + 2n + 4) - a_n = 2^n - 2.$$
∴ $\boldsymbol{a_n = 2^n - 2n - 6}$ $(n = 1,\ 2,\ 3,\ \cdots)$.

120.

解法メモ

$$a_{n+1} = pa_n + \bigcirc q^n \text{ 型}$$

の漸化式の解法には，本問で指定されている解法以外にも次のような方法があります．（本問の数列 $\{a_n\}$ について説明します．）

(その1)

$$a_{n+1} = 2a_n + 3^n$$

の両辺を 3^{n+1} で割ると，

$$\frac{a_{n+1}}{3^{n+1}} = \frac{2}{3} \cdot \frac{a_n}{3^n} + \frac{1}{3}.$$

$c_n = \dfrac{a_n}{3^n}$ とおくと，

$$c_{n+1} = \frac{2}{3}c_n + \frac{1}{3}. \qquad \cdots ㋐$$

ここで，α を $\alpha = \dfrac{2}{3}\alpha + \dfrac{1}{3}$ $\cdots ㋑$ で定めると，$\alpha = 1$ で，㋐－㋑ より，

$$c_{n+1} - 1 = \frac{2}{3}(c_n - 1).$$

よって，数列 $\{c_n - 1\}$ は，初項 $c_1 - 1 = \dfrac{a_1}{3^1} - 1 = \dfrac{2}{3}$，公比 $\dfrac{2}{3}$ の等比数列．

$$\therefore \ c_n - 1 = \frac{2}{3}\left(\frac{2}{3}\right)^{n-1} = \left(\frac{2}{3}\right)^n. \quad \therefore \ c_n = \frac{a_n}{3^n} = \left(\frac{2}{3}\right)^n + 1.$$

$$\therefore \ a_n = 2^n + 3^n \quad (n \geq 1).$$

(その2)

$$a_{n+1} = 2a_n + 3^n$$

の両辺を 2^{n+1} で割ると，

$$\frac{a_{n+1}}{2^{n+1}} = \frac{a_n}{2^n} + \frac{1}{2}\left(\frac{3}{2}\right)^n.$$

$d_n = \dfrac{a_n}{2^n}$ とおくと，

$$d_{n+1} - d_n = \frac{1}{2}\left(\frac{3}{2}\right)^n.$$

$n \geq 2$ において，

$$d_n = d_1 + \sum_{k=1}^{n-1}(d_{k+1} - d_k)$$

$$= \frac{a_1}{2^1} + \sum_{k=1}^{n-1} \frac{1}{2}\left(\frac{3}{2}\right)^k = \frac{5}{2} + \frac{3}{4} \cdot \frac{\left(\frac{3}{2}\right)^{n-1} - 1}{\frac{3}{2} - 1}$$

$$= \frac{5}{2} + \frac{3}{2}\left\{\left(\frac{3}{2}\right)^{n-1} - 1\right\} = 1 + \left(\frac{3}{2}\right)^n.$$

$$\therefore \quad a_n = 2^n d_n = 2^n + 3^n \quad (n \geq 2).$$

ここで，$a_1 = 5 = 2^1 + 3^1$ ゆえ，上式を $n = 1$ のときに流用してよい．

$$\therefore \quad a_n = 2^n + 3^n \quad (n \geq 1).$$

【解答】

(1) $b_n = a_n - 3^n$ とおくと，$a_n = b_n + 3^n$．

これと与漸化式から，
$$b_{n+1} + 3^{n+1} = 2(b_n + 3^n) + 3^n.$$
$$\therefore \quad \boldsymbol{b_{n+1} = 2b_n} \quad (n \geq 1).$$

(2) (1)より，数列 $\{b_n\}$ は，初項 $b_1 = a_1 - 3^1 = 2$，公比 2 の等比数列．
$$\therefore \quad b_n = 2 \cdot 2^{n-1} = 2^n (= a_n - 3^n).$$
$$\therefore \quad \boldsymbol{a_n = 2^n + 3^n} \quad (n \geq 1).$$

(3) $a_n < 10^{10}$ をみたす最大の正の整数を n とすると，
$$a_n < 10^{10} \leq a_{n+1}, \qquad \cdots ①$$
すなわち，
$$2^n + 3^n < 10^{10} \leq 2^{n+1} + 3^{n+1}.$$
よって，
$$3^n < 10^{10} < 2 \cdot 3^{n+1} \qquad \cdots ②$$
が成り立つことが必要である．

②の各辺の常用対数を考えて，
$$\log_{10} 3^n < \log_{10} 10^{10} < \log_{10} 2 \cdot 3^{n+1}.$$
$$\therefore \quad n \log_{10} 3 < 10 < \log_{10} 2 + (n+1) \log_{10} 3.$$
$$\therefore \quad \frac{10 - \log_{10} 2}{\log_{10} 3} - 1 < n < \frac{10}{\log_{10} 3}.$$
$$\therefore \quad \frac{10 - 0.3010}{0.4771\cdots} - 1 < n < \frac{10}{0.4771\cdots}.$$
$$\therefore \quad 19.3\cdots < n < 20.9\cdots.$$
$$\therefore \quad n = 20. \quad (必要条件)$$

①をみたす n が存在することは，(2)で求めた一般項より明らかだから，これで十分．

$$\therefore \quad \boldsymbol{n = 20}.$$

121.

解法メモ

大学入試において，ノーヒントで解けといわれる（すなわち，一般項を求めよといわれる）2項間漸化式は，ほぼ次の6種類です．

$$\begin{cases} \text{(i)} & a_{n+1}=a_n+d \quad \text{等差数列型,} & \cdots(118) \\ \text{(ii)} & a_{n+1}=ra_n \quad \text{等比数列型,} \\ \text{(iii)} & a_{n+1}=pa_n+q \quad \text{型,} & \cdots(119)\,[\text{別解}] \\ \text{(iv)} & a_{n+1}=pa_n+(n\,\text{の}\,1\,\text{次式}) \quad \text{型,} & \cdots(119) \\ \text{(v)} & a_{n+1}=pa_n+cq^n \quad \text{型,} & \cdots(120) \\ \text{(vi)} & \text{連立}\,2\,\text{項間漸化式}\begin{cases} a_{n+1}=pa_n+qb_n, \\ b_{n+1}=ra_n+sb_n \end{cases}\text{型.} & \cdots(122) \end{cases}$$

上記のもの以外には，例えば，

113のような，$a_{n+1}=a_n+f(n)$ から，公式 $a_n=a_1+\sum_{k=1}^{n-1}(a_{k+1}-a_k)$ を利用したり，

本問121のように置き換えの誘導が付いていたり，

初項から数項分計算して一般項を推定し，数学的帰納法によってその推定が正しいことを示したり（124）

する問題が出ます．

また，その漸化式が解けるからといって，解いた方がよいとは限りません．漸化式を解かずに（すなわち，一般項を求めずに），その漸化式がもつ性質をそのまま用いる方がよいこともあります．（126）

【解答】

$$a_1=\frac{1}{6}. \qquad \cdots ①$$

$n=1,\ 2,\ 3,\ \cdots$ に対して，

$$a_{n+1}=\frac{a_n}{6a_n+7}. \qquad \cdots ②$$

(1) ①，②より，明らかに $a_n>0\ (n=1,\ 2,\ 3,\ \cdots)$ だから，数列 $\{a_n\}$ の各項に対して，逆数を考えることができて，その数列 $\left\{\dfrac{1}{a_n}\right\}$ を数列 $\{b_n\}$ とすると，

$$b_{n+1}=\frac{1}{a_{n+1}}=\frac{6a_n+7}{a_n} \quad (\because\ ②)$$

$$=\frac{7}{a_n}+6$$

$$= 7b_n + 6 \quad (n \geq 1).$$

(2) (1) より,
$$b_{n+1} + 1 = 7(b_n + 1) \quad (n \geq 1).$$

よって, 数列 $\{b_n + 1\}$ は, 初項 $b_1 + 1 = \dfrac{1}{a_1} + 1 = 7$, 公比 7 の等比数列.

$$\therefore \quad b_n + 1 = 7 \cdot 7^{n-1} = 7^n.$$
$$\therefore \quad \boldsymbol{b_n = 7^n - 1} \quad (n \geq 1). \quad \cdots ③$$
$$\therefore \quad \boldsymbol{a_n = \dfrac{1}{7^n - 1}} \quad (n \geq 1).$$

(3) ③より,
$$b_n = (7 - 1)(7^{n-1} + 7^{n-2} + \cdots + 7^2 + 7 + 1)$$
$$= 6(7^{n-1} + 7^{n-2} + \cdots + 7^2 + 7 + 1) \quad (n \geq 1)$$

であり, これは 6 の倍数である.

[補足]

因数分解の公式
$$x^n - y^n = (x - y)(x^{n-1} + x^{n-2}y + x^{n-3}y^2 + \cdots + xy^{n-2} + y^{n-1})$$
は重要です.

[(3)の別解1] 〈二項定理を用いる証明〉
$$b_n = 7^n - 1 = (1 + 6)^n - 1 = \sum_{r=0}^{n} {}_nC_r \cdot 1^{n-r} \cdot 6^r - 1$$
$$= \left\{ 1 + \sum_{r=1}^{n} {}_nC_r \cdot 1^{n-r} \cdot 6^r \right\} - 1 = 6 \sum_{r=1}^{n} {}_nC_r \cdot 6^{r-1}.$$

ここで, ${}_nC_r \cdot 6^{r-1}$ $(r = 1, 2, 3, \cdots, n)$ は整数だから, b_n は 6 の倍数である.

[(3)の別解2] 〈数学的帰納法による証明〉

「b_n は 6 の倍数」 $\cdots (*)$ が正しいことを示す.

(I) $b_1 = \dfrac{1}{a_1} = 6$ より $n = 1$ のとき, $(*)$ は正しい.

(II) $n = k$ のとき, $(*)$ が正しいとすると, すなわち, b_k が 6 の倍数であると仮定すると, (1)で求めた漸化式
$$b_{k+1} = 7b_k + 6$$
より, b_{k+1} も 6 の倍数となって, $n = k + 1$ のときも $(*)$ は正しい.

したがって, 数学的帰納法により, 任意の自然数 n に対して, $(*)$ は正しい, すなわち, b_n は 6 の倍数である.

122.

解法メモ

場合の数と数列分野の漸化式との融合問題です．「置き場所」を悩みましたが，ここに入れておきました．

数字 1, 2, 3 を n 個並べてできる n 桁の数は全部で
$$3^n \text{ （個）}.$$

この n 桁の数（達）は，数字「1」を奇数個含むか偶数個含むかいずれかですから，それぞれ a_n 個，b_n 個とすれば
$$a_n + b_n = 3^n$$

はアタリマエ．

(1)では，「数列 $\{a_n\}$, $\{b_n\}$ の連立 2 項間漸化式を作れ」と言ってますが…

すでに「1」が奇数個含まれる n 桁の数にあと 1 個追加して $(n+1)$ 桁の数にするとき，追加した 1 個の数が

　　「1」なら，全体に「1」は偶数個含まれることになり，

　　「2」または「3」なら，全体に含まれる「1」は奇数個のまま

です．

```
                              「1」を追加    ┌──────────────────────────────┐
                          ┌───────────────→│「1」が偶数個含まれる $(n+1)$ 桁の数 │
┌──────────────────────┐ │                 └──────────────────────────────┘
│「1」が奇数個含まれる $n$ 桁の数│─┤
└──────────────────────┘ │   「2」または「3」 ┌──────────────────────────────┐
                          └───────────────→│「1」が奇数個含まれる $(n+1)$ 桁の数 │
                              を追加        └──────────────────────────────┘
```

(2) $\begin{cases} a_{n+1} = xa_n + yb_n & \cdots \text{Ⓐ} \\ b_{n+1} = ya_n + xb_n & \cdots \text{Ⓑ} \end{cases}$ のタイプの連立 2 項間漸化式は，Ⓐ＋Ⓑ や Ⓐ－Ⓑ を作ると楽に解けます．

【解答】

以下，「1」がまったく現れないものも，「1」が偶数回現れるものに含めて考える．

(1) 数字 1, 2, 3 を n 個並べてできる n 桁の数の左側に，数字 1, 2, 3 を付け加えて，$(n+1)$ 桁の数を作ることを考える．

　(i)「1」が奇数回現れる $(n+1)$ 桁の数を作るには，
　　　㋐「1」が奇数回現れる n 桁の数（これは a_n 個ある）に，「2」または「3」を付け加えるか，
　　　㋑「1」が偶数回現れる n 桁の数（これは b_n 個ある）に，「1」を付け加えればよい．
$$\therefore \quad a_{n+1} = 2a_n + b_n \quad (n \geq 1). \qquad \cdots ①$$

(ii) 「1」が偶数回現れる $(n+1)$ 桁の数を作るには,
- ㋒ 「1」が奇数回現れる n 桁の数（これは a_n 個ある）に,「1」を付け加えるか,
- ㋓ 「1」が偶数回現れる n 桁の数（これは b_n 個ある）に,「2」または「3」を付け加えればよい.

$$\therefore\ b_{n+1}=a_n+2b_n \quad (n\geqq 1). \qquad \cdots ②$$

また, 明らかに,
$$a_1=1,\ b_1=2. \qquad \cdots ③$$

(2) ①+② より,
$$a_{n+1}+b_{n+1}=3(a_n+b_n) \quad (n\geqq 1).$$

よって, 数列 $\{a_n+b_n\}$ は, 初項 $a_1+b_1=3$ （∵ ③）, 公比 3 の等比数列.

$$\therefore\ a_n+b_n=3\cdot 3^{n-1}=3^n \quad (n\geqq 1). \qquad \cdots ④$$

①−② より,
$$a_{n+1}-b_{n+1}=a_n-b_n \quad (n\geqq 1).$$

よって, 数列 $\{a_n-b_n\}$ は, 初項 $a_1-b_1=-1$ （∵ ③）, 公比 1 の等比数列.

$$\therefore\ a_n-b_n=-1\cdot 1^{n-1}=-1 \quad (n\geqq 1). \qquad \cdots ⑤$$

$\dfrac{④+⑤}{2},\ \dfrac{④-⑤}{2}$ より,

$$\begin{cases} a_n=\dfrac{1}{2}(3^n-1), \\ b_n=\dfrac{1}{2}(3^n+1). \end{cases} \quad (n\geqq 1)$$

123.

解法メモ

一定のルールに基づいて相似な図形（ここでは正三角形）を次々に書いていくという {図形列} の問題です.

正三角形 $A_{n-1}A_nB_n$ の各頂点の位置関係をそれぞれの座標の関係式に翻訳します.

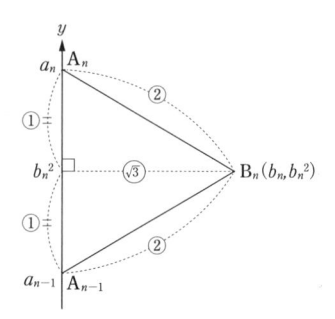

[解答]

以下では，$n=1, 2, 3, \cdots$ とする．

点 A_n の y 座標を a_n，点 B_n の x 座標を b_n とし，$b_0=0$ と定めると，

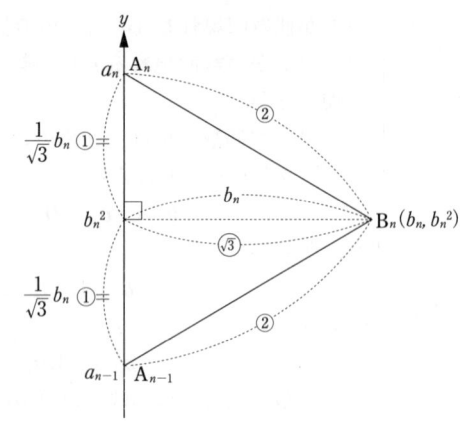

$$\begin{cases} B_n(b_n, b_n{}^2), \\ A_n(0, a_n)=\left(0, b_n{}^2+\dfrac{1}{\sqrt{3}}b_n\right), \\ A_{n-1}(0, a_{n-1})=\left(0, b_{n-1}{}^2+\dfrac{1}{\sqrt{3}}b_{n-1}\right) \\ \phantom{A_{n-1}(0, a_{n-1})}=\left(0, b_n{}^2-\dfrac{1}{\sqrt{3}}b_n\right). \end{cases}$$

$$a_{n-1}=b_n{}^2-\dfrac{1}{\sqrt{3}}b_n=b_{n-1}{}^2+\dfrac{1}{\sqrt{3}}b_{n-1}.$$

$$\therefore \quad b_n{}^2-b_{n-1}{}^2=\dfrac{1}{\sqrt{3}}(b_n+b_{n-1}).$$

$$\therefore \quad (b_n+b_{n-1})(b_n-b_{n-1})=\dfrac{1}{\sqrt{3}}(b_n+b_{n-1}).$$

ここで，$b_n>0$，$b_{n-1}\geqq 0$ だから，

$$b_n-b_{n-1}=\dfrac{1}{\sqrt{3}}.$$

よって，数列 $\{b_n\}$ は，初項 $b_0=0$，公差 $\dfrac{1}{\sqrt{3}}$ の等差数列だから，

$$b_n=\dfrac{1}{\sqrt{3}}n.$$

$$\therefore \quad B_n\left(\dfrac{n}{\sqrt{3}}, \dfrac{n^2}{3}\right).$$

したがって，

$$B_1\left(\dfrac{1}{\sqrt{3}}, \dfrac{1}{3}\right), \quad B_2\left(\dfrac{2}{\sqrt{3}}, \dfrac{4}{3}\right). \qquad \cdots (1), (2).$$

また,
$$a_n = b_n^2 + \frac{1}{\sqrt{3}} b_n = \frac{n^2}{3} + \frac{n}{3}$$
$$= \frac{1}{3} n(n+1).$$
$$\therefore\ A_n\left(0,\ \frac{1}{3}n(n+1)\right). \qquad \cdots(3)$$

124.

解法メモ

どうやら $a_1,\ a_2,\ a_3,\ a_4$ の数値を見て何か感じろということらしい…

【解答】

$$\begin{cases} a_1 = 1, & \cdots \text{①} \\ a_n + (2n+1)(2n+2)a_{n+1} = \dfrac{2 \cdot (-1)^n}{(2n)!} & \cdots \text{②} \end{cases}$$
$$(n=1,\ 2,\ 3,\ \cdots).$$

②より,
$$a_{n+1} = \frac{1}{(2n+1)(2n+2)}\left\{\frac{2 \cdot (-1)^n}{(2n)!} - a_n\right\}. \qquad \cdots\text{②}'$$

(1) ①, ②' で $n=1,\ 2,\ 3$ とした式から, 順に,
$$\begin{cases} a_2 = \dfrac{1}{3 \cdot 4}\left\{\dfrac{2 \cdot (-1)^1}{2!} - a_1\right\} = -\dfrac{1}{6} = -\dfrac{1}{3!}, \\ a_3 = \dfrac{1}{5 \cdot 6}\left\{\dfrac{2 \cdot (-1)^2}{4!} - a_2\right\} = \dfrac{1}{120} = \dfrac{1}{5!}, \\ a_4 = \dfrac{1}{7 \cdot 8}\left\{\dfrac{2 \cdot (-1)^3}{6!} - a_3\right\} = -\dfrac{1}{5040} = -\dfrac{1}{7!}. \end{cases}$$

(2) ①, および, (1)の結果から,
$$a_n = \frac{(-1)^{n-1}}{(2n-1)!} \qquad \cdots(*)$$

と推定できる.

以下, この推定が正しいことを数学的帰納法により証明する.

(I) $a_1 = 1 = \dfrac{(-1)^{1-1}}{(2 \cdot 1 - 1)!}$ より, $n=1$ のとき, $(*)$ は正しい.

(II) $n=k$ のとき, $(*)$ が正しいとすると, すなわち,
$$a_k = \frac{(-1)^{k-1}}{(2k-1)!}$$

と仮定すると，②′ より，
$$a_{k+1} = \frac{1}{(2k+1)(2k+2)}\left\{\frac{2\cdot(-1)^k}{(2k)!} - \frac{(-1)^{k-1}}{(2k-1)!}\right\}$$
$$= \frac{1}{(2k+1)(2k+2)}\left\{\frac{2\cdot(-1)^k}{(2k)!} + \frac{2k\cdot(-1)^k}{(2k)!}\right\}$$
$$= \frac{1}{(2k+1)(2k+2)}\cdot\frac{(2k+2)(-1)^k}{(2k)!}$$
$$= \frac{(-1)^k}{(2k+1)!}$$

となって，$n=k+1$ のときも (*) は正しい．
したがって，任意の自然数 n に対して，(*) は正しい．
$$\therefore\ a_n = \frac{(-1)^{n-1}}{(2n-1)!} \quad (n=1,\ 2,\ 3,\ \cdots).$$

[参考]

以下では，$n=1,\ 2,\ 3,\ \cdots$ とする．
②の両辺に $(2n)!$ を掛けて，
$$(2n)!\,a_n + (2n+2)!\,a_{n+1} = 2\cdot(-1)^n.$$
ここで，$b_n = (2n)!\,a_n$ とおくと，
$$b_n + b_{n+1} = 2\cdot(-1)^n.$$
$$\therefore\ b_{n+1} = -b_n + 2\cdot(-1)^n.$$
この両辺に $(-1)^{n+1}$ を掛けて，
$$(-1)^{n+1}b_{n+1} = (-1)^{n+2}b_n + 2\cdot(-1)^{2n+1}.$$
$$\therefore\ (-1)^{n+1}b_{n+1} = (-1)^n b_n - 2.$$
ここで，$c_n = (-1)^n b_n$ とおくと，
$$c_{n+1} = c_n - 2.$$
よって，数列 $\{c_n\}$ は，初項 $c_1 = (-1)^1 b_1 = (-1)\cdot(2\cdot 1)!\,a_1 = -2$, 公差 -2 の等差数列．
$$\therefore\ c_n = -2 + (n-1)(-2) = -2n.$$
$$\therefore\ b_n = \frac{c_n}{(-1)^n} = 2n\cdot(-1)^{n-1}.$$
$$\therefore\ a_n = \frac{b_n}{(2n)!} = \frac{(-1)^{n-1}}{(2n-1)!}.$$

125.

解法メモ

初項 a_1, b_1 が判っており,
$$\begin{cases} b_n \text{ と } b_{n+1} \text{ の相加平均が } a_n, \\ a_n \text{ と } a_{n+1} \text{ の相乗平均が } b_{n+1} \end{cases}$$
となっていますから,順に計算できて,
$$\{a_n\}\ ;\ 1,\ 4,\ 9,\ 16,\ \cdots,$$
$$\{b_n\}\ ;\ 0,\ 2,\ 6,\ 12,\ \cdots.$$

何か見えてきませんか?
$$1=1^2,\quad 4=2^2,\quad 9=3^2,\quad 16=4^2,\quad \cdots$$
$$0=0\cdot 1,\ 2=1\cdot 2,\ 6=2\cdot 3,\ 12=3\cdot 4,\ \cdots$$

[解答]

以下では,$n=1,\ 2,\ 3,\ \cdots$ である.

(1) $a_n = \dfrac{b_n + b_{n+1}}{2}$ から,
$$b_{n+1} = 2a_n - b_n. \qquad \cdots ①$$

また,$b_{n+1} = \sqrt{a_n a_{n+1}}$ から $a_n \neq 0$ のとき,
$$a_{n+1} = \dfrac{b_{n+1}^2}{a_n}$$
$$= \underline{\dfrac{(2a_n - b_n)^2}{a_n}}_{②}. \quad (\because\ ①)$$

$a_1 = 1$, $b_1 = 0$,および,②,①から,順に,
$$a_2 = \dfrac{(2\cdot 1 - 0)^2}{1} = \mathbf{4}, \qquad b_2 = 2\cdot 1 - 0 = \mathbf{2},$$
$$a_3 = \dfrac{(2\cdot 4 - 2)^2}{4} = \mathbf{9}, \qquad b_3 = 2\cdot 4 - 2 = \mathbf{6},$$
$$a_4 = \dfrac{(2\cdot 9 - 6)^2}{9} = \mathbf{16}, \qquad b_4 = 2\cdot 9 - 6 = \mathbf{12}.$$

(2) (1)の結果から,
$$a_n = n^2,\ b_n = (n-1)n \qquad \cdots (*)$$
と推定できる.

(I) $a_1 = 1 = 1^2$, $b_1 = 0 = (1-1)\cdot 1$ ゆえ,$n=1$ のとき(*)は正しい.

(II) $n=k$ のとき(*)が正しいとする.すなわち,
$$a_k = k^2,\ b_k = (k-1)k$$

と仮定すると，②，①から，
$$\begin{cases} a_{k+1} = \dfrac{(2a_k - b_k)^2}{a_k} = \dfrac{\{2k^2 - (k-1)k\}^2}{k^2} = (k+1)^2, \\ b_{k+1} = 2a_k - b_k = 2k^2 - (k-1)k = k(k+1) \end{cases}$$
ゆえ，$n=k+1$ のときも(*)は正しい．

したがって，数学的帰納法により，すべての自然数 n に対して(*)は正しい．

[参考]

仮に，b_n の方の推定ができなかった場合でも，$a_n = n^2$ が推定できてそれが正しいことが示せたら，b_n は，
$$b_{n+1} = \sqrt{a_n a_{n+1}} = \sqrt{n^2(n+1)^2} = n(n+1)$$
から，$b_n = (n-1)n$ とすればよいでしょう．

(3) (2)で示したことから，
$$\begin{aligned} S_n &= \sum_{k=1}^{n} b_k = \sum_{k=1}^{n} (k-1)k = \sum_{k=1}^{n} k^2 - \sum_{k=1}^{n} k \\ &= \frac{1}{6}n(n+1)(2n+1) - \frac{1}{2}n(n+1) \\ &= \boldsymbol{\frac{1}{3}(n-1)n(n+1)}. \end{aligned}$$

126.

解法メモ

正の整数の数列 $\{a_n\}$，$\{b_n\}$ の連立2項間漸化式
$$\begin{cases} a_{n+1} = (a_n \text{ と } b_n \text{ の式}), \\ b_{n+1} = (a_n \text{ と } b_n \text{ の式}) \end{cases}$$
を作れ，と(2)に書いてありますから，当然，
$$(3+\sqrt{2})^{n+1} \text{ と } (3+\sqrt{2})^n$$
の間に成り立つ関係式
$$(3+\sqrt{2})^{n+1} = (3+\sqrt{2})(3+\sqrt{2})^n$$
を使います．

また，どこにも数列 $\{a_n\}$，$\{b_n\}$ の一般項を求めよ，と書いてないのですから，求めなくてもよいのです．

実際，(3)では(2)で表した連立漸化式を用いて，(これを解かずに)示します．

【解答】

数列 $\{a_n\}$, $\{b_n\}$ は正の整数の数列で, ……①

$$(3+\sqrt{2})^n = a_n + b_n\sqrt{2} \quad (n=1, 2, 3, \cdots).\quad \cdots ②$$

(1) ②より,
$$\begin{cases} a_1 + b_1\sqrt{2} = 3+\sqrt{2}, \\ a_2 + b_2\sqrt{2} = (3+\sqrt{2})^2 = 11+6\sqrt{2}. \end{cases}$$

これと, ①より,
$$a_1 = 3,\ b_1 = 1,\ a_2 = 11,\ b_2 = 6.$$

(2)
$$\begin{aligned} a_{n+1} + b_{n+1}\sqrt{2} &= (3+\sqrt{2})^{n+1} = (3+\sqrt{2})(3+\sqrt{2})^n \\ &= (3+\sqrt{2})(a_n + b_n\sqrt{2}) \\ &= (3a_n + 2b_n) + (a_n + 3b_n)\sqrt{2} \end{aligned}$$

と, ①より, $n=1, 2, 3, \cdots$ に対して,
$$\begin{cases} a_{n+1} = 3a_n + 2b_n, \\ b_{n+1} = a_n + 3b_n. \end{cases}$$

(3) まず, $n=1, 2, 3, \cdots$ に対して,
$$a_n \text{ は奇数} \quad\cdots(*)$$
を示す.

(Ⅰ) (1)より, $a_1 = 3$ ゆえ, $n=1$ のとき, $(*)$ は正しい.

(Ⅱ) $n=k$ のとき, $(*)$ が正しいとすると, すなわち, a_k が奇数であると仮定すると, (2)で示した漸化式より,
$$a_{k+1} = 3a_k + 2b_k$$
も奇数となって, $n=k+1$ のときも $(*)$ は正しい. ($\because$ b_k は定義①により整数)

したがって, 任意の自然数 n に対して, $(*)$ は正しい.

$(*)$ と, (2)で示した漸化式 $b_{n+1} = a_n + 3b_n$ から,
$$\begin{cases} b_n \text{ が奇数なら}, b_{n+1} \text{ は偶数}, \\ b_n \text{ が偶数なら}, b_{n+1} \text{ は奇数} \end{cases}$$

であるから, 数列 $\{b_n\}$ は偶数, 奇数が交互に並ぶ数列で, これと(1)の $b_1 = 1$ (奇数) より, $m=1, 2, 3, \cdots$ に対して,
$$b_{2m-1} \text{ は奇数},\ b_{2m} \text{ は偶数}$$
である.

[参考] 〈戯れに(2)の漸化式を解いてみても…〉
$$\begin{cases} a_1 = 3,\ b_1 = 1,\ a_2 = 11,\ b_2 = 6, & \cdots ㋐ \\ a_{n+1} = 3a_n + 2b_n, & \cdots ㋑ \\ b_{n+1} = a_n + 3b_n. & \cdots ㋒ \end{cases}$$

⑨ より,
$$\begin{cases} a_n = b_{n+1} - 3b_n, \\ a_{n+1} = b_{n+2} - 3b_{n+1}. \end{cases}$$

これらを④へ代入して,整理すると,
$$b_{n+2} - 6b_{n+1} + 7b_n = 0. \qquad \cdots ④$$

ここで,$x^2 - 6x + 7 = 0$ の 2 解を α, β ($\alpha < \beta$) とすると,
$$\alpha = 3 - \sqrt{2}, \ \beta = 3 + \sqrt{2}, \ \alpha + \beta = 6, \ \alpha\beta = 7$$
で,④,すなわち,$b_{n+2} - (\alpha+\beta)b_{n+1} + \alpha\beta b_n = 0$ は次の 2 通りに変形できる.
$$\begin{cases} b_{n+2} - \alpha b_{n+1} = \beta(b_{n+1} - \alpha b_n), \\ b_{n+2} - \beta b_{n+1} = \alpha(b_{n+1} - \beta b_n). \end{cases}$$

これらと⑦より,

数列 $\{b_{n+1} - \alpha b_n\}$ は,

初項 $b_2 - \alpha b_1 = 6 - (3 - \sqrt{2}) = 3 + \sqrt{2} = \beta$,公比 β の等比数列,

数列 $\{b_{n+1} - \beta b_n\}$ は,

初項 $b_2 - \beta b_1 = 6 - (3 + \sqrt{2}) = 3 - \sqrt{2} = \alpha$,公比 α の等比数列

だから,
$$\begin{cases} b_{n+1} - \alpha b_n = \beta \cdot \beta^{n-1} = \beta^n, & \cdots ⑤ \\ b_{n+1} - \beta b_n = \alpha \cdot \alpha^{n-1} = \alpha^n. & \cdots ⑥ \end{cases}$$

$\dfrac{⑤ - ⑥}{\beta - \alpha}$ より,
$$b_n = \frac{1}{\beta - \alpha}(\beta^n - \alpha^n)$$
$$= \frac{1}{2\sqrt{2}}\{(3+\sqrt{2})^n - (3-\sqrt{2})^n\}.$$

どうでしょうか,数列 $\{b_n\}$ の一般項がわかっても,直ちに
$$b_{2m-1} \text{ は奇数},\ b_{2m} \text{ は偶数}$$
なんて判りませんよね.

127.

解法メモ

どんな実数 x, y であっても,$x+y$ と xy が偶数なら,$x^n + y^n$ が偶数になるそうです.

本当かナァー? 確かめてみましょう.
$$x^1 + y^1 = x + y \quad (\text{これは,与条件から偶数}),$$

$$x^2+y^2=(x+y)^2-2xy \quad (これも, 与条件から偶数),$$
$$x^3+y^3=(x+y)^3-3xy(x+y) \quad (これも, 与条件から偶数)$$

ですね. でも, 老い先短い私の人生を, これを示し続けることだけで終わらせたくない. そこで,「数学的帰納法」!!

【解答】
$$x+y, \ xy \text{ は共に偶数.} \quad \cdots ①$$

(1) $n=1, \ 2, \ 3, \ \cdots$ に対して,
$$x^n+y^n \text{ は偶数} \quad \cdots (*)$$
が正しいことを示す.

(I)
$$\begin{cases} x^1+y^1=x+y, \\ x^2+y^2=(x+y)^2-2xy \end{cases}$$
は, ①より, いずれも偶数となるから, $n=1, \ 2$ のとき(*)は正しい.

(II) $n=k, \ k+1$ のとき, (*)が正しいとすると, すなわち,
$$x^k+y^k, \ x^{k+1}+y^{k+1} \text{ が共に偶数}$$
と仮定すると,
$$x^{k+2}+y^{k+2}=(x+y)(x^{k+1}+y^{k+1})-xy(x^k+y^k) \quad \cdots ☆$$
および, ①より, $x^{k+2}+y^{k+2}$ は偶数となって, $n=k+2$ のときも(*)は正しい.

したがって, 数学的帰納法により, 任意の自然数 n に対して, (*)は正しい.

(2) 例えば,
$$\begin{cases} (3+\sqrt{5})+(3-\sqrt{5})=6, \\ (3+\sqrt{5})(3-\sqrt{5})=4 \end{cases} \quad (共に偶数)$$
だから,
$$(\boldsymbol{x}, \ \boldsymbol{y})=(\boldsymbol{3+\sqrt{5}}, \ \boldsymbol{3-\sqrt{5}}).$$
$((x, \ y)=(\sqrt{2}, \ -\sqrt{2})$ なども可.$)$

[参考]

☆は, その右辺を展開してしまえば左辺に等しいことは明らかですが, 次のようにも示せます.
$$x+y=a, \ xy=b$$
とおくと, $x, \ y$ は t の2次方程式
$$t^2-at+b=0$$
の2実数解であるから,
$$x^2-ax+b=0, \text{ すなわち, } x^2=ax-b.$$
$$\therefore \ x^{k+2}=ax^{k+1}-bx^k. \quad \cdots ㋐$$

同様にして,

$$y^{k+2} = ay^{k+1} - by^k. \qquad \cdots ㋑$$

㋐+㋑より,
$$\begin{aligned}
x^{k+2} + y^{k+2} &= a(x^{k+1} + y^{k+1}) - b(x^k + y^k) \\
&= (x+y)(x^{k+1} + y^{k+1}) - xy(x^k + y^k).
\end{aligned}$$

§12 ベクトル

128.

解法メモ

異なる3点 C, G, F について,
C, G, F が一直線上にある $\iff \overrightarrow{CF} = \boxed{}\overrightarrow{CG}$ と書ける.

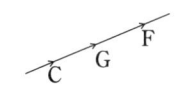

【解答】

(1) 三角形 ABC の内接円の中心を I とする.
ここで, FB=BD, DC=CE, EA=AF
で, この長さを順に, x, y, z とすると,
辺の長さの条件から,
$$x+y=5,\ y+z=6,\ z+x=7.$$
これを解いて, $(x, y, z)=(3, 2, 4)$.
よって, BD:DC=3:2.
したがって,
$$\overrightarrow{AD}=\frac{2\overrightarrow{AB}+3\overrightarrow{AC}}{3+2}$$
$$=\frac{2}{5}\vec{p}+\frac{3}{5}\vec{q}.$$

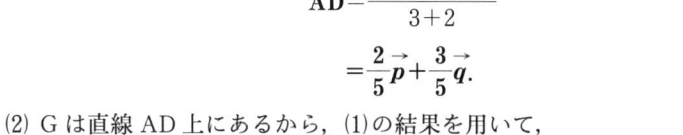

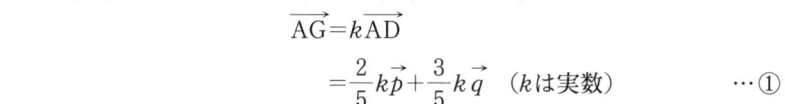

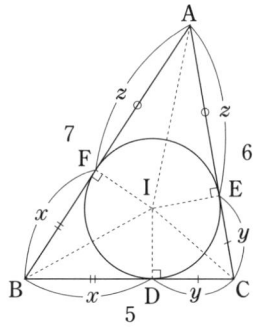

(2) G は直線 AD 上にあるから, (1)の結果を用いて,
$$\overrightarrow{AG}=k\overrightarrow{AD}$$
$$=\frac{2}{5}k\vec{p}+\frac{3}{5}k\vec{q}\quad (k\text{は実数}) \qquad \cdots ①$$
と表せる.

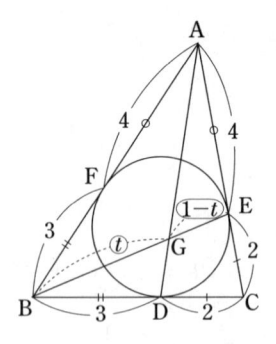

また，Gは直線BE上にあるから，
$$\overrightarrow{AG} = (1-t)\overrightarrow{AB} + t\overrightarrow{AE}$$
$$= (1-t)\vec{p} + \frac{2}{3}t\vec{q} \quad (t \text{ は実数}) \quad \cdots ②$$

と表せる．

ここで，$\vec{p}, \vec{q}$ は一次独立だから，①，②の係数を比較して，
$$\begin{cases} \dfrac{2}{5}k = 1-t, \\ \dfrac{3}{5}k = \dfrac{2}{3}t. \end{cases}$$

これを解いて，$(k, t) = \left(\dfrac{10}{13}, \dfrac{9}{13}\right)$．

よって，
$$\overrightarrow{AG} = \frac{4}{13}\vec{p} + \frac{6}{13}\vec{q}.$$

(3) $\overrightarrow{AC} = \vec{q}, \ \overrightarrow{AG} = \dfrac{4}{13}\vec{p} + \dfrac{6}{13}\vec{q}, \ \overrightarrow{AF} = \dfrac{4}{7}\vec{p}$ ゆえ，
$$\begin{cases} \overrightarrow{CG} = \overrightarrow{AG} - \overrightarrow{AC} = \dfrac{4}{13}\vec{p} - \dfrac{7}{13}\vec{q}, \\ \overrightarrow{CF} = \overrightarrow{AF} - \overrightarrow{AC} = \dfrac{4}{7}\vec{p} - \vec{q}. \end{cases}$$

$$\therefore \quad \overrightarrow{CF} = \frac{13}{7}\overrightarrow{CG}.$$

よって，3点C, G, Fはこの順に一直線上にある．

129.

解法メモ

(2) 三角形 OAB, 三角形 PQR の重心をそれぞれ G, G' とすると,
$$\vec{OG}=\frac{1}{3}(\vec{OA}+\vec{OB}),\quad \vec{OG'}=\frac{1}{3}(\vec{OP}+\vec{OQ}+\vec{OR})$$
と表せて, これらが一致することを言えばよいだけの話.

(3) 「k の値によらないことを示せ」というのは,
$$\vec{OM}=\bullet\vec{OQ}+\blacksquare\vec{OR}$$
  　　　　　k によらない定数

と書けることを示せということ.

【解答】

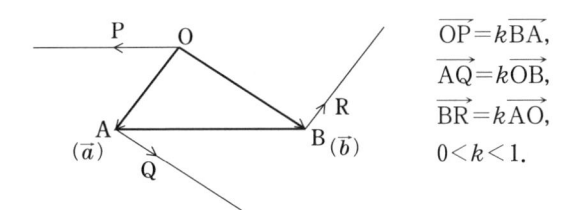

$\vec{OP}=k\vec{BA},$
$\vec{AQ}=k\vec{OB},$
$\vec{BR}=k\vec{AO},$
$0<k<1.$

(1) 与条件から,
$$\begin{cases}\vec{OP}=k\vec{BA}=k(\vec{OA}-\vec{OB})=k(\vec{a}-\vec{b}),\\ \vec{OQ}=\vec{OA}+\vec{AQ}=\vec{OA}+k\vec{OB}=\vec{a}+k\vec{b},\\ \vec{OR}=\vec{OB}+\vec{BR}=\vec{OB}+k\vec{AO}=-k\vec{a}+\vec{b}.\end{cases}$$

(2) 三角形 OAB の重心を G, 三角形 PQR の重心を G' とすると,
$$\vec{OG'}=\frac{1}{3}(\vec{OP}+\vec{OQ}+\vec{OR})$$
$$=\frac{1}{3}\{k(\vec{a}-\vec{b})+(\vec{a}+k\vec{b})+(-k\vec{a}+\vec{b})\}\quad (\because\ (1))$$
$$=\frac{1}{3}(\vec{a}+\vec{b})$$
$$=\vec{OG}$$

ゆえ, G と G' は一致する.

(3) M は辺 AB 上ゆえ,
$$\vec{OM}=(1-s)\vec{a}+s\vec{b}\quad \text{①} \quad (0\leqq s\leqq 1)$$
と表せる.

また，M は辺 QR 上ゆえ，
$$\overrightarrow{OM}=(1-t)\overrightarrow{OQ}+t\overrightarrow{OR} \quad (0\leq t\leq 1)$$
$$=(1-t)(\vec{a}+k\vec{b})+t(-k\vec{a}+\vec{b}) \quad (\because \ (1))$$
$$=(1-t-tk)\vec{a}+(k-tk+t)\vec{b} \quad \cdots ②$$

と表せる．

ここで，$\vec{a}, \vec{b}$ は一次独立ゆえ，
$$\begin{cases} 1-s=1-t-tk, & \cdots ③ \\ s=k-tk+t. & \cdots ④ \end{cases}$$

③+④から，$0=(1-2t)k$．

これと，$0<k<1$ から，$t=\dfrac{1}{2}$．

（このとき，$s=\dfrac{1}{2}k+\dfrac{1}{2}$ ゆえ，$0\leq s\leq 1$ をみたす．）

$$\therefore \ \overrightarrow{OM}=\dfrac{1}{2}(\overrightarrow{OQ}+\overrightarrow{OR}).$$

よって，M は k の値によらず辺 QR を一定の比 1：1 に内分する．

130.

解法メモ

$\overrightarrow{OP}=x\overrightarrow{OA}+y\overrightarrow{OB}$ で表される点 P が（図1）の㋐〜㋒のそれぞれの領域（境界含む）にあるとき，x, y のみたす条件は，

㋐ $x+y=1$，
㋑ $x+y\leq 1, \ x\geq 0, \ y\geq 0$，
㋒ $x+y\geq 1, \ x\geq 0, \ y\leq 0$，
㋓ $x+y\geq 1, \ x\geq 0, \ y\geq 0$，
㋔ $x+y\geq 1, \ x\leq 0, \ y\geq 0$，
㋕ $x+y\leq 1, \ x\leq 0, \ y\geq 0$，
㋖ $x+y\leq 1, \ x\leq 0, \ y\leq 0$，
㋗ $x+y\leq 1, \ x\geq 0, \ y\leq 0$

ですが，これを「覚えようとする」のはちょっと と…

（図2）を見て何か感じませんか？

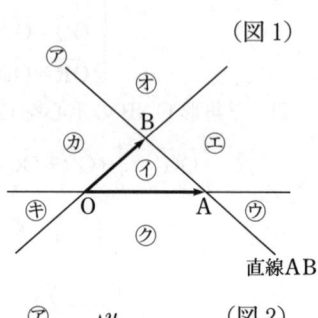

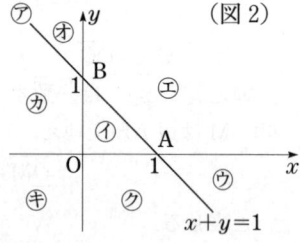

【解答】

(1)
$$\overrightarrow{OP} = \alpha\overrightarrow{OA} + \beta\overrightarrow{OB}. \qquad \cdots ①$$
$$\begin{cases} \dfrac{\alpha}{2} + \dfrac{\beta}{3} = 1, & \cdots ② \\ \alpha \geq 0, \ \beta \geq 0. & \cdots ③ \end{cases}$$

① より，
$$\overrightarrow{OP} = \dfrac{\alpha}{2}(2\overrightarrow{OA}) + \dfrac{\beta}{3}(3\overrightarrow{OB}).$$

ここで，
$$\overrightarrow{OA_1} = 2\overrightarrow{OA}, \ \overrightarrow{OB_1} = 3\overrightarrow{OB}$$

とおくと，
$$\overrightarrow{OP} = \dfrac{\alpha}{2}\overrightarrow{OA_1} + \dfrac{\beta}{3}\overrightarrow{OB_1},$$
$$\dfrac{\alpha}{2} + \dfrac{\beta}{3} = 1, \ \dfrac{\alpha}{2} \geq 0, \ \dfrac{\beta}{3} \geq 0 \quad (\because\ ②, ③)$$

より，求める P の集合は，線分 A_1B_1 である．

(2)
$$\begin{cases} 1 \leq \alpha + \beta \leq 2, & \cdots ④ \\ 0 \leq \alpha \leq 1, \ 0 \leq \beta \leq 1. & \cdots ⑤ \end{cases}$$

$\alpha + \beta = k$ とおくと，④ より，
$$1 \leq k \leq 2 \qquad \cdots ④'$$

で，
$$\dfrac{\alpha}{k} + \dfrac{\beta}{k} = 1 \qquad \cdots ⑥$$

である．
ここで，
$$\overrightarrow{OA_2} = k\overrightarrow{OA}, \ \overrightarrow{OB_2} = k\overrightarrow{OB}$$

とおくと，
$$\triangle OAB \backsim \triangle OA_2B_2 \quad (相似比\ 1:k)$$

で，
$$\overrightarrow{OP} = \dfrac{\alpha}{k}(k\overrightarrow{OA}) + \dfrac{\beta}{k}(k\overrightarrow{OB}) = \dfrac{\alpha}{k}\overrightarrow{OA_2} + \dfrac{\beta}{k}\overrightarrow{OB_2}.$$

これと ⑥ より，P は直線 A_2B_2 上にある．さらに，④' より，A_2, B_2 はそれぞれ下左図の線分上にある．

$A_2B_2 /\!/ AB$ にも留意して，直線 A_2B_2 の存在範囲は，次頁右図の網目部分．

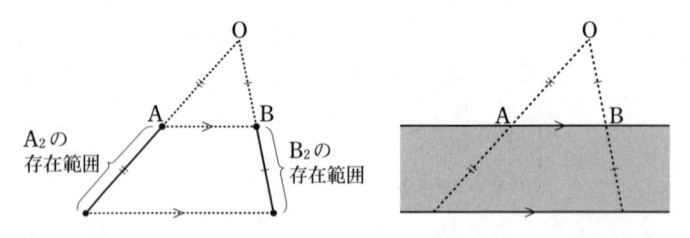

また，①，⑤より，Pは，OA，OBを隣り合う2辺とする平行四辺形OACBの内部，または，周上にある．

以上より，求めるPの集合は，次図の網目部分（境界線上の点を含む）．

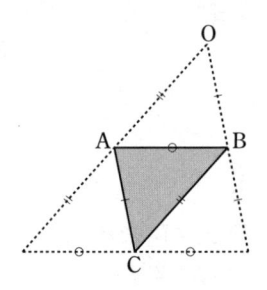

(3)
$$\begin{cases} \beta - \alpha = 1, & \cdots ⑦ \\ \alpha \geq 0. & \cdots ⑧ \end{cases}$$

①，⑦より，
$$\overrightarrow{OP} = \alpha\overrightarrow{OA} + (\alpha+1)\overrightarrow{OB} = \alpha(\overrightarrow{OA}+\overrightarrow{OB}) + \overrightarrow{OB}.$$

ここで，OA，OBを隣り合う2辺とする平行四辺形OACBを考えれば，
$$\overrightarrow{OP} = \overrightarrow{OB} + \alpha\overrightarrow{OC}.$$

これと⑧より，求めるPの集合は，Bを端点とし，OCに平行な半直線で，∠AOB内にある方．

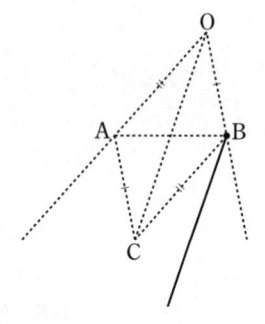

131.

解法メモ

$\vec{0}$ でない2つのベクトル $\vec{x}$, $\vec{y}$ について，
$$\vec{x} \perp \vec{y} \iff \vec{x} \cdot \vec{y} = 0.$$

$\vec{x}$, $\vec{y}$ が一次独立なら，

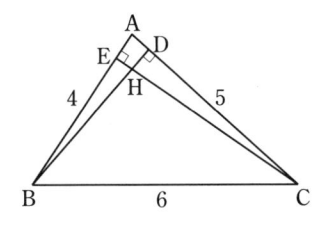

$$\alpha\vec{x}+\beta\vec{y}=\alpha'\vec{x}+\beta'\vec{y} \iff \alpha=\alpha',\ \beta=\beta'.$$

(1)では，点 D の情報が求められています．
$$\begin{cases} \cdot\ \text{D は辺 AC 上にあり}, \\ \cdot\ \text{BD}\perp\text{AC である}. \end{cases}$$
これで D が確定します．

【解答】

$\vec{AB}$, $\vec{AC}$ をそれぞれ $\vec{b}$, $\vec{c}$ とおくと，
$$|\vec{b}|=4,\ |\vec{c}|=5, \quad \cdots ①$$

(その 1)
$$6^2=|\vec{BC}|^2=|\vec{c}-\vec{b}|^2$$
$$=|\vec{c}|^2+|\vec{b}|^2-2\vec{b}\cdot\vec{c}$$
$$=5^2+4^2-2\vec{b}\cdot\vec{c}.$$
$$\therefore\ \vec{b}\cdot\vec{c}=\frac{5^2+4^2-6^2}{2}=\frac{5}{2}. \quad \cdots ②$$

(その 2)
$$\vec{b}\cdot\vec{c}=|\vec{b}||\vec{c}|\cos\angle\text{CAB}$$
$$=4\cdot 5\cdot\frac{5^2+4^2-6^2}{2\cdot 5\cdot 4} \quad (\because\ \text{余弦定理})$$
$$=\frac{5}{2}.$$

(1) $\vec{AD}=r\vec{AC}$ とすると，$\vec{BD}\perp\vec{AC}$ より，
$$0=\vec{BD}\cdot\vec{AC}=(\vec{AD}-\vec{AB})\cdot\vec{AC}=(r\vec{c}-\vec{b})\cdot\vec{c}$$
$$=r|\vec{c}|^2-\vec{b}\cdot\vec{c}$$
$$=25r-\frac{5}{2}. \quad (\because\ ①,\ ②)$$
$$\therefore\ r=\frac{1}{10}. \quad \therefore\ \vec{AD}=\frac{1}{10}\vec{c}.$$

(2) $\vec{AE}=r'\vec{AB}$ とすると，$\vec{CE}\perp\vec{AB}$ より，
$$0=\vec{CE}\cdot\vec{AB}=(\vec{AE}-\vec{AC})\cdot\vec{AB}=(r'\vec{b}-\vec{c})\cdot\vec{b}$$
$$=r'|\vec{b}|^2-\vec{b}\cdot\vec{c}$$
$$=16r'-\frac{5}{2}. \quad (\because\ ①, ②)$$
$$\therefore\ r'=\frac{5}{32}. \quad \therefore\ \vec{AE}=\frac{5}{32}\vec{b}.$$

H は直線 BD 上にありかつ直線 CE 上にあるから，実数の定数 α, β を用

いて，

$$\begin{cases} \overrightarrow{AH}=(1-\alpha)\overrightarrow{AB}+\alpha\overrightarrow{AD}=(1-\alpha)\vec{b}+\dfrac{\alpha}{10}\vec{c}, & \cdots ③ \\ \overrightarrow{AH}=(1-\beta)\overrightarrow{AE}+\beta\overrightarrow{AC}=\dfrac{5}{32}(1-\beta)\vec{b}+\beta\vec{c} & \cdots ④ \end{cases}$$

と書ける．

ここで，$\vec{b}, \vec{c}$ は一次独立であるから，③,④の係数を比較して，

$$1-\alpha=\dfrac{5}{32}(1-\beta), \quad \dfrac{\alpha}{10}=\beta.$$

これを解いて，$\alpha=\dfrac{6}{7}, \beta=\dfrac{3}{35}.$

$$\therefore \ \overrightarrow{AH}=\dfrac{1}{7}\vec{b}+\dfrac{3}{35}\vec{c}=\dfrac{1}{7}\overrightarrow{AB}+\dfrac{3}{35}\overrightarrow{AC}.$$

ここで，$\overrightarrow{AB}, \overrightarrow{AC}$ は一次独立であるから，

$$s=\dfrac{1}{7}, \ t=\dfrac{3}{35}.$$

132.

解法メモ

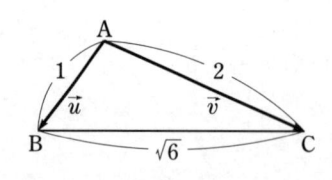

(1)は，$\overrightarrow{BC}=\overrightarrow{AC}-\overrightarrow{AB}$ から入って，131と同様にベクトルを前面に出して求める方法（その1）と，余弦定理から攻める方法（その2）とがありますネ．

(2)は，円の中心は弦の垂直二等分線上にあることを用いる方法（その1），(その1)′と，露骨にOA＝OB＝OC から s, t を出す方法（その2）があるでしょう．

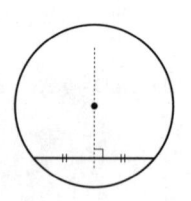

【解答】

(1)

(その1)
$\overrightarrow{BC}=\overrightarrow{AC}-\overrightarrow{AB}$ より，
$|\overrightarrow{BC}|^2=|\vec{v}-\vec{u}|^2.$
$\therefore \ 6=|\vec{v}|^2-2\vec{u}\cdot\vec{v}+|\vec{u}|^2$
$=2^2-2\vec{u}\cdot\vec{v}+1^2.$
$\therefore \ \vec{u}\cdot\vec{v}=-\dfrac{1}{2}.$

(その2)
$\vec{u}\cdot\vec{v}=|\vec{u}||\vec{v}|\cos\angle CAB$

$$= 1\cdot 2\cdot\frac{2^2+1^2-(\sqrt{6})^2}{2\cdot 2\cdot 1} \quad (\because \text{ 余弦定理})$$
$$= -\frac{1}{2}.$$

(2) 三角形 ABC の外心を O とすると, OA=OB=OC ゆえ, O は, 辺 AB, AC の垂直二等分線上にある.

いま, AB, AC の中点をそれぞれ M, N とすると, $\overrightarrow{AO}=s\vec{u}+t\vec{v}$ から,

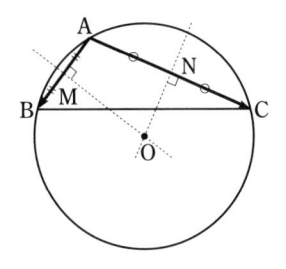

(その 1)
$$\overrightarrow{OM}=\overrightarrow{AM}-\overrightarrow{AO}$$
$$=\frac{1}{2}\vec{u}-(s\vec{u}+t\vec{v})=\left(\frac{1}{2}-s\right)\vec{u}-t\vec{v},$$
$$\overrightarrow{ON}=\overrightarrow{AN}-\overrightarrow{AO}$$
$$=\frac{1}{2}\vec{v}-(s\vec{u}+t\vec{v})=-s\vec{u}+\left(\frac{1}{2}-t\right)\vec{v}$$

で, OM⊥AB または $\overrightarrow{OM}=\vec{0}$, ON⊥AC または $\overrightarrow{ON}=\vec{0}$ より,
$$0=\overrightarrow{OM}\cdot\overrightarrow{AB}$$
$$=\left\{\left(\frac{1}{2}-s\right)\vec{u}-t\vec{v}\right\}\cdot\vec{u}$$
$$=\left(\frac{1}{2}-s\right)|\vec{u}|^2-t\vec{u}\cdot\vec{v}$$
$$=\left(\frac{1}{2}-s\right)\cdot 1^2-t\left(-\frac{1}{2}\right) \quad (\because \text{ (1)})$$
$$=-s+\frac{1}{2}t+\frac{1}{2}, \qquad \cdots ①$$
$$0=\overrightarrow{ON}\cdot\overrightarrow{AC}$$
$$=\left\{-s\vec{u}+\left(\frac{1}{2}-t\right)\vec{v}\right\}\cdot\vec{v}$$
$$=-s\vec{u}\cdot\vec{v}+\left(\frac{1}{2}-t\right)|\vec{v}|^2$$
$$=-s\left(-\frac{1}{2}\right)+\left(\frac{1}{2}-t\right)\cdot 2^2 \quad (\because \text{ (1)})$$
$$=\frac{1}{2}s-4t+2. \qquad \cdots ②$$

①, ② を解いて,

$$s=\frac{4}{5},\ t=\frac{3}{5}.$$

(その1)′

$\overrightarrow{AB}\cdot\overrightarrow{AO}=|\overrightarrow{AB}||\overrightarrow{AO}|\cos\angle OAB.$
$\therefore\ \vec{u}\cdot(s\vec{u}+t\vec{v})=AB\cdot AM.$
$\therefore\ s|\vec{u}|^2+t\vec{u}\cdot\vec{v}=1\cdot\dfrac{1}{2}.$
$\therefore\ s-\dfrac{1}{2}t=\dfrac{1}{2}.$ ……①′ ($\because$ (1))

また，

$\overrightarrow{AC}\cdot\overrightarrow{AO}=|\overrightarrow{AC}||\overrightarrow{AO}|\cos\angle OAC.$
$\therefore\ \vec{v}\cdot(s\vec{u}+t\vec{v})=AC\cdot AN.$
$\therefore\ s\vec{u}\cdot\vec{v}+t|\vec{v}|^2=2\cdot 1.$
$\therefore\ -\dfrac{1}{2}s+4t=2.$ ……②′ ($\because$ (1))

①′, ②′を解いて，

$$s=\dfrac{4}{5},\ t=\dfrac{3}{5}.$$

(その2)

$\begin{cases}\overrightarrow{OA}=-\overrightarrow{AO}=-s\vec{u}-t\vec{v},\\ \overrightarrow{OB}=\overrightarrow{AB}-\overrightarrow{AO}=\vec{u}-(s\vec{u}+t\vec{v})=(1-s)\vec{u}-t\vec{v},\\ \overrightarrow{OC}=\overrightarrow{AC}-\overrightarrow{AO}=\vec{v}-(s\vec{u}+t\vec{v})=-s\vec{u}+(1-t)\vec{v}.\end{cases}$

これらと，$|\overrightarrow{OA}|=|\overrightarrow{OB}|=|\overrightarrow{OC}|$ より，

$|-s\vec{u}-t\vec{v}|^2=|(1-s)\vec{u}-t\vec{v}|^2=|-s\vec{u}+(1-t)\vec{v}|^2.$
　　　　　　㋐
　　　　　　　　　㋑

㋐より，

$s^2|\vec{u}|^2+2st\vec{u}\cdot\vec{v}+t^2|\vec{v}|^2=(1-s)^2|\vec{u}|^2-2(1-s)t\vec{u}\cdot\vec{v}+t^2|\vec{v}|^2.$
$\therefore\ s^2-st+4t^2=(1-s)^2+(1-s)t+4t^2.$ ($\because$ (1))
$\therefore\ 1-2s+t=0.$　……㋐′

㋑より，

$s^2-st+4t^2=s^2|\vec{u}|^2-2s(1-t)\vec{u}\cdot\vec{v}+(1-t)^2|\vec{v}|^2$
$=s^2+s(1-t)+4(1-t)^2.$ ($\because$ (1))
$\therefore\ s+4-8t=0.$　……㋑′

㋐′, ㋑′を解いて,
$$s=\frac{4}{5},\ t=\frac{3}{5}.$$

133.

解法メモ

「空間内に4点 A, B, C, D が…」なんて書いてありますが, 第1の条件 $\vec{a}-\vec{d}=\vec{b}-\vec{c}$ から,
$$\overrightarrow{DA}=\overrightarrow{CB},$$
すなわち, 四角形 ABCD は平行四辺形なので, 実質, 平面ベクトルの世界の話ですね.

平行四辺形だから,
$$\angle A + \angle B = 180°$$
だというのも,
$$\cos\angle A = \cos(180°-\angle B) = -\cos\angle B$$
というのもよろしいですね?

【解答】

与条件
$$\vec{a}-\vec{d}=\vec{b}-\vec{c},$$
$$|\vec{c}-\vec{d}|=6,$$
$$|\vec{a}-\vec{d}|=7$$
から, 四角形 ABCD は, CD=6, DA=7 の平行四辺形である.

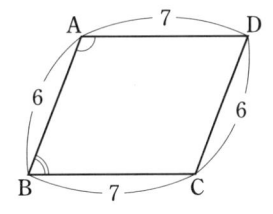

(その1)

残りの条件から,
$$18=(\vec{a}-\vec{b})\cdot(\vec{c}-\vec{b})=\overrightarrow{BA}\cdot\overrightarrow{BC}$$
$$=|\overrightarrow{BA}||\overrightarrow{BC}|\cos\angle ABC=6\cdot 7\cdot\cos\angle ABC.$$
$$\therefore\ \cos\angle ABC=\frac{3}{7}. \qquad \cdots ①$$

三角形 ABD に余弦定理を用いて,
$$BD^2=DA^2+AB^2-2\cdot DA\cdot AB\cdot\cos\angle DAB$$
$$=7^2+6^2-2\cdot 7\cdot 6\cdot\cos(180°-\angle ABC)$$
$$=49+36+84\cos\angle ABC$$

$$= 85 + 84 \cdot \frac{3}{7} \quad (\because \ ①)$$
$$= 121.$$
$$\therefore \ \mathbf{BD} = \mathbf{11}.$$

(その2)

残りの条件から,
$$\overrightarrow{BA} \cdot \overrightarrow{BC} = (\vec{a} - \vec{b}) \cdot (\vec{c} - \vec{b}) = 18. \quad \cdots ②$$

また, 平行四辺形の条件から,
$$\overrightarrow{BD} = \overrightarrow{BA} + \overrightarrow{BC}.$$
$$\therefore \ |\overrightarrow{BD}|^2 = |\overrightarrow{BA} + \overrightarrow{BC}|^2 = |\overrightarrow{BA}|^2 + 2\overrightarrow{BA} \cdot \overrightarrow{BC} + |\overrightarrow{BC}|^2$$
$$= 6^2 + 2 \cdot 18 + 7^2 \quad (\because \ ②)$$
$$= 121.$$
$$\therefore \ \mathbf{BD} = \mathbf{11}.$$

134.

解法メモ

(1) 例えば, $\overrightarrow{OA} \cdot \overrightarrow{OB}$ が欲しければ, 与式から,
$$|3\overrightarrow{OA} + 4\overrightarrow{OB}|^2 = |5\overrightarrow{OC}|^2$$
を作ると出てきます (その1).

(2)
$$\triangle ABC = \frac{1}{2} AB \cdot AC \cdot \sin\theta$$
$$= \frac{1}{2}\sqrt{AB^2 \cdot AC^2 \cdot \sin^2\theta}$$
$$= \frac{1}{2}\sqrt{AB^2 \cdot AC^2 \cdot (1 - \cos^2\theta)}$$
$$= \frac{1}{2}\sqrt{|\overrightarrow{AB}|^2 |\overrightarrow{AC}|^2 - (|\overrightarrow{AB}||\overrightarrow{AC}|\cos\theta)^2}$$
$$= \frac{1}{2}\sqrt{|\overrightarrow{AB}|^2 |\overrightarrow{AC}|^2 - (\overrightarrow{AB} \cdot \overrightarrow{AC})^2}$$

の結果は使えるようにしておくこと.

【解答】

$\overrightarrow{OA}, \overrightarrow{OB}, \overrightarrow{OC}$ をそれぞれ, $\vec{a}, \vec{b}, \vec{c}$ とすると, 与条件から,
$$\begin{cases} |\vec{a}| = |\vec{b}| = |\vec{c}| = 1, & \cdots ① \\ 3\vec{a} + 4\vec{b} - 5\vec{c} = \vec{0}. & \cdots ② \end{cases}$$

(1) (その1)

②より, $3\vec{a}+4\vec{b}=5\vec{c}$.

$$\therefore\ |3\vec{a}+4\vec{b}|^2=|5\vec{c}|^2.$$
$$\therefore\ 9|\vec{a}|^2+24\vec{a}\cdot\vec{b}+16|\vec{b}|^2=25|\vec{c}|^2.$$

これと①より,
$$\vec{a}\cdot\vec{b}=0.$$

同様にして, ②より,
$$4\vec{b}-5\vec{c}=-3\vec{a},\qquad -5\vec{c}+3\vec{a}=-4\vec{b}.$$
$$\therefore\ |4\vec{b}-5\vec{c}|^2=|-3\vec{a}|^2,\quad |-5\vec{c}+3\vec{a}|^2=|-4\vec{b}|^2.$$
$$\therefore\ \begin{cases}16|\vec{b}|^2-40\vec{b}\cdot\vec{c}+25|\vec{c}|^2=9|\vec{a}|^2,\\ 25|\vec{c}|^2-30\vec{c}\cdot\vec{a}+9|\vec{a}|^2=16|\vec{b}|^2,\end{cases}$$

これと①より,
$$\begin{cases}\vec{b}\cdot\vec{c}=\dfrac{4}{5},\\ \vec{c}\cdot\vec{a}=\dfrac{3}{5}.\end{cases}$$

以上より,
$$\overrightarrow{OA}\cdot\overrightarrow{OB}=0,\quad \overrightarrow{OB}\cdot\overrightarrow{OC}=\dfrac{4}{5},\quad \overrightarrow{OC}\cdot\overrightarrow{OA}=\dfrac{3}{5}.\qquad\cdots ③$$

(その2)

②と $\vec{a},\ \vec{b},\ \vec{c}$ の内積をそれぞれ考えて,
$$\begin{cases}0=\vec{a}\cdot(3\vec{a}+4\vec{b}-5\vec{c})=3|\vec{a}|^2+4\vec{a}\cdot\vec{b}-5\vec{c}\cdot\vec{a},\\ 0=\vec{b}\cdot(3\vec{a}+4\vec{b}-5\vec{c})=3\vec{a}\cdot\vec{b}+4|\vec{b}|^2-5\vec{b}\cdot\vec{c},\\ 0=\vec{c}\cdot(3\vec{a}+4\vec{b}-5\vec{c})=3\vec{c}\cdot\vec{a}+4\vec{b}\cdot\vec{c}-5|\vec{c}|^2.\end{cases}$$

これと①から,
$$\begin{cases}4\vec{a}\cdot\vec{b}\quad\ -5\vec{c}\cdot\vec{a}+3=0,\\ 3\vec{a}\cdot\vec{b}-5\vec{b}\cdot\vec{c}\quad\ +4=0,\\ \quad\ 4\vec{b}\cdot\vec{c}+3\vec{c}\cdot\vec{a}-5=0.\end{cases}$$

これを解いて,
$$\overrightarrow{OA}\cdot\overrightarrow{OB}=\vec{a}\cdot\vec{b}=0,\quad \overrightarrow{OB}\cdot\overrightarrow{OC}=\vec{b}\cdot\vec{c}=\dfrac{4}{5},\quad \overrightarrow{OC}\cdot\overrightarrow{OA}=\vec{c}\cdot\vec{a}=\dfrac{3}{5}.$$

(2) (その1)

①, ③より,

$$|\overrightarrow{AB}|^2=|\vec{b}-\vec{a}|^2=|\vec{b}|^2-2\vec{a}\cdot\vec{b}+|\vec{a}|^2=2,$$

$$|\overrightarrow{AC}|^2=|\vec{c}-\vec{a}|^2=|\vec{c}|^2-2\vec{c}\cdot\vec{a}+|\vec{a}|^2=\frac{4}{5},$$

$$\overrightarrow{AB}\cdot\overrightarrow{AC}=(\vec{b}-\vec{a})\cdot(\vec{c}-\vec{a})=\vec{b}\cdot\vec{c}-\vec{a}\cdot\vec{b}-\vec{c}\cdot\vec{a}+|\vec{a}|^2=\frac{6}{5}.$$

$$\therefore \triangle ABC = \frac{1}{2}\sqrt{|\overrightarrow{AB}|^2|\overrightarrow{AC}|^2-(\overrightarrow{AB}\cdot\overrightarrow{AC})^2}$$

$$=\frac{1}{2}\sqrt{2\cdot\frac{4}{5}-\left(\frac{6}{5}\right)^2}$$

$$=\frac{1}{5}.$$

(その2)

③より,∠AOB=90°.

これと①より,

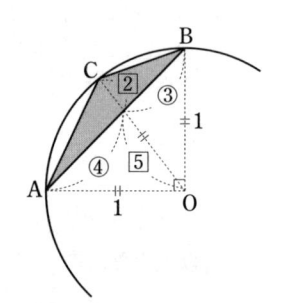

$$\overrightarrow{OC}=\frac{3\overrightarrow{OA}+4\overrightarrow{OB}}{5}$$

$$=\frac{7}{5}\cdot\frac{3\overrightarrow{OA}+4\overrightarrow{OB}}{4+3}$$

だから,右図のようになる.

$$\therefore \triangle ABC=\frac{2}{5}\triangle OAB=\frac{2}{5}\left(\frac{1}{2}\cdot1\cdot1\right)=\frac{1}{5}.$$

(その3)

①,③より,右図のようにおけるから,

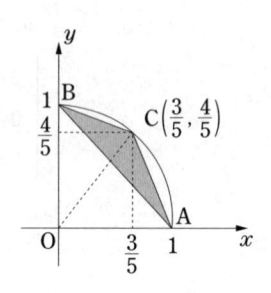

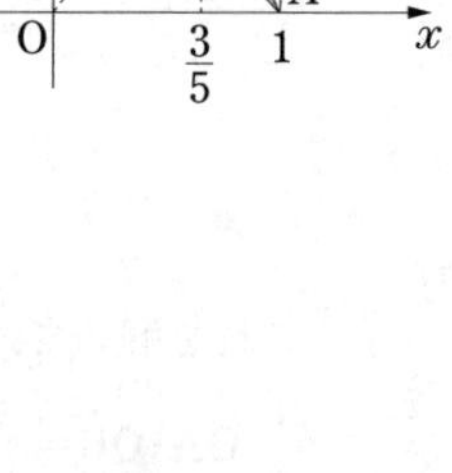

$$\triangle ABC=\triangle OBC+\triangle OCA-\triangle OAB$$

$$=\frac{1}{2}\cdot1\cdot\frac{3}{5}+\frac{1}{2}\cdot1\cdot\frac{4}{5}-\frac{1}{2}\cdot1\cdot1$$

$$=\frac{1}{5}.$$

135.

[解法メモ]

A を始点とした一次独立な 2 つのベクトル $\overrightarrow{AB}$, $\overrightarrow{AC}$ の一次結合 $x\overrightarrow{AB}+y\overrightarrow{AC}$ ですべてを記述しようとすれば, 展望は開けるでしょう.

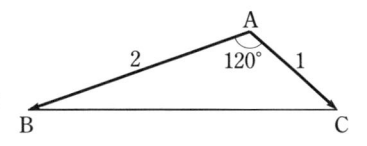

§4 にもありましたが再度確認. (3)では, 次の定理を知っていると速い.

[方べきの定理]

円 O と円周上にない点 P がある. P を通る 2 直線と円との交点をそれぞれ A, B, および, C, D とすると,

$$PA \cdot PB = PC \cdot PD.$$

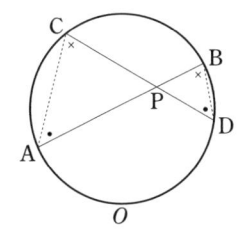

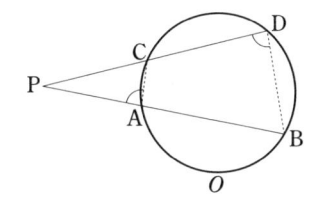

(証明)

$\triangle PAC \infty \triangle PDB$ より,

$$\frac{PA}{PC}=\frac{PD}{PB}. \quad \therefore \quad PA \cdot PB = PC \cdot PD.$$

【解答】

(1)
$$4\overrightarrow{PA}+2\overrightarrow{PB}+k\overrightarrow{PC}=\vec{0}$$
$$\iff 4(-\overrightarrow{AP})+2(\overrightarrow{AB}-\overrightarrow{AP})+k(\overrightarrow{AC}-\overrightarrow{AP})=\vec{0}$$
$$\iff (k+6)\overrightarrow{AP}=2\overrightarrow{AB}+k\overrightarrow{AC}$$
$$\iff \overrightarrow{AP}=\frac{k+2}{k+6}\cdot\frac{2\overrightarrow{AB}+k\overrightarrow{AC}}{k+2}. \quad (\because\ k>0\ \text{より},\ k+6\neq 0.)$$

ここで, 辺 BC を $k:2$ に内分する点を E とすると,

$$\overrightarrow{AP}=\frac{k+2}{k+6}\overrightarrow{AE}$$

より, E は直線 AP 上にあるから, E=D である.

($\because$ E は辺 BC 上かつ直線 AP 上にある.)

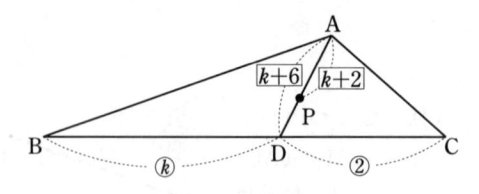

$$\therefore \quad \mathrm{BD} : \mathrm{DC} = k : 2.$$

(2) $|\overrightarrow{AB}|=2$, $|\overrightarrow{AC}|=1$, $\angle BAC=120°$ より,

$$\overrightarrow{AB} \cdot \overrightarrow{AC} = 2 \cdot 1 \cdot \cos 120° = -1. \qquad \cdots ①$$

(1)より, $\overrightarrow{AD} = \dfrac{1}{k+2}(2\overrightarrow{AB}+k\overrightarrow{AC})$ で, $\overrightarrow{AD} \perp \overrightarrow{BC}$ となるとき,

$$0 = \overrightarrow{AD} \cdot \overrightarrow{BC} = \frac{1}{k+2}(2\overrightarrow{AB}+k\overrightarrow{AC}) \cdot (\overrightarrow{AC}-\overrightarrow{AB})$$

$$= \frac{1}{k+2}\{-2|\overrightarrow{AB}|^2 + k|\overrightarrow{AC}|^2 + (2-k)\overrightarrow{AB} \cdot \overrightarrow{AC}\}$$

$$= \frac{1}{k+2}\{-2 \cdot 2^2 + k \cdot 1^2 + (2-k)(-1)\} \quad (\because \ ①)$$

$$= \frac{2k-10}{k+2}.$$

$$\therefore \quad k=5.$$

(3) $k=5$ のとき,

$$\overrightarrow{AD} = \frac{2\overrightarrow{AB}+5\overrightarrow{AC}}{5+2}.$$

また,

$$|\overrightarrow{BC}|^2 = |\overrightarrow{AC}-\overrightarrow{AB}|^2 = |\overrightarrow{AC}|^2 - 2\overrightarrow{AB}\cdot\overrightarrow{AC} + |\overrightarrow{AB}|^2$$
$$= 1^2 - 2 \cdot (-1) + 2^2 \quad (\because \ ①)$$
$$= 7$$

より,

$$BC = \sqrt{7}.$$

$$\begin{cases} BD = \dfrac{5}{5+2}BC = \dfrac{5}{7}\sqrt{7}, \\ DC = \dfrac{2}{5+2}BC = \dfrac{2}{7}\sqrt{7}. \end{cases}$$

ここで, 三平方の定理より,

$$AD = \sqrt{AC^2 - DC^2}.$$
$$= \sqrt{1^2 - \left(\frac{2}{7}\sqrt{7}\right)^2} = \frac{\sqrt{21}}{7}.$$

方べきの定理より, $AD \cdot DQ = BD \cdot DC$

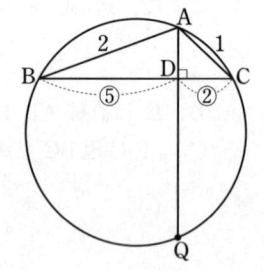

だから,
$$DQ = \frac{BD \cdot DC}{AD} = \frac{\frac{5}{7}\sqrt{7} \cdot \frac{2}{7}\sqrt{7}}{\left(\frac{\sqrt{21}}{7}\right)} = \frac{10}{21}\sqrt{21}.$$

$$\therefore \quad \frac{AQ}{AD} = \frac{AD+DQ}{AD} = \frac{\frac{\sqrt{21}}{7} + \frac{10}{21}\sqrt{21}}{\left(\frac{\sqrt{21}}{7}\right)} = \frac{13}{3}.$$

$$\therefore \quad \overrightarrow{AQ} = \frac{13}{3}\overrightarrow{AD}.$$

よって, 求める l の値は,

$$\frac{13}{3}.$$

[参考]
(3)で BC の長さを余弦定理を用いて出すのも可.
$$BC^2 = CA^2 + AB^2 - 2\cdot CA\cdot AB\cdot \cos\angle A$$
$$= 1^2 + 2^2 - 2\cdot 1\cdot 2\cdot \cos 120° = 7.$$
$$\therefore \quad BC = \sqrt{7}.$$

136.

[解法メモ]
O を中心とする円の直径の 1 つを AB とすると,
$\overrightarrow{OA} + \overrightarrow{OB} = \vec{0}$.

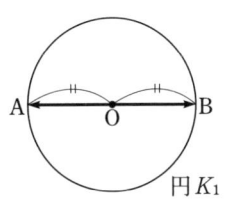

円 K_1

(3) 　円 K_2 の内部に A が含まれる
$\iff$ (K_2 の中心と A の距離) $<$ (K_2 の半径).

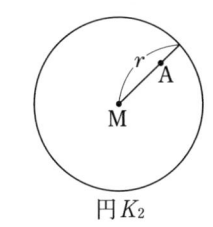

円 K_2

【解答】

(1) $\vec{BR} = \vec{OR} - \vec{OB}$
$= \dfrac{1 \cdot \vec{OA} + 2\vec{OQ}}{2+1} - (-\vec{OA})$
$= \dfrac{4}{3}\vec{OA} + \dfrac{2}{3}\vec{OQ}$
$= \dfrac{4}{3}\vec{a} + \dfrac{2}{3}\vec{q}.$

(2) $\vec{OP} = \vec{p} = \vec{AQ} + k\vec{BR}$
$= (\vec{q} - \vec{a}) + k\left(\dfrac{4}{3}\vec{a} + \dfrac{2}{3}\vec{q}\right)$　(∵　(1))
$= \left(\dfrac{4}{3}k - 1\right)\vec{a} + \left(\dfrac{2}{3}k + 1\right)\vec{q}.$

∴ $\vec{OP} - \left(\dfrac{4}{3}k - 1\right)\vec{a} = \left(\dfrac{2}{3}k + 1\right)\vec{q}.$

∴ $\left|\vec{OP} - \left(\dfrac{4}{3}k - 1\right)\vec{a}\right| = \left|\left(\dfrac{2}{3}k + 1\right)\vec{q}\right|$
$= \left(\dfrac{2}{3}k + 1\right)|\vec{q}|$
$= \dfrac{2}{3}k + 1$　(∵　$|\vec{q}| = OQ = 1$)
$(>1. \ (∵\ k > 0)).$

ここで, $\vec{OM} = \left(\dfrac{4}{3}k - 1\right)\vec{a}$ とおくと,

$|\vec{OP} - \vec{OM}| = \dfrac{2}{3}k + 1,$

すなわち,

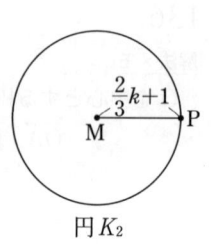

$|\vec{MP}| = \dfrac{2}{3}k + 1$　(一定)

ゆえ, 点Pは,

中心の位置ベクトル $\vec{OM} = \left(\dfrac{4}{3}k - 1\right)\vec{a},$

半径　$MP = |\vec{MP}| = \dfrac{2}{3}k + 1$

の円を描く.

(3) A が円 K_2 の内部に含まれる条件は,
$$AM < \frac{2}{3}k+1,$$
すなわち,
$$\frac{2}{3}k+1 > |\overrightarrow{AM}| = |\overrightarrow{OM}-\overrightarrow{OA}|$$
$$= \left|\left(\frac{4}{3}k-1\right)\vec{a}-\vec{a}\right|$$
$$= \left|\frac{4}{3}k-2\right||\vec{a}|$$
$$= \left|\frac{4}{3}k-2\right| \quad (\because \ |\vec{a}|=\mathrm{OA}=1).$$
$$\therefore \ \frac{2}{3}k+1 > \frac{4}{3}k-2 > -\left(\frac{2}{3}k+1\right).$$
$$\therefore \ \frac{1}{2} < k < \frac{9}{2}.$$

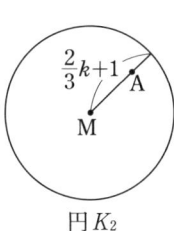

137.

[解法メモ]

(2)は $\vec{b}$ が成分表示されているので, $\vec{p}$ の方も
$$\vec{p}=(x, \ y)$$
とでもおいた方が速いでしょう.（その 1）

（その 2）として, 幾何的解法を示しておきます.

【解答】

(1) (i)（その 1）

$\angle \mathrm{AOP}=\theta$ とおくと,
$$\vec{a}\cdot\vec{p}=|\vec{a}||\vec{p}|\cos\theta$$
$$=|\vec{a}|^2.$$
$$\left(\because \ \frac{|\vec{a}|}{|\vec{p}|}=\frac{\mathrm{OA}}{\mathrm{OP}}=\cos\theta.\right)$$

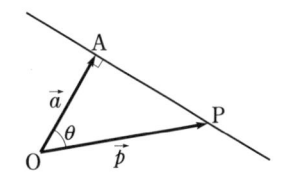

（その 2）

$\angle \mathrm{OAP}=90°$ または $\mathrm{A}=\mathrm{P}$ より,
$$\overrightarrow{\mathrm{OA}}\cdot\overrightarrow{\mathrm{AP}}=0. \quad \therefore \ \vec{a}\cdot(\vec{p}-\vec{a})=0.$$

$$\therefore \vec{a}\cdot\vec{p}-|\vec{a}|^2=0. \qquad \therefore \vec{a}\cdot\vec{p}=|\vec{a}|^2.$$

(ii) ベクトル方程式
$$|\vec{p}|^2-2\vec{a}\cdot\vec{p}=0 \qquad \cdots ①$$
を考える.

(その1)

$\vec{p}=\vec{0}$ は①をみたす. $\cdots ㋐$

$\vec{p}\ne\vec{0}$ のとき, $\vec{a}$ と $\vec{p}$ のなす角を θ とすると,

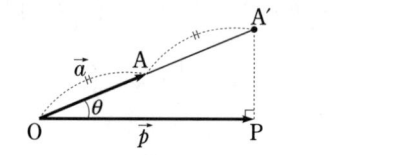

$$① \iff |\vec{p}|^2-2|\vec{a}||\vec{p}|\cos\theta=0$$
$$\iff |\vec{p}|-2|\vec{a}|\cos\theta=0 \quad (\because |\vec{p}|\ne 0)$$
$$\iff \cos\theta=\frac{|\vec{p}|}{2|\vec{a}|}. \quad (\because \text{A}\ne\text{O} から \vec{a}\ne\vec{0})$$

$\cdots ㋑$

$\overrightarrow{OA'}=2\overrightarrow{OA}$ をみたす点 A' をとると, ㋐, ㋑より, ①をみたす点 P の集合は, OA' を直径とする円, すなわち, A を中心とし O を通る円である.

(その2)

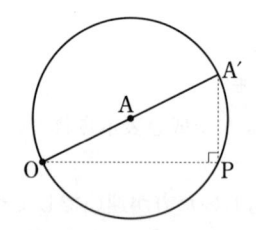

$$① \iff |\vec{p}-\vec{a}|^2-|\vec{a}|^2=0$$
$$\iff |\vec{p}-\vec{a}|=|\vec{a}|$$
$$\iff |\overrightarrow{AP}|=|\overrightarrow{OA}|.$$

よって, ①をみたす点 P の集合は, A を中心とする半径 OA の円である.

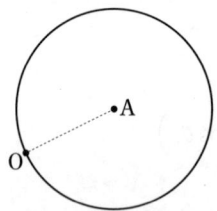

(2)
$$|\vec{p}-\vec{b}|\le|\vec{p}+3\vec{b}|\le 3|\vec{p}-\vec{b}|$$
$$\iff |\vec{p}-\vec{b}|^2\le|\vec{p}+3\vec{b}|^2\le 9|\vec{p}-\vec{b}|^2. \qquad \cdots ②$$

(その1)

$\vec{p}=(x, y)$ とおくと,
$$\begin{cases} \vec{p}-\vec{b}=(x-1, y-1), \\ \vec{p}+3\vec{b}=(x+3, y+3). \end{cases}$$
これらを②へ代入して,
$$\underbrace{(x-1)^2+(y-1)^2 \leqq (x+3)^2+(y+3)^2}_{③} \underbrace{\leqq 9\{(x-1)^2+(y-1)^2\}}_{④}.$$

③より,
$$x+y+2 \geqq 0. \quad \cdots ③'$$
④より,
$$x^2+y^2-3x-3y \geqq 0.$$
$$\therefore \quad \left(x-\frac{3}{2}\right)^2+\left(y-\frac{3}{2}\right)^2 \geqq \frac{9}{2}.$$
$$\cdots ④'$$

③′,④′より,求める領域は,右図の網目部分(ただし,境界線上の点を含む).

(その2)
B(1, 1), C(-3, -3) とすると,与条件より,
$$\begin{cases} BP \leqq CP, & \cdots ⑤ \\ CP \leqq 3BP. & \cdots ⑥ \end{cases}$$

⑤より,Pの存在領域は,線分BCの垂直二等分線で区切られるBを含む方の半平面である.

また,⑥より,Pの存在領域は,線分BCを1:3に内分する点O(0, 0) と,外分する点D(3, 3) を直径の両端とする円(アポロニウスの円)の周または外部である.

したがって,点P全体が表す領域は,右図の網目部分(ただし,境界線上の点を含む).

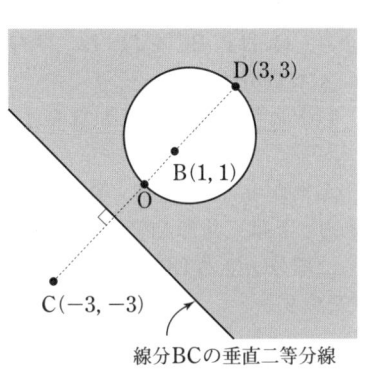

138.

解法メモ

線分 AQ と DP が交わるのは，この 2 線分が同一平面上にあるときで，直線 AP, DQ も辺 BC 上で交わります．

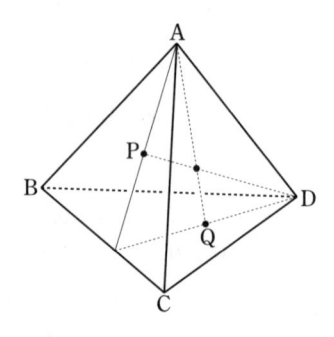

【解答】（その 1）

直線 AP と辺 BC は交わり，その交点を P_0 とすると，
$$\overrightarrow{AP_0}=k\overrightarrow{AP}=k(x\overrightarrow{AB}+y\overrightarrow{AC})=kx\overrightarrow{AB}+ky\overrightarrow{AC}$$
より，P_0 は辺 BC を $ky:kx$，すなわち，$y:x$ に内分する．

同様に，直線 DQ と辺 BC は交わり，その交点を Q_0 とすると，
$$\begin{aligned}\overrightarrow{AQ_0}&=(1-l)\overrightarrow{AD}+l\overrightarrow{AQ}\\&=(1-l)\overrightarrow{AD}+l(s\overrightarrow{AB}+t\overrightarrow{AC}+u\overrightarrow{AD})\\&=ls\overrightarrow{AB}+lt\overrightarrow{AC}+(1-l+lu)\overrightarrow{AD}\\&=ls\overrightarrow{AB}+lt\overrightarrow{AC}\quad(\because\ Q_0\text{は}BC\text{上})\end{aligned}$$
より，Q_0 は辺 BC を $lt:ls$，すなわち，$t:s$ に内分する．

以上より，$x:y=s:t$ ならば，
$$P_0=Q_0.$$

したがって，A, P, D, Q は同一平面上にあり，P は三角形 AP_0D の辺 AP_0 上の点，Q は三角形 AP_0D の辺 DP_0 上の点だから，線分 AQ と DP は交わる．

（その 2）

$x:y=s:t$ ならば，
$$s=rx,\ t=ry\quad(r\text{は}0\text{でない実数})$$
とおけるから，
$$\begin{aligned}\overrightarrow{AQ}&=s\overrightarrow{AB}+t\overrightarrow{AC}+u\overrightarrow{AD}=rx\overrightarrow{AB}+ry\overrightarrow{AC}+u\overrightarrow{AD}\\&=r(x\overrightarrow{AB}+y\overrightarrow{AC})+u\overrightarrow{AD}=r\overrightarrow{AP}+u\overrightarrow{AD}.\end{aligned}$$
よって，平面 APD 上に Q がある，すなわち，4 点 A, P, D, Q は同一平面

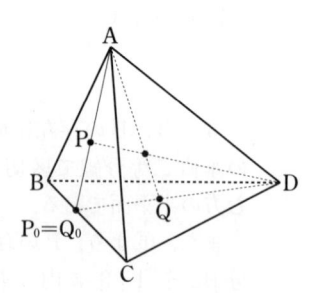

上にあり，（明らかに AQ ∦ DP であるから）線分 AQ と DP は交わる．

139.

解法メモ

A を始点とする一次独立な 3 つのベクトル $\vec{AB}$, $\vec{AC}$, $\vec{AD}$ でもって，この世の中を記述してやろうという気持ちになりましたか？

P, Q, R がそれぞれ辺上を動くので，変数を 3 つ導入することになり，ちょっと目がチカチカするかも知れませんが，$\vec{AG}=k\vec{AH}$ と表したときの k の値域の問題なのだという意識を持ち続けてください．

【解答】

$\vec{AB}=\vec{b}$, $\vec{AC}=\vec{c}$, $\vec{AD}=\vec{d}$ とおくと，
与条件より，
$$\begin{cases} \vec{AP}=x\vec{b} & (0<x<1), \\ \vec{AQ}=(1-y)\vec{b}+y\vec{c} & (0<y<1), \\ \vec{AR}=(1-z)\vec{c}+z\vec{d} & (0<z<1) \end{cases}$$
とおけて，G は三角形 PQR の重心だから，
$$\vec{AG}=\frac{1}{3}(\vec{AP}+\vec{AQ}+\vec{AR})$$
$$=\frac{1+x-y}{3}\vec{b}+\frac{1+y-z}{3}\vec{c}+\frac{z}{3}\vec{d}. \quad \cdots ①$$

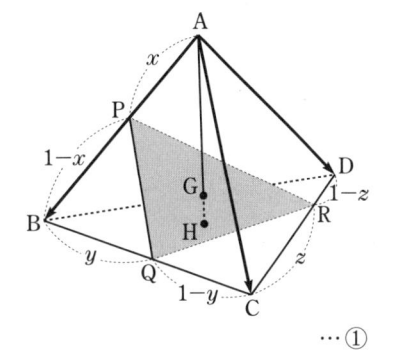

A, G, H が同一直線上にあるとき，
$$\vec{AG}=k\vec{AH}=\frac{k}{3}(\vec{AB}+\vec{AC}+\vec{AD})$$
$$=\frac{k}{3}\vec{b}+\frac{k}{3}\vec{c}+\frac{k}{3}\vec{d} \quad (k \text{ は実数}) \quad \cdots ②$$

と書ける．

$\vec{b}$, $\vec{c}$, $\vec{d}$ が一次独立であることと，①，②より，
$$\frac{k}{3}=\frac{1+x-y}{3}=\frac{1+y-z}{3}=\frac{z}{3}.$$

これを x, y, z について解いて，
$$z=k, \quad y=2k-1, \quad x=3k-2.$$

また，$0<x<1$, $0<y<1$, $0<z<1$ ゆえ，
$$0<3k-2<1, \quad 0<2k-1<1, \quad 0<k<1.$$

$$\therefore \quad \frac{2}{3} < k < 1.$$

ここで，$k = \dfrac{AG}{AH}$ であるから，

$$\frac{2}{3} < \frac{AG}{AH} < 1.$$

140.

解法メモ

四面体 OABC がある空間内のいかなる点であってもその位置ベクトルは，
$$●\overrightarrow{OA} + ■\overrightarrow{OB} + ▼\overrightarrow{OC}$$
の形に一意的に（唯一通りに）表せます．

【解答】

(1) 与条件から，

$$\overrightarrow{OD} = \frac{1}{3}\vec{a},$$

$$\overrightarrow{OE} = \frac{1}{2}\vec{b},$$

$$\overrightarrow{OF} = \frac{1 \cdot \overrightarrow{OB} + 2\overrightarrow{OC}}{2+1} = \frac{1}{3}\vec{b} + \frac{2}{3}\vec{c}.$$

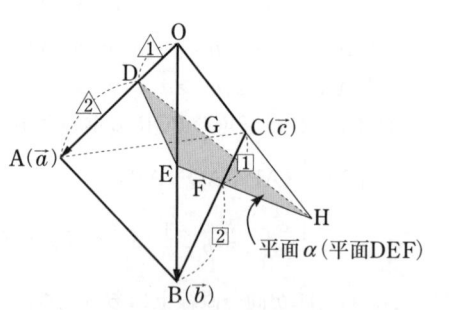

G は直線 AC 上ゆえ
$$\overrightarrow{OG} = (1-s)\vec{a} + s\vec{c} \quad (s \text{ は実数}) \quad \cdots ①$$

と表せる．

また，G は平面 α（平面 DEF）上ゆえ，
$$\overrightarrow{OG} = x\overrightarrow{OD} + y\overrightarrow{OE} + z\overrightarrow{OF} \quad (x, y, z \text{ は実数で，} \underline{x+y+z=1}) \quad \cdots ②$$

$$= \frac{x}{3}\vec{a} + \frac{y}{2}\vec{b} + z\left(\frac{1}{3}\vec{b} + \frac{2}{3}\vec{c}\right)$$

$$= \frac{x}{3}\vec{a} + \left(\frac{y}{2} + \frac{z}{3}\right)\vec{b} + \frac{2}{3}z\vec{c} \quad \cdots ③$$

と表せる．

ここで，$\vec{a}, \vec{b}, \vec{c}$ は一次独立ゆえ，①，③の係数を比較して，

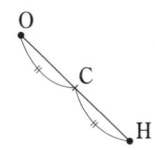

$$\begin{cases} 1-s = \dfrac{x}{3}, \\ 0 = \dfrac{y}{2} + \dfrac{z}{3}, \\ s = \dfrac{2}{3}z. \end{cases}$$

$$\therefore\ x = 3-3s,\quad y = -s,\quad z = \dfrac{3}{2}s.$$

これを②へ代入して，

$$(3-3s) + (-s) + \dfrac{3}{2}s = 1.\quad \therefore\ s = \dfrac{4}{5}.$$

（$0 < s < 1$ より，G は線分 AC 上．）

$$\therefore\ \overrightarrow{OG} = \dfrac{1}{5}\vec{a} + \dfrac{4}{5}\vec{c}.$$

(2) H は直線 OC 上ゆえ，

$$\overrightarrow{OH} = k\vec{c} \quad (k\ \text{は実数})$$

と表せる．

また，H は平面 α 上ゆえ，

$$\overrightarrow{OH} = u\overrightarrow{OD} + v\overrightarrow{OE} + w\overrightarrow{OF} \quad (u,\ v,\ w\ \text{は実数で，}\underline{u+v+w=1})$$
$$\phantom{\overrightarrow{OH} = u\overrightarrow{OD} + v\overrightarrow{OE} + w\overrightarrow{OF} \quad (u,\ v,\ w\ \text{は実数で，}u+v+w=1)}④$$

$$= \dfrac{u}{3}\vec{a} + \left(\dfrac{v}{2} + \dfrac{w}{3}\right)\vec{b} + \dfrac{2}{3}w\vec{c}$$

と表せる．

(1)と同様の考察により，

$$\dfrac{u}{3} = 0,\quad \dfrac{v}{2} + \dfrac{w}{3} = 0,\quad \dfrac{2}{3}w = k.$$

$$\therefore\ (u,\ v,\ w) = \left(0,\ -k,\ \dfrac{3}{2}k\right).$$

これを④へ代入して，

$$0 + (-k) + \dfrac{3}{2}k = 1.$$

$$\therefore\ k = 2.$$
$$\therefore\ \overrightarrow{OH} = 2\vec{c}.$$
$$\therefore\ \text{OC} : \text{CH} = 1 : 1.$$

(3) (1), (2)の結果から，

$$\begin{cases} \overrightarrow{DG} = \overrightarrow{OG} - \overrightarrow{OD} = \left(\frac{1}{5}\vec{a} + \frac{4}{5}\vec{c}\right) - \frac{1}{3}\vec{a} = \frac{4}{5}\vec{c} - \frac{2}{15}\vec{a}, \\ \overrightarrow{DH} = \overrightarrow{OH} - \overrightarrow{OD} = 2\vec{c} - \frac{1}{3}\vec{a}. \end{cases}$$

$$\therefore \quad \overrightarrow{DG} = \frac{2}{5}\overrightarrow{DH}.$$

また，

$$\begin{cases} \overrightarrow{EF} = \overrightarrow{OF} - \overrightarrow{OE} = \left(\frac{1}{3}\vec{b} + \frac{2}{3}\vec{c}\right) - \frac{1}{2}\vec{b} = \frac{2}{3}\vec{c} - \frac{1}{6}\vec{b}, \\ \overrightarrow{EH} = \overrightarrow{OH} - \overrightarrow{OE} = 2\vec{c} - \frac{1}{2}\vec{b}. \end{cases}$$

$$\therefore \quad \overrightarrow{EF} = \frac{1}{3}\overrightarrow{EH}.$$

よって，

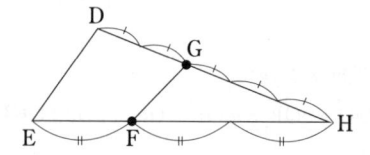

ここで，四面体 PQRS の体積を，V_{PQRS} と表すことにする．

$$\begin{cases} \dfrac{V_{ODEH}}{V_{OABC}} = \dfrac{OD}{OA} \cdot \dfrac{OE}{OB} \cdot \dfrac{OH}{OC} = \dfrac{1}{3} \cdot \dfrac{1}{2} \cdot \dfrac{2}{1} = \dfrac{1}{3}, \\ \dfrac{V_{CFGH}}{V_{ODEH}} = \dfrac{HC}{HO} \cdot \dfrac{HF}{HE} \cdot \dfrac{HG}{HD} = \dfrac{1}{2} \cdot \dfrac{2}{3} \cdot \dfrac{3}{5} = \dfrac{1}{5}. \end{cases}$$

$$\therefore \quad \begin{cases} V_{ODEH} = \dfrac{1}{3} V_{OABC}, \\ V_{CFGH} = \dfrac{1}{5} V_{ODEH} = \dfrac{1}{5} \cdot \dfrac{1}{3} V_{OABC}. \end{cases}$$

よって，四面体 OABC を平面 α で分割するとき，O を含む側の立体の体積は，

$$V_{ODEH} - V_{CFGH} = \frac{1}{3}V_{OABC} - \frac{1}{5} \cdot \frac{1}{3}V_{OABC} = \frac{4}{15}V_{OABC}.$$

したがって，求める体積比は，

$$\frac{4}{15}V_{OABC} : \left(1 - \frac{4}{15}\right)V_{OABC} = \mathbf{4 : 11}.$$

[参考] (2)はメネラウスの定理を用いてもよいでしょう．

H は直線 OC と直線 EF の交点だから，メネラウスの定理より，

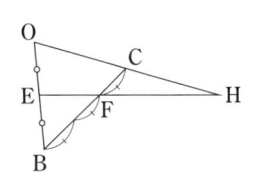

$$\frac{OE}{EB} \cdot \frac{BF}{FC} \cdot \frac{CH}{HO} = 1.$$

$$\therefore \quad \frac{1}{1} \cdot \frac{2}{1} \cdot \frac{CH}{HO} = 1.$$

$$\therefore \quad \frac{CH}{HO} = \frac{1}{2}.$$

$$\therefore \quad OC : CH = 1 : 1.$$

141.

[解法メモ]

点 N についての情報は，

$$\begin{cases} 辺 BC 上にあること, \\ \angle LMN = 90° であること \end{cases}$$

の2つです．これらを表現するのに

$$\begin{cases} \overrightarrow{ON} = (1-t)\overrightarrow{OB} + t\overrightarrow{OC}, \\ \overrightarrow{ML} \cdot \overrightarrow{MN} = 0 \end{cases}$$

とベクトルを用いる気になりましたか？

その気になりさえすれば，あとは，一辺の長さ 1 の正四面体 OABC ですから，

$$\begin{cases} |\overrightarrow{OA}| = |\overrightarrow{OB}| = |\overrightarrow{OC}| = 1, \\ \overrightarrow{OA} \cdot \overrightarrow{OB} = \overrightarrow{OB} \cdot \overrightarrow{OC} = \overrightarrow{OC} \cdot \overrightarrow{OA} = 1 \cdot 1 \cdot \cos 60° \end{cases}$$

を使って…

【解答】

(1) $\overrightarrow{OA} = \vec{a}$, $\overrightarrow{OB} = \vec{b}$, $\overrightarrow{OC} = \vec{c}$ とおくと，四面体 OABC は一辺の長さが 1 の正四面体だから，

$$\begin{cases} |\vec{a}| = |\vec{b}| = |\vec{c}| = 1, \\ \vec{a} \cdot \vec{b} = \vec{b} \cdot \vec{c} = \vec{c} \cdot \vec{a} = 1 \cdot 1 \cdot \cos 60° = \frac{1}{2}. \end{cases} \quad \cdots ①$$

また，与条件より，

$$\begin{cases} \overrightarrow{OL} = \frac{1}{3}\vec{a}, \\ \overrightarrow{OM} = \frac{2}{3}\vec{b}, \\ \overrightarrow{ON} = (1-t)\vec{b} + t\vec{c} \quad (t は実数) \end{cases}$$

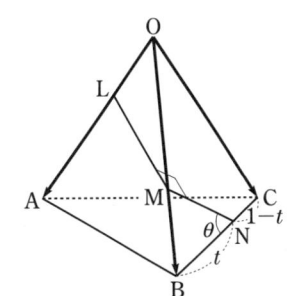

とおけるから，

$$\begin{cases} \overrightarrow{ML}=\overrightarrow{OL}-\overrightarrow{OM}=\dfrac{1}{3}\vec{a}-\dfrac{2}{3}\vec{b}, \\ \overrightarrow{MN}=\overrightarrow{ON}-\overrightarrow{OM}=\left(\dfrac{1}{3}-t\right)\vec{b}+t\vec{c}. \end{cases}$$

∠LMN が直角であるから,

$$0=\overrightarrow{ML}\cdot\overrightarrow{MN}=\left(\dfrac{1}{3}\vec{a}-\dfrac{2}{3}\vec{b}\right)\cdot\left\{\left(\dfrac{1}{3}-t\right)\vec{b}+t\vec{c}\right\}$$

$$=\dfrac{1}{3}\left(\dfrac{1}{3}-t\right)\vec{a}\cdot\vec{b}+\dfrac{t}{3}\vec{c}\cdot\vec{a}-\dfrac{2}{3}\left(\dfrac{1}{3}-t\right)|\vec{b}|^2-\dfrac{2}{3}t\vec{b}\cdot\vec{c}$$

$$=\dfrac{1}{6}\left(\dfrac{1}{3}-t\right)+\dfrac{t}{6}-\dfrac{2}{3}\left(\dfrac{1}{3}-t\right)-\dfrac{1}{3}t \quad (\because ①)$$

$$=\dfrac{t}{3}-\dfrac{1}{6}.$$

$$\therefore\ t=\dfrac{1}{2}. \qquad \therefore\ \overrightarrow{ON}=\dfrac{1}{2}(\vec{b}+\vec{c}).$$

よって, N は辺 BC の中点であるから,

BN : NC = 1 : 1.

(2) (1)の結果から,

$$\overrightarrow{NM}=\overrightarrow{OM}-\overrightarrow{ON}=\dfrac{1}{6}\vec{b}-\dfrac{1}{2}\vec{c}=\dfrac{1}{6}(\vec{b}-3\vec{c}).$$

$$\therefore\ |\overrightarrow{NM}|^2=\dfrac{1}{36}|\vec{b}-3\vec{c}|^2=\dfrac{1}{36}\{|\vec{b}|^2-6\vec{b}\cdot\vec{c}+9|\vec{c}|^2\}$$

$$=\dfrac{7}{36}. \quad (\because ①)$$

$$\therefore\ |\overrightarrow{NM}|=\dfrac{\sqrt{7}}{6}.$$

また,

$$|\overrightarrow{NB}|=\dfrac{1}{2}|\overrightarrow{CB}|=\dfrac{1}{2},\ \ |\overrightarrow{MB}|=\dfrac{1}{3}|\overrightarrow{OB}|=\dfrac{1}{3}.$$

三角形 MNB に余弦定理を用いて,

$$\cos\angle MNB=\dfrac{MN^2+NB^2-BM^2}{2\cdot MN\cdot NB}=\dfrac{\dfrac{7}{36}+\dfrac{1}{4}-\dfrac{1}{9}}{2\cdot\dfrac{\sqrt{7}}{6}\cdot\dfrac{1}{2}}$$

$$=\dfrac{2}{7}\sqrt{7}.$$

[(2)の別解]

(その1)

最後で，余弦定理を用いる代わりに，
$$\overrightarrow{NM} \cdot \overrightarrow{NB} = \left\{\frac{1}{6}(\vec{b}-3\vec{c})\right\} \cdot \left\{\frac{1}{2}(\vec{b}-\vec{c})\right\}$$
$$= \frac{1}{12}\{|\vec{b}|^2 - 4\vec{b}\cdot\vec{c} + 3|\vec{c}|^2\} = \frac{1}{6} \quad (\because \ ①),$$

$$\cos\angle MNB = \frac{\overrightarrow{NM}\cdot\overrightarrow{NB}}{|\overrightarrow{NM}||\overrightarrow{NB}|} = \frac{\left(\frac{1}{6}\right)}{\frac{\sqrt{7}}{6}\cdot\frac{1}{2}} = \frac{2}{7}\sqrt{7}.$$

(その2)

与条件と(1)の結果から，
  $BM = 2k$, $BN = 3k$ $(k>0)$
とおけて，余弦定理より
  $MN^2 = (2k)^2 + (3k)^2 - 2\cdot 2k\cdot 3k\cdot\cos 60° = 7k^2$.
  $\therefore$ $MN = \sqrt{7}\,k$.

これと正弦定理 $\dfrac{MN}{\sin 60°} = \dfrac{BM}{\sin\angle MNB}$ から，
$$\frac{\sqrt{7}\,k}{\left(\frac{\sqrt{3}}{2}\right)} = \frac{2k}{\sin\angle MNB}$$

$\therefore$ $\sin\angle MNB = \sqrt{\dfrac{3}{7}}$.

$\therefore$ $\cos\angle MNB = \sqrt{1-\left(\sqrt{\dfrac{3}{7}}\right)^2}$
$= \dfrac{2}{7}\sqrt{7}$.

142.

解法メモ

外心を P とすると，P は三角形 ABC を含む平面 ABC 上にあるから，
$$\overrightarrow{AP} = \alpha\overrightarrow{AB} + \beta\overrightarrow{AC}$$
と書けます．未知数が α, β の2個だから，P に関する情報を2つ集めればよいのですが…

「Pが三角形ABCの外心」⇒ $|\overrightarrow{AP}|=|\overrightarrow{BP}|=|\overrightarrow{CP}|$
でα, βに関する方程式が2本できて，オシマイ．

【解答】

$$\overrightarrow{AB}=\begin{pmatrix}-2\\3\\1\end{pmatrix}, \quad \overrightarrow{AC}=\begin{pmatrix}1\\-3\\-2\end{pmatrix},$$

$$|\overrightarrow{AB}|=|\overrightarrow{AC}|=\sqrt{14}, \quad \overrightarrow{AB}\cdot\overrightarrow{AC}=-13. \quad \cdots ①$$

三角形ABCの外心をPとすると，Pは平面ABC上にあるから，
$$\overrightarrow{AP}=\alpha\overrightarrow{AB}+\beta\overrightarrow{AC} \quad (\alpha, \beta\text{は実数}) \quad \cdots ②$$

とおける．

$\overrightarrow{BP}=\overrightarrow{AP}-\overrightarrow{AB}, \overrightarrow{CP}=\overrightarrow{AP}-\overrightarrow{AC}$ から，

$$\begin{cases}|\overrightarrow{BP}|^2=|\overrightarrow{AP}-\overrightarrow{AB}|^2=|\overrightarrow{AP}|^2-2\overrightarrow{AP}\cdot\overrightarrow{AB}+|\overrightarrow{AB}|^2,\\ |\overrightarrow{CP}|^2=|\overrightarrow{AP}-\overrightarrow{AC}|^2=|\overrightarrow{AP}|^2-2\overrightarrow{AP}\cdot\overrightarrow{AC}+|\overrightarrow{AC}|^2\end{cases}$$

ゆえ，

$$|\overrightarrow{AP}|=|\overrightarrow{BP}|=|\overrightarrow{CP}|$$
$$\Longleftrightarrow |\overrightarrow{AP}|^2=|\overrightarrow{BP}|^2=|\overrightarrow{CP}|^2$$
$$\Longleftrightarrow 0=-2\overrightarrow{AP}\cdot\overrightarrow{AB}+|\overrightarrow{AB}|^2=-2\overrightarrow{AP}\cdot\overrightarrow{AC}+|\overrightarrow{AC}|^2$$
$$\Longleftrightarrow \begin{cases}2\overrightarrow{AP}\cdot\overrightarrow{AB}=|\overrightarrow{AB}|^2,\\ 2\overrightarrow{AP}\cdot\overrightarrow{AC}=|\overrightarrow{AC}|^2\end{cases}$$
$$\Longleftrightarrow \begin{cases}2(\alpha\overrightarrow{AB}+\beta\overrightarrow{AC})\cdot\overrightarrow{AB}=14,\\ 2(\alpha\overrightarrow{AB}+\beta\overrightarrow{AC})\cdot\overrightarrow{AC}=14\end{cases} \quad (\because ①, ②)$$
$$\Longleftrightarrow \begin{cases}\alpha|\overrightarrow{AB}|^2+\beta\overrightarrow{AC}\cdot\overrightarrow{AB}=7,\\ \alpha\overrightarrow{AB}\cdot\overrightarrow{AC}+\beta|\overrightarrow{AC}|^2=7\end{cases}$$
$$\Longleftrightarrow \begin{cases}14\alpha-13\beta=7,\\ -13\alpha+14\beta=7\end{cases} \quad (\because ①)$$
$$\Longleftrightarrow \alpha=\beta=7.$$

∴ $\overrightarrow{OP}=\overrightarrow{OA}+\overrightarrow{AP}=\overrightarrow{OA}+7(\overrightarrow{AB}+\overrightarrow{AC})$

$$=\begin{pmatrix}4\\-1\\2\end{pmatrix}+7\begin{pmatrix}-2+1\\3-3\\1-2\end{pmatrix}=\begin{pmatrix}-3\\-1\\-5\end{pmatrix}.$$

∴ **P$(-3, -1, -5)$**.

143.

解法メモ

(3)の空間イメージはつかめましたか？

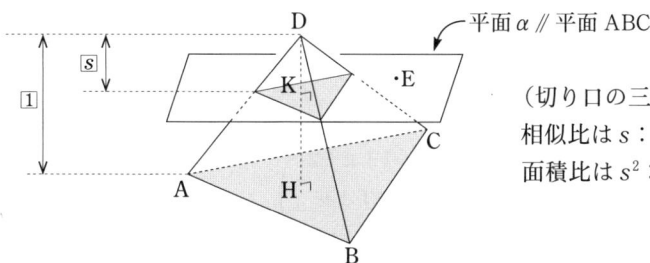

平面 α ∥ 平面 ABC

（切り口の三角形）∽ △ABC,
相似比は $s:1=$DK$:$DH,
面積比は $s^2:1^2$.

【解答】

$$\begin{cases} \overrightarrow{AB}=\overrightarrow{OB}-\overrightarrow{OA}=\begin{pmatrix}2\\1\\4\end{pmatrix}-\begin{pmatrix}1\\1\\2\end{pmatrix}=\begin{pmatrix}1\\0\\2\end{pmatrix}. \\ \overrightarrow{AC}=\overrightarrow{OC}-\overrightarrow{OA}=\begin{pmatrix}3\\2\\2\end{pmatrix}-\begin{pmatrix}1\\1\\2\end{pmatrix}=\begin{pmatrix}2\\1\\0\end{pmatrix} \end{cases}$$

ゆえ，$\overrightarrow{AB} \not\parallel \overrightarrow{AC}$.

(1)

$$\begin{cases} |\overrightarrow{AB}|^2=1^2+0^2+2^2=5, \\ |\overrightarrow{AC}|^2=2^2+1^2+0^2=5, \\ \overrightarrow{AB}\cdot\overrightarrow{AC}=1\cdot2+0\cdot1+2\cdot0=2 \end{cases}$$

ゆえ，

$$\triangle \mathbf{ABC}=\frac{1}{2}\sqrt{|\overrightarrow{AB}|^2|\overrightarrow{AC}|^2-(\overrightarrow{AB}\cdot\overrightarrow{AC})^2}$$
$$=\frac{1}{2}\sqrt{5\cdot5-2^2}$$
$$=\frac{\sqrt{21}}{2}.$$

(2) H は平面 ABC 上ゆえ，
$$\overrightarrow{OH}=\overrightarrow{OA}+u\overrightarrow{AB}+v\overrightarrow{AC} \quad (u,\ v は実数)$$
$$=\begin{pmatrix}1\\1\\2\end{pmatrix}+u\begin{pmatrix}1\\0\\2\end{pmatrix}+v\begin{pmatrix}2\\1\\0\end{pmatrix}$$

$$= \begin{pmatrix} 1+u+2v \\ 1+v \\ 2+2u \end{pmatrix}$$

と表せるから,

$$\overrightarrow{DH} = \overrightarrow{OH} - \overrightarrow{OD} = \begin{pmatrix} 1+u+2v \\ 1+v \\ 2+2u \end{pmatrix} - \begin{pmatrix} 2 \\ 7 \\ 1 \end{pmatrix}$$

$$= \begin{pmatrix} -1+u+2v \\ -6+v \\ 1+2u \end{pmatrix}.$$

ここで, $\overrightarrow{DH} \perp$ (平面 ABC) ゆえ,

$$\overrightarrow{DH} \perp \overrightarrow{AB}, \quad \overrightarrow{DH} \perp \overrightarrow{AC}.$$

$$\therefore \quad \overrightarrow{AB} \cdot \overrightarrow{DH} = 0, \quad \overrightarrow{AC} \cdot \overrightarrow{DH} = 0.$$

$$\therefore \begin{cases} \begin{pmatrix} 1 \\ 0 \\ 2 \end{pmatrix} \cdot \begin{pmatrix} -1+u+2v \\ -6+v \\ 1+2u \end{pmatrix} = 0, \\ \begin{pmatrix} 2 \\ 1 \\ 0 \end{pmatrix} \cdot \begin{pmatrix} -1+u+2v \\ -6+v \\ 1+2u \end{pmatrix} = 0. \end{cases}$$

$$\therefore \begin{cases} 1 \cdot (-1+u+2v) + 0 \cdot (-6+v) + 2 \cdot (1+2u) = 0, \\ 2 \cdot (-1+u+2v) + 1 \cdot (-6+v) + 0 \cdot (1+2u) = 0. \end{cases}$$

$$\therefore \begin{cases} 5u+2v+1=0, \\ 2u+5v-8=0. \end{cases}$$

これを解いて, $(u, v) = (-1, 2)$.

$$\therefore \quad \overrightarrow{OH} = \begin{pmatrix} 1+(-1)+2 \cdot 2 \\ 1+2 \\ 2+2 \cdot (-1) \end{pmatrix} = \begin{pmatrix} 4 \\ 3 \\ 0 \end{pmatrix}.$$

$$\therefore \quad H(4, 3, 0).$$

(3) (その 1)

直線 DH と平面 α の交点を K とすると,

$$\overrightarrow{DK} = k\overrightarrow{DH} \quad (k \text{ は実数})$$

$$= k \begin{pmatrix} 4-2 \\ 3-7 \\ 0-1 \end{pmatrix} = k \begin{pmatrix} 2 \\ -4 \\ -1 \end{pmatrix}$$

と表せて,
$$\vec{EK} = \vec{DK} - \vec{DE} = k\vec{DH} - (\vec{OE} - \vec{OD})$$
$$= k\begin{pmatrix} 2 \\ -4 \\ -1 \end{pmatrix} - \begin{pmatrix} 3-2 \\ 4-7 \\ 3-1 \end{pmatrix}$$
$$= \begin{pmatrix} 2k-1 \\ -4k+3 \\ -k-2 \end{pmatrix}.$$

$\vec{EK} \perp \vec{DH}$ ゆえ, $\vec{EK} \cdot \vec{DH} = 0$.

$$\therefore \begin{pmatrix} 2k-1 \\ -4k+3 \\ -k-2 \end{pmatrix} \cdot \begin{pmatrix} 2 \\ -4 \\ -1 \end{pmatrix} = 0.$$

$\therefore (2k-1)\cdot 2 + (-4k+3)(-4) + (-k-2)(-1) = 0.$

$\therefore 21k - 12 = 0.$ $\therefore k = \dfrac{4}{7}.$ $\therefore \vec{DK} = \dfrac{4}{7}\vec{DH}.$

ここで, $0 < k < 1$ ゆえ, 線分 DH と平面 α は交わり, したがって, 平面 α は四面体 ABCD を切り, その切り口の図形は三角形 ABC に相似で, その相似比は $4:7$, 面積比は $4^2:7^2$ である.

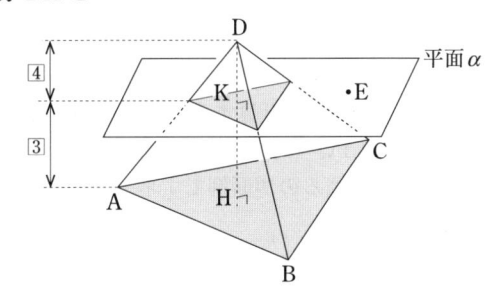

よって, 求める切り口の面積は,
$$\dfrac{4^2}{7^2} \cdot \triangle ABC = \dfrac{16}{49} \cdot \dfrac{\sqrt{21}}{2}$$
$$= \dfrac{8}{49}\sqrt{21}.$$

(その 2)

E から平面 ABC に下ろした垂線の足を L とすると,
$$\vec{EL} = s\vec{DH} = s\begin{pmatrix} 4-2 \\ 3-7 \\ 0-1 \end{pmatrix} = s\begin{pmatrix} 2 \\ -4 \\ -1 \end{pmatrix} \quad (s \text{ は実数}),$$

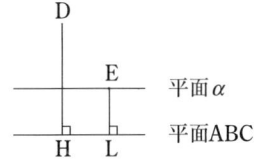

$$\overrightarrow{AL} = \overrightarrow{AE} + \overrightarrow{EL} = \begin{pmatrix} 3-1 \\ 4-1 \\ 3-2 \end{pmatrix} + s\begin{pmatrix} 2 \\ -4 \\ -1 \end{pmatrix} = \begin{pmatrix} 2+2s \\ 3-4s \\ 1-s \end{pmatrix}$$

とおけて，$\overrightarrow{AL} \perp \overrightarrow{DH}$ から，

$$0 = \overrightarrow{AL} \cdot \overrightarrow{DH}$$
$$= \begin{pmatrix} 2+2s \\ 3-4s \\ 1-s \end{pmatrix} \cdot \begin{pmatrix} 2 \\ -4 \\ -1 \end{pmatrix}$$
$$= 21s - 9.$$

$\therefore\ s = \dfrac{3}{7}.$

$\therefore\ \overrightarrow{EL} = \dfrac{3}{7}\overrightarrow{DH}.$

（以下，（その1）と同様）

144.

解法メモ

l_1, l_2 上の点 P, Q が媒介変数表示されていますから，(2)では，素朴に2点間距離の2乗 PQ^2 を計算する方が論述が楽でしょう．（PQ が最小となるとき，$l_1 \perp PQ$, $l_2 \perp PQ$ となることを用いてもよいけれど，それは何故？ と聞かれたらキチンと答えるのが面倒ですネ．）

【解答】

(1) H は l_1 上にあるから，

$$H(1+h,\ 1+h,\ -h) \quad (h\ は実数)$$

とおける．

$$\therefore\ \overrightarrow{AH} = \overrightarrow{OH} - \overrightarrow{OA} = \begin{pmatrix} (1+h)-(-1) \\ (1+h)-1 \\ -h-(-2) \end{pmatrix} = \begin{pmatrix} 2+h \\ h \\ 2-h \end{pmatrix}.$$

$\overrightarrow{AH} \perp l_1$ より，

$$0 = \overrightarrow{AH} \cdot \begin{pmatrix} 1 \\ 1 \\ -1 \end{pmatrix} = \begin{pmatrix} 2+h \\ h \\ 2-h \end{pmatrix} \cdot \begin{pmatrix} 1 \\ 1 \\ -1 \end{pmatrix} = 3h. \quad \therefore\ h = 0.$$

$$\therefore\ H(1,\ 1,\ 0).$$

(2) l_1, l_2 上にそれぞれ P, Q をとるとき，

$$\begin{cases} \overrightarrow{OP} = \begin{pmatrix} 1 \\ 1 \\ 0 \end{pmatrix} + s\begin{pmatrix} 1 \\ 1 \\ -1 \end{pmatrix} = \begin{pmatrix} 1+s \\ 1+s \\ -s \end{pmatrix}, \\ \overrightarrow{OQ} = \begin{pmatrix} -1 \\ 1 \\ -2 \end{pmatrix} + t\begin{pmatrix} 0 \\ -2 \\ 1 \end{pmatrix} = \begin{pmatrix} -1 \\ 1-2t \\ -2+t \end{pmatrix} \end{cases}$$

と表せるから,

$$\overrightarrow{PQ} = \overrightarrow{OQ} - \overrightarrow{OP} = \begin{pmatrix} (-1)-(1+s) \\ (1-2t)-(1+s) \\ (-2+t)-(-s) \end{pmatrix} = \begin{pmatrix} -2-s \\ -2t-s \\ -2+t+s \end{pmatrix}.$$

$$\therefore\ |\overrightarrow{PQ}|^2 = (-2-s)^2 + (-2t-s)^2 + (-2+t+s)^2$$
$$= 3s^2 + 6ts + 5t^2 - 4t + 8$$
$$= 3(s+t)^2 + 2(t-1)^2 + 6$$
$$\geq 6. \quad \left(\begin{array}{l}\text{等号成立は, } s+t=0,\ t-1=0 \text{ のとき,} \\ \text{すなわち, } s=-1,\ t=1 \text{ のとき.}\end{array}\right)$$

よって,求める最小値は,

$$\sqrt{6}.$$

145.

解法メモ

　素朴に QR² を計算していけばいいのですが,k や a の値による場合分けが必要となることに気が付きましたか?

　答案に図は特に要りませんが,見取図を書いておきます.

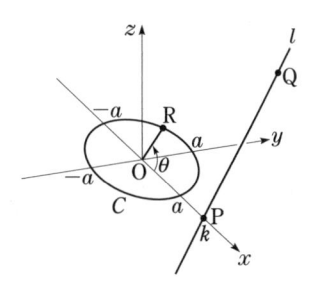

【解答】

　Q は l 上にあるから,実数 t を用いて,

$$\overrightarrow{OQ} = \overrightarrow{OP} + t\vec{d} = \begin{pmatrix} k \\ 0 \\ 0 \end{pmatrix} + t\begin{pmatrix} 0 \\ 1 \\ \sqrt{3} \end{pmatrix} = \begin{pmatrix} k \\ t \\ \sqrt{3}\,t \end{pmatrix},$$

すなわち，Q$(k, t, \sqrt{3}\,t)$ と書ける．

また，R$(a\cos\theta, a\sin\theta, 0)$ $(0°\leq\theta<360°)$ であるから，

$$\begin{aligned}
QR^2 &= (a\cos\theta-k)^2+(a\sin\theta-t)^2+(0-\sqrt{3}\,t)^2\\
&= 4t^2-(2a\sin\theta)t+a^2-2ak\cos\theta+k^2\\
&= 4\left(t-\frac{a\sin\theta}{4}\right)^2-\frac{a^2}{4}\sin^2\theta+a^2-2ak\cos\theta+k^2\\
&= 4\left(t-\frac{a\sin\theta}{4}\right)^2+\frac{a^2}{4}\cos^2\theta-2ak\cos\theta+k^2+\frac{3}{4}a^2\\
&= 4\left(t-\frac{a\sin\theta}{4}\right)^2+\frac{a^2}{4}\left(\cos\theta-\frac{4}{a}k\right)^2-3k^2+\frac{3}{4}a^2.
\end{aligned}$$

(i) $\dfrac{4}{a}k<-1$，すなわち，$k<-\dfrac{a}{4}$ のとき，

$$\begin{aligned}
QR^2 &\geq a^2+2ak+k^2\\
&= (a+k)^2.
\end{aligned}$$
$\left(\begin{array}{l}\text{等号成立は，}t=\dfrac{a\sin\theta}{4},\ \cos\theta=-1,\\ \text{すなわち，}\theta=180°,\ t=0\ \text{のとき．}\end{array}\right)$

∴ QR$\geq|a+k|$．（等号成立は，Q$(k,0,0)$，R$(-a,0,0)$ のとき．）

(ii) $-1\leq\dfrac{4}{a}k\leq 1$，すなわち，$-\dfrac{a}{4}\leq k\leq\dfrac{a}{4}$ のとき，

$$QR^2\geq -3k^2+\frac{3}{4}a^2.$$
$\left(\begin{array}{l}\text{等号成立は，}t=\dfrac{a\sin\theta}{4},\ \cos\theta=\dfrac{4}{a}k\\ \text{のとき．}\end{array}\right)$

∴ QR$\geq\dfrac{\sqrt{3}}{2}\sqrt{a^2-4k^2}$．

$\left(\begin{array}{l}\text{等号成立は，}\\ Q\left(k,\ \dfrac{a\sin\theta}{4},\ \dfrac{\sqrt{3}}{4}a\sin\theta\right)=\left(k,\ \pm\dfrac{1}{4}\sqrt{a^2-16k^2},\ \pm\dfrac{\sqrt{3}}{4}\sqrt{a^2-16k^2}\right),\\ R(4k,\ \pm\sqrt{a^2-16k^2},\ 0)\ \text{(複号同順)のとき．}\end{array}\right)$

(iii) $1<\dfrac{4}{a}k$，すなわち，$k>\dfrac{a}{4}$ のとき，

$$\begin{aligned}
QR^2 &\geq a^2-2ak+k^2\\
&= (a-k)^2.
\end{aligned}$$
$\left(\begin{array}{l}\text{等号成立は，}t=\dfrac{a\sin\theta}{4},\ \cos\theta=1,\\ \text{すなわち，}\theta=0°,\ t=0\ \text{のとき．}\end{array}\right)$

∴ QR$\geq|a-k|$．（等号成立は，Q$(k,0,0)$，R$(a,0,0)$ のとき．）

以上より，求める最小値は，

$$\begin{cases} k < -\dfrac{a}{4} \text{ のとき，} |a+k|, \\ -\dfrac{a}{4} \leq k \leq \dfrac{a}{4} \text{ のとき，} \dfrac{\sqrt{3}}{2}\sqrt{a^2-4k^2}, \\ \dfrac{a}{4} < k \text{ のとき，} |a-k|. \end{cases}$$

146.

[解法メモ]
折れ線の長さの最小値は，平面 α に関する C の対称点をとって考えます．

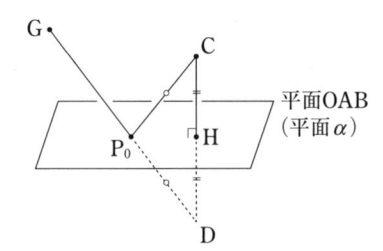

【解答】

(1) 与条件から，

$$\left.\begin{array}{l} |\vec{a}|=2,\ |\vec{b}|=\sqrt{2},\ |\vec{c}|=1, \\ \vec{a}\cdot\vec{b}=0, \\ \vec{b}\cdot\vec{c}=\sqrt{2}\cdot 1\cdot\cos\dfrac{\pi}{4}=1, \\ \vec{c}\cdot\vec{a}=1\cdot 2\cdot\cos\dfrac{\pi}{3}=1. \end{array}\right\} \cdots ①$$

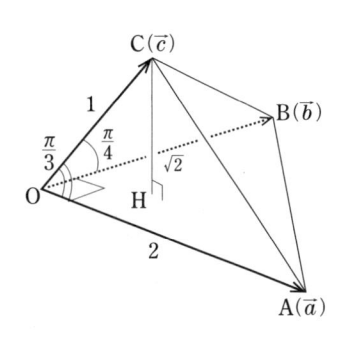

H は平面 α（平面 OAB）上にあるから，

$$\overrightarrow{OH}=s\vec{a}+t\vec{b} \qquad \cdots ②$$

と表せる．

$$\therefore\ \overrightarrow{CH}=\overrightarrow{OH}-\overrightarrow{OC}=s\vec{a}+t\vec{b}-\vec{c}.$$

ここで，CH⊥α ゆえ，
$$\overrightarrow{CH} \perp \vec{a}, \quad \overrightarrow{CH} \perp \vec{b}.$$
したがって，$\overrightarrow{CH} \cdot \vec{a} = 0, \quad \overrightarrow{CH} \cdot \vec{b} = 0.$

$$\therefore \quad \begin{cases} (s\vec{a} + t\vec{b} - \vec{c}) \cdot \vec{a} = 0, \\ (s\vec{a} + t\vec{b} - \vec{c}) \cdot \vec{b} = 0. \end{cases}$$

$$\therefore \quad \begin{cases} s|\vec{a}|^2 + t\vec{a} \cdot \vec{b} - \vec{c} \cdot \vec{a} = 0, \\ s\vec{a} \cdot \vec{b} + t|\vec{b}|^2 - \vec{b} \cdot \vec{c} = 0. \end{cases}$$

これに①を代入して，
$$4s - 1 = 0, \quad 2t - 1 = 0.$$
$$\therefore \quad (s, t) = \left(\frac{1}{4}, \frac{1}{2}\right).$$

これを②へ代入して，
$$\overrightarrow{OH} = \frac{1}{4}\vec{a} + \frac{1}{2}\vec{b}.$$

また，線分 CD の中点が H だから，
$$\overrightarrow{OH} = \frac{1}{2}(\overrightarrow{OC} + \overrightarrow{OD}).$$

$$\therefore \quad \overrightarrow{OD} = 2\overrightarrow{OH} - \overrightarrow{OC}$$
$$= 2\left(\frac{1}{4}\vec{a} + \frac{1}{2}\vec{b}\right) - \vec{c}$$
$$= \frac{1}{2}\vec{a} + \vec{b} - \vec{c}.$$

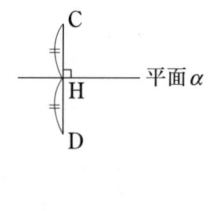

(2) $\triangle OAB = \frac{1}{2} \cdot OA \cdot OB \cdot \sin\frac{\pi}{2} = \frac{1}{2} \cdot 2 \cdot \sqrt{2} \cdot 1 = \sqrt{2}.$

また，$\overrightarrow{CH} = \frac{1}{4}\vec{a} + \frac{1}{2}\vec{b} - \vec{c}$ ゆえ，

$$|\overrightarrow{CH}|^2 = \left|\frac{1}{4}\vec{a} + \frac{1}{2}\vec{b} - \vec{c}\right|^2$$
$$= \frac{1}{16}|\vec{a}|^2 + \frac{1}{4}|\vec{b}|^2 + |\vec{c}|^2 + 2 \cdot \frac{1}{4} \cdot \frac{1}{2}\vec{a} \cdot \vec{b} - 2 \cdot \frac{1}{2}\vec{b} \cdot \vec{c} - 2 \cdot \frac{1}{4}\vec{c} \cdot \vec{a}$$
$$= \frac{1}{16} \cdot 2^2 + \frac{1}{4} \cdot (\sqrt{2})^2 + 1^2 + 0 - 1 - \frac{1}{2} \cdot 1 \quad (\because \; ①)$$
$$= \frac{1}{4}.$$

$$\therefore \quad |\overrightarrow{CH}| = \frac{1}{2}.$$

よって，求める四面体 OABC の体積は，
$$\frac{1}{3}\cdot\triangle\text{OAB}\cdot\text{CH}=\frac{1}{3}\cdot\sqrt{2}\cdot\frac{1}{2}$$
$$=\frac{\sqrt{2}}{6}.$$

(3) G は，三角形 ABC の重心だから，
$$\overrightarrow{\text{OG}}=\frac{1}{3}(\overrightarrow{\text{OA}}+\overrightarrow{\text{OB}}+\overrightarrow{\text{OC}})=\frac{1}{3}(\vec{a}+\vec{b}+\vec{c}).$$ 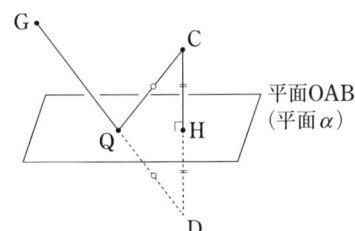
直線 GD と平面 α の交点を Q とおく．
Q は直線 GD 上ゆえ，
$$\overrightarrow{\text{OQ}}=(1-u)\overrightarrow{\text{OG}}+u\overrightarrow{\text{OD}} \quad (u\text{ は実数})$$
$$=\frac{1-u}{3}(\vec{a}+\vec{b}+\vec{c})+u\left(\frac{1}{2}\vec{a}+\vec{b}-\vec{c}\right)$$
$$=\frac{2+u}{6}\vec{a}+\frac{1+2u}{3}\vec{b}+\frac{1-4u}{3}\vec{c} \qquad \cdots ③$$

と表せる．
また，Q は平面 α（平面 OAB）上ゆえ，
$$\overrightarrow{\text{OQ}}=x\overrightarrow{\text{OA}}+y\overrightarrow{\text{OB}} \quad (x, y\text{ は実数})$$
$$=x\vec{a}+y\vec{b} \qquad \cdots ④$$

と表せる．
ここで，$\vec{a}$，$\vec{b}$，$\vec{c}$ は一次独立ゆえ，③,④の係数を比較して，
$$\begin{cases} \dfrac{2+u}{6}=x, \\ \dfrac{1+2u}{3}=y, \\ \dfrac{1-4u}{3}=0. \end{cases}$$

これを解いて，$(u, x, y)=\left(\dfrac{1}{4}, \dfrac{3}{8}, \dfrac{1}{2}\right)$.

$$\therefore \overrightarrow{\text{OQ}}=\frac{3}{8}\vec{a}+\frac{1}{2}\vec{b}.$$

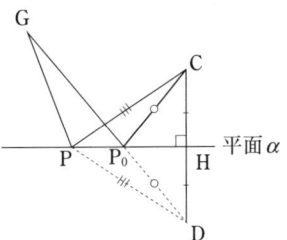

ここで，平面 α 上の任意の点 P に対して，
$$\text{CP}=\text{DP}$$
ゆえ，
$$\text{CP}+\text{PG}=\text{DP}+\text{PG}$$
$$\geq \text{DG}. \quad \begin{pmatrix}\text{等号成立は，D, P, G が}\\ \text{同一直線上に並ぶときで，}\\ \text{このとき，P=Q.}\end{pmatrix}$$

したがって，CP＋PG が最小となるのは P＝Q のときだから，$P_0=Q$.

$$\therefore \overrightarrow{OP_0}=\overrightarrow{OQ}$$
$$=\frac{3}{8}\vec{a}+\frac{1}{2}\vec{b}.$$

また，
$$\overrightarrow{DG}=\overrightarrow{OG}-\overrightarrow{OD}=\frac{1}{3}(\vec{a}+\vec{b}+\vec{c})-\left(\frac{1}{2}\vec{a}+\vec{b}-\vec{c}\right)$$
$$=-\frac{1}{6}\vec{a}-\frac{2}{3}\vec{b}+\frac{4}{3}\vec{c}.$$

$\therefore |\overrightarrow{DG}|^2=\left|-\frac{1}{6}\vec{a}-\frac{2}{3}\vec{b}+\frac{4}{3}\vec{c}\right|^2$
$$=\frac{1}{36}|\vec{a}|^2+\frac{4}{9}|\vec{b}|^2+\frac{16}{9}|\vec{c}|^2+2\cdot\frac{1}{6}\cdot\frac{2}{3}\vec{a}\cdot\vec{b}-2\cdot\frac{2}{3}\cdot\frac{4}{3}\vec{b}\cdot\vec{c}$$
$$-2\cdot\frac{1}{6}\cdot\frac{4}{3}\vec{c}\cdot\vec{a}$$
$$=\frac{1}{36}\cdot 2^2+\frac{4}{9}\cdot(\sqrt{2})^2+\frac{16}{9}\cdot 1^2+0-\frac{16}{9}\cdot 1-\frac{4}{9}\cdot 1 \quad (\because \;①)$$
$$=\frac{5}{9}.$$

よって，
$$CP_0+P_0G=|\overrightarrow{DG}|$$
$$=\frac{\sqrt{5}}{3}.$$

147.

解法メモ

(1) ベクトルの世界で解くなら，
$$|\overrightarrow{PQ}|=(一定)$$
をみたす点 Q が存在することを示すことを目指せばよいし，$P(x, y, z)$ とおいて考えるなら
$$PQ^2=(x-\bigcirc)^2+(y-\square)^2+(z-\triangle)^2=(一定)$$
をみたす点 $(\bigcirc, \square, \triangle)$ が存在することを示せばよい．

【解答】

(1) 与条件より，
$$\overrightarrow{AP}\cdot(\overrightarrow{BP}+2\overrightarrow{CP})=0$$

$$\iff \overrightarrow{AP} \cdot \{(\overrightarrow{AP}-\overrightarrow{AB})+2(\overrightarrow{AP}-\overrightarrow{AC})\}=0$$
$$\iff 3|\overrightarrow{AP}|^2-(\overrightarrow{AB}+2\overrightarrow{AC})\cdot\overrightarrow{AP}=0$$
$$\iff |\overrightarrow{AP}|^2-\left(\frac{\overrightarrow{AB}+2\overrightarrow{AC}}{3}\right)\cdot\overrightarrow{AP}=0$$
$$\iff \left|\overrightarrow{AP}-\frac{\overrightarrow{AB}+2\overrightarrow{AC}}{6}\right|^2=\left|\frac{\overrightarrow{AB}+2\overrightarrow{AC}}{6}\right|^2. \quad \cdots(*)$$

いま, $\overrightarrow{AD}=\dfrac{\overrightarrow{AB}+2\overrightarrow{AC}}{6}$ とおくと, A(1, 0, 0), B(0, 2, 0), C(0, 0, 3) より,

$$\overrightarrow{AB}=\begin{pmatrix}-1\\2\\0\end{pmatrix}, \quad \overrightarrow{AC}=\begin{pmatrix}-1\\0\\3\end{pmatrix},$$

$$\overrightarrow{AD}=\frac{1}{6}(\overrightarrow{AB}+2\overrightarrow{AC})=\frac{1}{6}\begin{pmatrix}-3\\2\\6\end{pmatrix},$$

$$\overrightarrow{OD}=\overrightarrow{OA}+\overrightarrow{AD}=\begin{pmatrix}\frac{1}{2}\\\frac{1}{3}\\1\end{pmatrix}.$$

また,

$$(*) \iff |\overrightarrow{AP}-\overrightarrow{AD}|^2=|\overrightarrow{AD}|^2$$
$$\iff |\overrightarrow{DP}|^2=|\overrightarrow{AD}|^2$$
$$\iff |\overrightarrow{DP}|=|\overrightarrow{AD}|$$
$$=\frac{1}{6}\sqrt{(-3)^2+2^2+6^2}$$
$$=\frac{7}{6} \quad (一定).$$

よって, 点Pは定点 $D\left(\dfrac{1}{2}, \dfrac{1}{3}, 1\right)$ から一定の距離

$$\frac{7}{6}$$

にある.

したがって, この点Dが求める点Qである.

$$\therefore \quad Q\left(\frac{1}{2}, \frac{1}{3}, 1\right).$$

(2) (1)より,
$$\overrightarrow{AQ} = \frac{1}{6}\overrightarrow{AB} + \frac{1}{3}\overrightarrow{AC}.$$

ゆえに,Q は平面 ABC 上にある.

(3) (1), (2)より,点 P は点 Q を中心とする半径 $\frac{7}{6}$ の球面上にあり,三角形 ABC を底面とする四面体 PABC の高さが最大となるのは,点 P が,点 Q を通り平面 ABC に垂直な直線上にあるときで,その高さは,$\frac{7}{6}$.

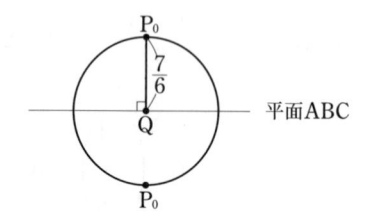

このときの P を P_0 とする.

また,
$$\triangle ABC = \frac{1}{2}\sqrt{|\overrightarrow{AB}|^2|\overrightarrow{AC}|^2 - (\overrightarrow{AB}\cdot\overrightarrow{AC})^2} = \frac{1}{2}\sqrt{5\cdot 10 - 1^2}$$
$$= \frac{7}{2}$$

であるから,求める四面体 ABCP の体積の最大値は,
$$\frac{1}{3}\cdot\triangle ABC\cdot P_0Q = \frac{1}{3}\cdot\frac{7}{2}\cdot\frac{7}{6}$$
$$= \frac{49}{36}.$$

[(1)の別解]

$P(x, y, z)$ とおくと,与条件より,
$$0 = \overrightarrow{AP}\cdot(\overrightarrow{BP} + 2\overrightarrow{CP}) = (\overrightarrow{OP} - \overrightarrow{OA})\cdot(3\overrightarrow{OP} - \overrightarrow{OB} - 2\overrightarrow{OC})$$
$$= \begin{pmatrix} x-1 \\ y \\ z \end{pmatrix} \cdot \begin{pmatrix} 3x \\ 3y-2 \\ 3z-6 \end{pmatrix}$$
$$= (x-1)\cdot 3x + y(3y-2) + z(3z-6)$$
$$= 3x^2 - 3x + 3y^2 - 2y + 3z^2 - 6z.$$
$$\therefore \quad x^2 - x + y^2 - \frac{2}{3}y + z^2 - 2z = 0.$$

$$\therefore \quad \left(x-\frac{1}{2}\right)^2+\left(y-\frac{1}{3}\right)^2+(z-1)^2=\left(\frac{1}{2}\right)^2+\left(\frac{1}{3}\right)^2+1^2$$
$$=\left(\frac{7}{6}\right)^2. \qquad \cdots (**)$$

ここで,$D\left(\frac{1}{2},\ \frac{1}{3},\ 1\right)$ とおくと,

$$(**) \iff PD^2=\left(\frac{7}{6}\right)^2 \iff DP=\frac{7}{6} \quad (一定).$$

したがって,この点 D が求める点 Q である.
$$\therefore \quad \mathbf{Q}\left(\frac{1}{2},\ \frac{1}{3},\ 1\right).$$

148.

[解法メモ]

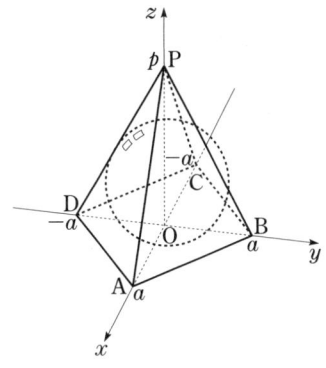

見取図を書くとこんな風になります.「球」の方はうまく書けませんが,4 辺 AP, BP, CP, DP, および xy 平面に接していると見てやってください.
(立体図形は「思いやりの気持ち」が大事です.)

【解答】

(1) 線分 AP と球の接点を H とする.
(その 1)

△OAP∽△HRP および,$a>1$,$p>2$ より,

$$\frac{OP}{OA}=\frac{HP}{HR}=\frac{AP-AH}{HR}$$

$$\iff \frac{p}{a}=\frac{\sqrt{p^2+a^2}-a}{1}$$

$$\iff p+a^2=a\sqrt{p^2+a^2}$$

$$\iff (p+a^2)^2=a^2(p^2+a^2)$$

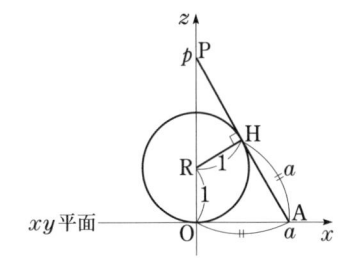

$$\iff p=\frac{2a^2}{a^2-1}. \quad (\because\ p \neq 0,\ a>1)$$

(その2)

$a>1$, $p>2$ だから，直線 AP の方程式は zx 平面上において，

$$\frac{x}{a}+\frac{z}{p}=1, \text{ すなわち, } px+az-ap=0.$$

よって，点と直線の距離の公式から，

$$1=\text{RH}=\frac{|p\cdot 0+a\cdot 1-ap|}{\sqrt{p^2+a^2}}=\frac{a(p-1)}{\sqrt{p^2+a^2}} \quad (\because\ a>0,\ p>1)$$

$$\therefore\ a(p-1)=\sqrt{p^2+a^2}.$$

$$\therefore\ p=\frac{2a^2}{a^2-1}. \quad (\because\ p \neq 0,\ a>1)$$

(2)
$$V=\frac{1}{3}\times(\text{正方形 ABCD の面積})\times\text{OP}$$

$$=\frac{1}{3}\times(\sqrt{2}a)^2\times p=\frac{2}{3}a^2\cdot\frac{2a^2}{a^2-1} \quad (\because\ (1))$$

$$=\frac{4}{3}\cdot\frac{a^4}{a^2-1}$$

$$=\frac{4}{3}\cdot\frac{t^2}{t-1}. \quad (t=a^2 \text{ とおいた. } t>1.)$$

(その1)

ここで，

$$\frac{t^2}{t-1}=k \quad (>0.\ \because\ t>1)$$

とおくと，t の2次方程式

$$t^2-kt+k=0 \quad \cdots\text{①}$$

が実数解をもつ条件から，

$$(-k)^2-4k\geq 0, \text{ すなわち, } k\leq 0,\ 4\leq k.$$

$k>0$ より，$k\geq 4$.

$k=4$ のとき，①は確かに1より大きい解 $t=2$（重解）を持ち，このとき，$a=\sqrt{2}$.

よって，V を最小とする a の値は $\sqrt{2}$. $\left(\text{このとき, } V=\frac{16}{3}.\right)$

(その2)

ここで，$t>1$ ゆえ，

$$V = \frac{4}{3} \cdot \frac{t^2}{t-1} = \frac{4}{3} \cdot \frac{1}{\frac{1}{t} - \frac{1}{t^2}}$$

$$= \frac{4}{3} \cdot \frac{1}{-\left(\frac{1}{t} - \frac{1}{2}\right)^2 + \frac{1}{4}}.$$

よって,

$$V \geqq \frac{4}{3} \cdot \frac{1}{\left(\frac{1}{4}\right)} \quad \left(\begin{array}{l}\text{等号成立は, } \frac{1}{t} = \frac{1}{2}, \text{ すなわち, } t=2, \\ \text{したがって, } \boldsymbol{a}=\sqrt{2}\,(>0) \text{ のとき.}\end{array}\right)$$

$$= \frac{16}{3}.$$

(その3)〈少し技巧的ですが…〉

$$V = \frac{4}{3} \cdot \frac{t^2}{t-1} = \frac{4}{3}\left\{t+1+\frac{1}{t-1}\right\}$$

$$= \frac{4}{3}\left\{(t-1)+\frac{1}{t-1}+2\right\}$$

$$\geqq \frac{4}{3}\left\{2\sqrt{(t-1)\cdot\frac{1}{t-1}}+2\right\} \quad \left(\begin{array}{l}\because \text{(相加平均)}\geqq\text{(相乗平均)}. \,(\because\, t>1) \\ \text{等号成立は, } t-1=1, \text{ すなわち, } t=2 \\ \text{のとき, したがって, } \boldsymbol{a}=\sqrt{2} \text{ のとき.}\end{array}\right)$$

$$= \frac{16}{3}.$$

149.

[解法メモ]

xy 平面上の直線 $y=-x$ の上にある点の1つを採って,

$$\mathrm{K}(1,\ -1,\ 0)$$

とすると,K はこの回転によって不動です.

$\overrightarrow{\mathrm{OK}}$ に垂直なベクトルがこの回転によって $\angle\mathrm{FOD}$ の分だけ"まわる"のです.

【解答】

(1)

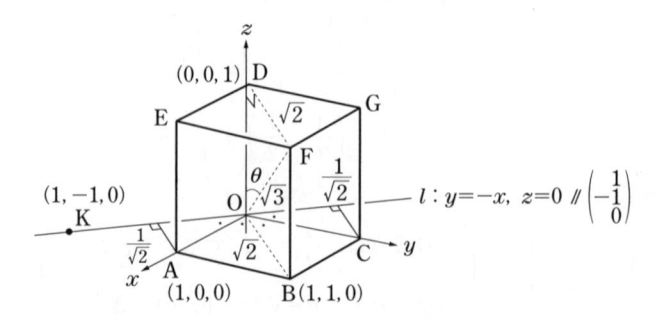

題意の回転角の大きさを θ $\left(0<\theta<\dfrac{\pi}{2}\right)$ とすると，図より，

$$\cos\theta=\dfrac{1}{\sqrt{3}},\quad \sin\theta=\dfrac{\sqrt{2}}{\sqrt{3}}$$

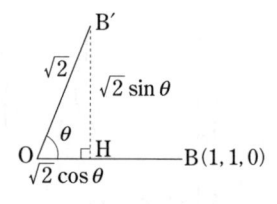

で，回転後の B を B' とすると，B' の x 座標，y 座標は共に，

$$\sqrt{2}\cos\theta\times\dfrac{1}{\sqrt{2}}=\cos\theta=\dfrac{1}{\sqrt{3}},$$

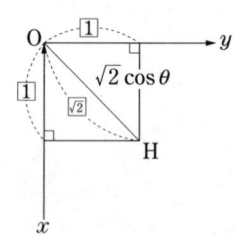

z 座標は，

$$\sqrt{2}\sin\theta=\dfrac{2}{\sqrt{3}}$$

ゆえ，

$$B'\left(\dfrac{1}{\sqrt{3}},\ \dfrac{1}{\sqrt{3}},\ \dfrac{2}{\sqrt{3}}\right).$$

(2) xy 平面上の直線 $l:y=-x,\ z=0$ 上に，点 $K(1,\ -1,\ 0)$ をとると，K はこの回転で動かない．

これを用いて，

$$\begin{cases}\overrightarrow{OA}=\begin{pmatrix}1\\0\\0\end{pmatrix}=\dfrac{1}{2}\left\{\begin{pmatrix}1\\1\\0\end{pmatrix}+\begin{pmatrix}1\\-1\\0\end{pmatrix}\right\}=\dfrac{1}{2}\overrightarrow{OB}+\dfrac{1}{2}\overrightarrow{OK},\\ \overrightarrow{OG}=\overrightarrow{OF}+\overrightarrow{FG}=\overrightarrow{OF}-\overrightarrow{OA}.\end{cases}$$

回転後の A, F, G を A′, F′, G′ とおくと、
F′$(0, 0, \sqrt{3})$ で、
$$\begin{cases} \overrightarrow{OA'} = \dfrac{1}{2}\overrightarrow{OB'} + \dfrac{1}{2}\overrightarrow{OK'} = \dfrac{1}{2}\overrightarrow{OB'} + \dfrac{1}{2}\overrightarrow{OK}, \\ \overrightarrow{OG'} = \overrightarrow{OF'} - \overrightarrow{OA'} \end{cases}$$
が成り立つ.

これと(1)の結果から,
$\overrightarrow{A'G'} = \overrightarrow{OG'} - \overrightarrow{OA'} = \overrightarrow{OF'} - 2\overrightarrow{OA'} = \overrightarrow{OF'} - \overrightarrow{OB'} - \overrightarrow{OK}$

$$= \begin{pmatrix} 0 \\ 0 \\ \sqrt{3} \end{pmatrix} - \begin{pmatrix} \dfrac{1}{\sqrt{3}} \\ \dfrac{1}{\sqrt{3}} \\ \dfrac{2}{\sqrt{3}} \end{pmatrix} - \begin{pmatrix} 1 \\ -1 \\ 0 \end{pmatrix} = \begin{pmatrix} -\dfrac{1}{\sqrt{3}} - 1 \\ -\dfrac{1}{\sqrt{3}} + 1 \\ \dfrac{1}{\sqrt{3}} \end{pmatrix}.$$

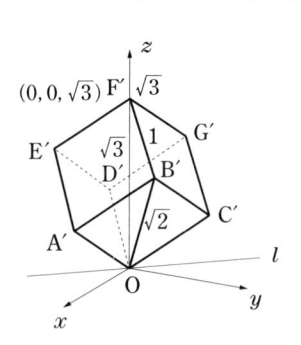

よって,求める $\overrightarrow{AG}$ の回転後の成分は,
$$\left(-\dfrac{1}{\sqrt{3}} - 1, \ -\dfrac{1}{\sqrt{3}} + 1, \ \dfrac{1}{\sqrt{3}} \right).$$